山东省高等教育名校建设工程课程改革教材

机械加工工艺与夹具设计

（修订版）

主　编　赵　黎　殷镜波　董　科
副主编　吴学新　国　磊
主　审　李丰志

黄河水利出版社
·郑州·

内 容 提 要

本书为山东省高等教育名校建设工程课程改革系列教材之一，是本着高职教育的特色、依据山东省特色名校建设方案要求进行编写的。本书是在吸收近年来高等教育教学改革经验的基础上，根据企业生产一线对应用型高等技术人才在机械制造方面的技能要求，结合机械制造技术的发展趋势编写而成的。主要内容包括金属切削知识、机床夹具及设计、机械加工质量分析与控制、机械加工工艺规程的制定、典型零件加工、机械装配工艺等。全书以常规机械加工工艺为主线，紧抓基本知识和基本技能，注重技术应用，以满足专业教学的要求。

本书为高职高专院校机械设计与制造、模具设计与制造、机电一体化等机械类专业的基础课教材，也可作为相关专业技术人员的参考用书和培训教材。

图书在版编目(CIP)数据

机械加工工艺与夹具设计/赵黎，殷镜波，董科主编—郑州：黄河水利出版社，2015.1 (2020.8 修订版重印)
山东省高等教育名校建设工程课程改革教材
ISBN 978-7-5509-1020-1

Ⅰ.①机… Ⅱ.①赵… ②殷…③董 Ⅲ.①机械加工-工艺-高等学校-教材②机床夹具-设计-高等学校-教材 Ⅳ.①TG506②TG750.2

中国版本图书馆 CIP 数据核字(2015)第 025826 号

组稿编辑：王路平 电话：0371-6602212 E-mail：hhslwlp@163.com

出 版 社：黄河水利出版社 网址：www.yrcp.com
地址：河南省郑州市顺河路黄委会综合楼 14 层 邮政编码：450003
发行单位：黄河水利出版社
发行部电话：0371-66026940、66020550、66028024、66022620(传真)
E-mail：hhslcbs@126.com
承印单位：河南承创印务有限公司
开本：787 mm×1 092 mm 1/16
印张：12.75
字数：300 千字 印数：2 901—3 500
版次：2015 年 1 月第 1 版 印次：2022 年 3 月第 3 次印刷
2020 年 8 月修订版

定价：28.00 元

前 言

本书是依据中央财政支持提升社会服务能力重点建设专业和山东省高等教育名校建设工程重点建设专业人才培养方案和课程建设目标要求,并按照有关机械加工工艺与夹具设计的新规范、新法规、新标准编写完成的。本书在吸收有关教材和技术文献资料精华的基础上,充实了新思想、新理论、新方法和新技术,另外不过分苛求学科的系统性和完整性,强调理论联系实际,突出应用性。

本书为面向高职高专机械类专业课程,全面系统地体现高职高专教学改革、教材建设的要求,以企业实际需求为目标,以"适度、够用"为原则,避免了较深的理论推导和与实际应用关系不大的内容,突出专业知识与操作技能,同时强化实训和案例教学,通过实际训练加深对理论知识的学习。教材注重实践性、基础性、科学性和先进性,打破传统课程体系,将多方面知识有机整合在一起,便于学生系统掌握本课程知识。

为不断提高教材内容质量,本书在第 2 次印刷时,编者对教材进行了全面的修订、补充和完善。

本书主要内容如下:绪论,介绍了机械制造技术的作用、信息时代的制造业和机械制造系统的概念;第 1 章为金属切削知识;第 2 章为机床夹具及设计;第 3 章为机械加工质量分析与控制;第 4 章为机械加工工艺规程的制定;第 5 章为典型零件加工;第 6 章为机械装配工艺。

本书由山东水利职业学院主持编写工作,编写人员及编写分工如下:赵黎编写第 1 章、殷镜波编写第 2 章,董科编写第 3 章,吴学新编写第 4 章,国磊编写 5、6 章。本书由赵黎、殷镜波,董科担任主编,赵黎负责全书统稿;由吴学新、国磊担任副主编;由山东利丰机械有限公司总经理李丰志担任主审。

本书在编写过程中,得到有关企业专家和技术人员的大力支持,曲阜恒威水工机械有限公司技术总工吴祥海、中国五征集团有限公司设计院徐万东工程师对本书的编写提出了许多宝贵的建议;主审对全书的教学体系和内容进行了审核,提出了许多宝贵意见,使本书内容更加严谨。在此,特向他们表示感谢!

由于编者水平有限,加之时间仓促,书中不妥之处在所难免,恳请有关专家、同行、读者批评指正。

编 者

2020 年 8 月

目 录

绪 论

1. 机械制造技术的作用与发展

机械制造业是国民经济最重要的组成之一，担负着为国民经济各部门提供技术装备的任务，是一个国家经济实力和科学技术发展水平的重要标志，因而世界各国均把发展机械制造工业作为振兴和发展国民经济的战略重点之一，而机械制造工业的发展和进步在很大程度上取决于机械制造技术的发展和进步，这是因为再好的发明创造，如果解决不了制造问题，就不能变为现实，不可能变成产品。因此，机械制造技术是国家发展的重要基础和支柱。

在科学技术发展的今天，现代工业对机械制造技术提出了越来越高的要求，同时也推动了机械制造技术不断地向前发展，给机械制造领域带来了许多新观念、新技术。当前，机械制造技术发展的主要趋势有以下几个方面。

1）柔性化、自动化和集成化

机械制造柔性自动化技术，是以数控技术为核心，将计算机技术、信息技术与生产技术有机结合在一起的技术。其应用范围可包括产品设计、加工制造和相应的信息与管理系统。所谓“柔性”就是既能快速适应产品的更换，又能实现高效自动化。

采用柔性自动化技术的生产线不仅能够自动地“做”，而且一旦加工目标确定，就知道应该“怎么做”。柔性自动化技术是当今机械制造业适应市场动态需求、加速产品更新的主要手段。采用柔性自动化技术，不仅能够提高生产效率、减轻劳动强度，还能提高产品质量、缩短制造周期和交货期、大幅度降低成本，因而是各国机械制造业发展的重要趋势。

工业发达国家在柔性自动化技术的诸多领域中，如柔性制造单元（FMC）、柔性制造系统（FMS）、计算机辅助设计/计算机辅助制造（CAD/CAM）、计算机辅助工艺设计（CAPP）、管理信息系统（MIS）等方面均取得很大发展。今后一段时期内，在继续进行机械制造柔性自动化技术方面应用科学研究的基础上，应切实做好“掌握柔性自动化装备的设计方法和制造技术”和“提高自主开发能力”这两个方面的工作，完成 FMC、P－FMS（准柔性制造系统）、FMS 这三个层次的典型柔性加工设备的开发。

2）精密加工和超精密加工

在现代高科技领域中，对产品的精度要求越来越高，有的尖端产品加工精度要求达到 0.001 μm，有的产品结构尺寸非常小，提出了微细加工和超微细加工的要求。这些要求都促使加工件精度从微米级向亚微米级发展。

精密加工是指加工精度为 1～0.1 μm、表面粗糙度 Ra 为 0.1～0.025 μm 的加工技术；超精密加工是指加工精度高于 0.1 μm、表面粗糙度 Ra 小于 0.025 μm 的加工技术，因此超精密加工又称为亚微米级加工。但是，目前超精密加工已进入纳米级精度阶段，故出现了纳米加工及其相应的技术。

从精密加工和超精密加工的范畴来看,它应该包括微细加工、超微细加工、光整加工、精整加工等加工技术。

微细加工技术是指制造微小尺寸零件的加工技术;超微细加工技术是指制造超微小尺寸零件的加工技术,它们是针对集成电路的制造要求而提出的,由于尺寸微小,其精度是用切除尺寸的绝对值来表示的,而不是用所加工尺寸与尺寸误差的比值来表示的。

要实现超精密加工,就必须具有与之相适应的设备、刀具、仪器、加工环境和检测技术,因此是否掌握超精密加工技术,是一个国家机械制造水平高低的重要标志。

3)高速高效化

高速度切削可极大地提高加工效率,降低能源消耗,从而降低生产成本,这是机械制造发展的趋势。当前,机床业的发展为高效高速加工提供了前提条件,切削工具性能的提高为高效高速加工发展提供了可能性。为了实现高效高速加工,必须考虑到各个方面,例如机床、工具的合理选择,切削用量的恰当使用,高速主轴的保养,安全防护及切屑的及时清理等。我国虽然在高速切削方面取得了一些成绩,但仍有许多方面需要进一步研究与探讨。

2. 本课程的性质、内容与任务

本课程是高职高专机械类有关专业必修的一门主干课程。它是通过对金属切削原理、金属切削机床与刀具、机床夹具设计原理以及机械产品的制造工艺等知识进行有机整合,所形成的一门以培养机械制造应用能力为主的新的专业课。

本课程以机械零件的制造为主线,综合介绍了金属切削知识、机械加工工艺规程、机床夹具设计、典型零件加工、机械加工质量分析与控制、机械装配工艺等内容,具有很强的实践性和综合性。

通过本课程的学习,要求学生掌握机械制造常用的加工方法、加工原理与制造工艺,熟悉各种加工设备及工艺装备,初步具有分析和解决机械制造中加工质量问题的能力及制定机械加工工艺规程和设计简单工艺装备的能力。

3. 本课程的特点及学习方法

本课程具有很强的实践性和综合性的特点。学习时必须注意理论联系实际,重视实践教学环节,对金工实习、课程实验和课程设计要加大教学力度,这不仅有助于学生理解和掌握理论知识,而且有利于培养学生运用所学知识解决生产实际问题的能力。机械制造中的生产实际问题往往因生产的产品不同、批量不同、各个企业生产条件的不同而多种多样,因此学习时要特别注意学习方法,具体问题具体分析,灵活运用所学的知识处理实际问题,做到活学活用,灵活自如。

第 1 章　金属切削知识

教学目标

- 了解切削过程中的各种物理现象、材料切削加工性的概念和切削液的作用;
- 理解切削运动、切削用量的概念和刀具几何角度标注的方法;
- 掌握刀具材料的种类、性能特点和适用范围;
- 会根据加工条件正确选用刀具材料、种类和几何参数,并能正确选择切削液和切削用量。

观察与思考

要加工如图 1-0 所示的轴,怎样加工?需要什么刀具、哪些运动?要多大的切削力和切削用量?刀具及几何参数对切削材料有何影响?

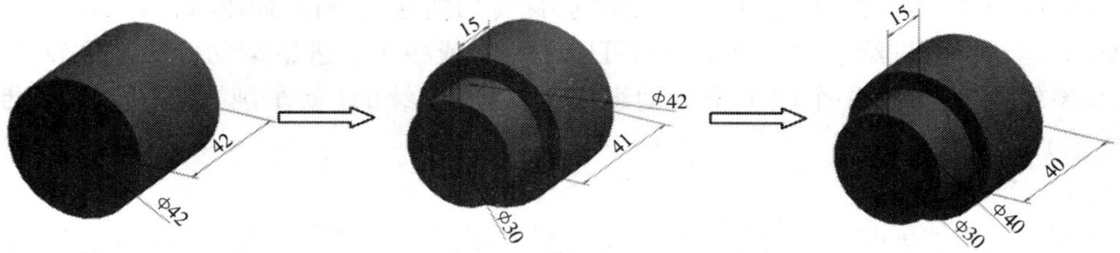

(a)　(b)　(c)

图 1-0　毛坯到零件的加工

1.1　切削运动和切削用量

1.1.1　切削运动

金属切削加工是利用刀具切去工件毛坯上多余的金属层,以获得具有一定加工精度和表面质量的机械零件的加工方法,它是机械制造工业中应用最广泛的一种加工方法。

在切削加工中,刀具对工件的切削作用是通过工件与刀具间的相对运动和相互作用实现的。工件表面的一层金属不断地被刀具切下来并转为切屑,从而加工出所需要的工件新表面。在新表面的形成过程中,工件上有三个依次变化着的表面:待加工表面、过渡表面和已加工表面,如图 1-1 所示。

1.1.1.1　主运动

在切削加工中起主要作用的、消耗动力最多的运动为主运动。它是切除工件上多余

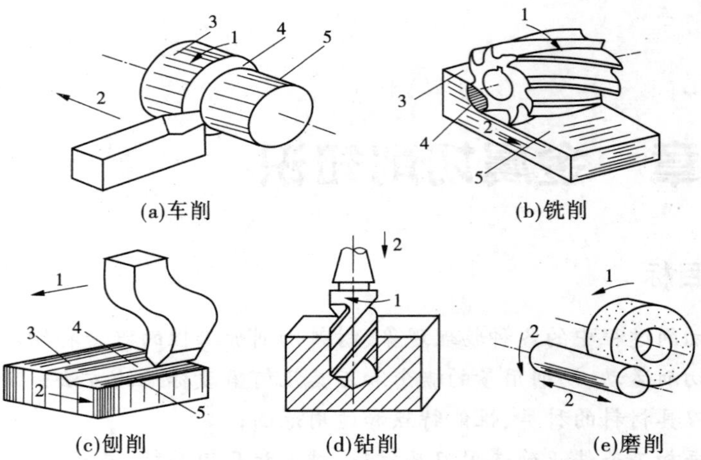

1—主运动;2—进给运动;3—待加工表面;4—过渡表面;5—已加工表面

图 1-1　主运动和进给运动

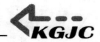

金属层所必需的运动。在切削加工中,主运动只有一个。它可以由工件完成,也可以由刀具完成;可以是旋转运动,也可以是直线运动。

1.1.1.2　进给运动

在切削加工中为使金属层不断投入切削,保持切削连续进行,而附加的刀具与工件之间的相对运动称为进给运动。进给运动可以是一个或多个。进给运动一般速度较低,消耗的功率较少,可以由一个或多个运动组成;可以是连续的(如车削),也可以是间断的(如刨削)。

1.1.1.3　切削层

切削层是指切削时刀具切过工件一个单程所切除的工件材料层。如图 1-2 所示,在加工外圆时,工件旋转一周,刀具从位置Ⅰ移到位置Ⅱ,切下Ⅰ与Ⅱ之间工件的材料层。图中 *ABCD* 称为切削层公称横截面积。

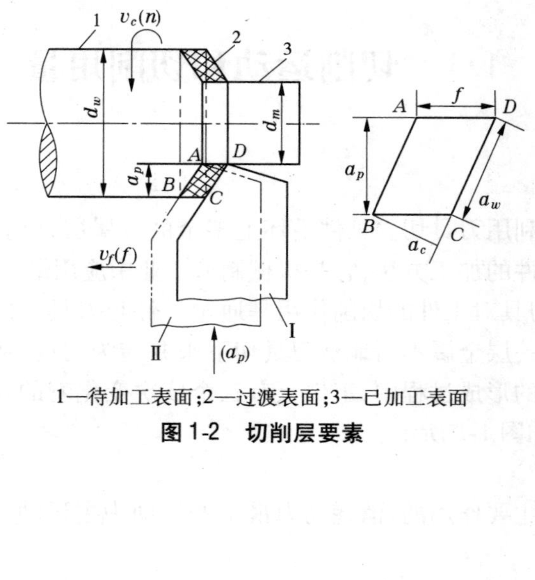

1—待加工表面;2—过渡表面;3—已加工表面

图 1-2　切削层要素

1.1.2 切削用量

切削速度 v_c、进给量 f 和背吃刀量 a_p 合称为切削用量,又称为切削用量三要素。它表示主运动和进给运动量。

1.1.2.1 切削速度 v_c

切削速度 v_c 是指刀具切削刃上选定点相对于工件主运动的瞬时速度,它表示在单位时间内工件或刀具沿主运动方向相对移动的距离,单位为 m/s(或 m/min)。

主运动为旋转运动时,切削速度 v_c 计算公式为

$$v_c = \frac{\pi d n}{1\ 000} \tag{1-1}$$

式中 n——工件或刀具的转速,r/min;

d——工件或刀具选定点的旋转直径,mm。

主运动为往复运动时,平均切削速度为

$$v_c = \frac{2Ln_r}{1\ 000} \tag{1-2}$$

式中 L——往复运动行程长度,mm;

n_r——主运动每分钟的往复次数,往复次数/min。

1.1.2.2 进给量 f

在主运动每转一圈或每一行程时,刀具在进给运动方向上相对工件的位移量称为进给量 f。车削时进给量的单位是 mm/r,即工件每转一圈,刀具沿进给运动方向移动的距离。刨削的主运动为往复直线运动,其间歇进给的进给量为 mm/双行程,即每个往复行程刀具与工件之间的相对横向移动距离。

单位时间的进给量称为进给速度,它是切削刃选定点相对于工件进给运动的瞬时速度。进给速度用 v_f 来表示,其单位为 mm/min(m/min)。车削时的进给运动速度为

$$v_f = nf \tag{1-3}$$

铣削时,由于铣刀是多齿刀具,进给量单位除 mm/r 外,还规定了每齿进给量,用 f_z 表示,单位是 mm/z。v_f、f、f_z 三者之间的关系为

$$v_f = nf = nf_z z \tag{1-4}$$

1.1.2.3 背吃刀量 a_p

在垂直于主运动和进给运动方向测量的切削层最大尺寸称为背吃刀量 a_p,单位为 mm,俗称为切削深度。车外圆时,背吃刀量为工件上已加工表面与待加工表面间的垂直距离,如图 1-2 所示,计算公式为

$$a_p = \frac{d_w - d_m}{2} \tag{1-5}$$

式中 d_w——待加工表面直径,mm;

d_m——已加工表面直径,mm。

1.1.2.4 合成切削速度

主运动与进给运动合成的运动称为合成切削运动。切削刃选定点相对工件合成切削

运动的瞬时速度称为合成切削速度。车外圆时合成切削运动如图 1-3 所示。其中合成切削速度为

$$v_e = v_c + v_f \tag{1-6}$$

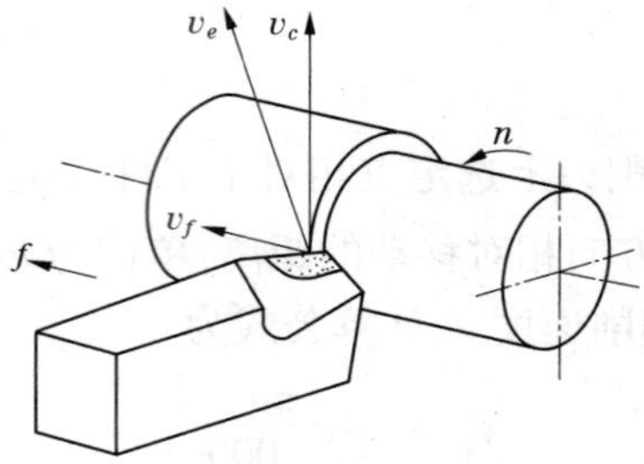

图 1-3　车外圆时合成切削运动

1.2　刀具几何角度

1.2.1　刀具切削部分的组成

金属切削刀具的种类很多,各种刀具的结构尽管有的相差很大,但它们切削部分的几何形状大致相同。普通外圆车刀是最基本、最典型的切削刀具,故通常以外圆车刀为基础来定义刀具切削部分的组成和刀具的几何参数。车刀由刀头、刀柄两部分组成,刀头用于切削,刀柄用于装夹。刀具切削部分由三个面、两条切削刃和一个刀尖组成,如图 1-4 所示。

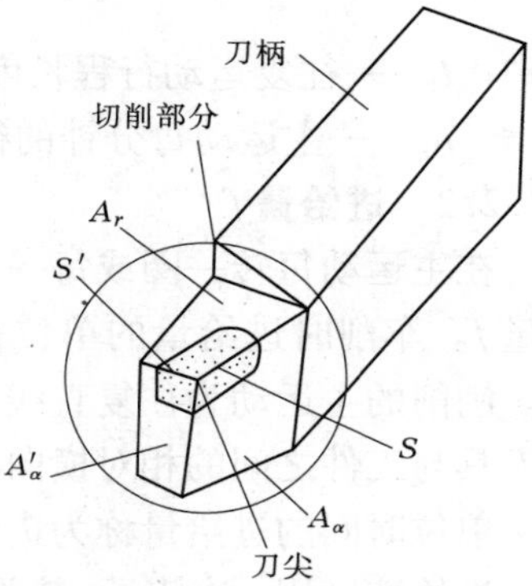

图 1-4　车刀切削部分的结构

(1)前刀面(A_r):切削过程中切屑流出所经过的刀具表面。

(2)后刀面(A_α):切削过程中与工件过渡表面相对的刀具表面。

(3)副后面(A'_α):切削过程中与工件已加工表面相对的刀具表面。

(4)主切削刃(S):前刀面与后刀面的交线。它担负主要的切削工作。

(5)副切削刃(S'):前刀面与副后面的交线。它配合主切削刃完成切削工作。

(6)刀尖:主切削刃与副切削刃交会的一小段切削刃。为了改善刀尖的切削性能,常将刀尖磨成直线或圆弧形过渡刃。

1.2.2　刀具静止角度的标注

为了保证切削加工的顺利进行,获得合格的加工表面,所用刀具的切削部分必须具有合理的几何形状。刀具角度是用来确定刀具切削部分几何形状的重要参数。

为了描述刀具几何角度的大小及其空间的相对位置,可以利用正投影原理,采用多面投影的方法来表示。用来确定刀具角度的投影体系,称为刀具角度参考系,参考系中的投影面称为刀具角度参考平面。

用来确定刀具角度的参考系有两类,其中一类为刀具角度静止参考系,它是刀具设计时标注、刃磨和测量的基准,用此定义的刀具角度称为刀具标注角度。下面主要介绍刀具角度静止参考系中常用的正交平面参考系。

1.2.2.1 正交平面参考系

正交平面参考系是由基面 P_r、切削平面 P_s、正交平面 P_o 三个平面组成的空间直角坐标系,如图 1-5 所示。

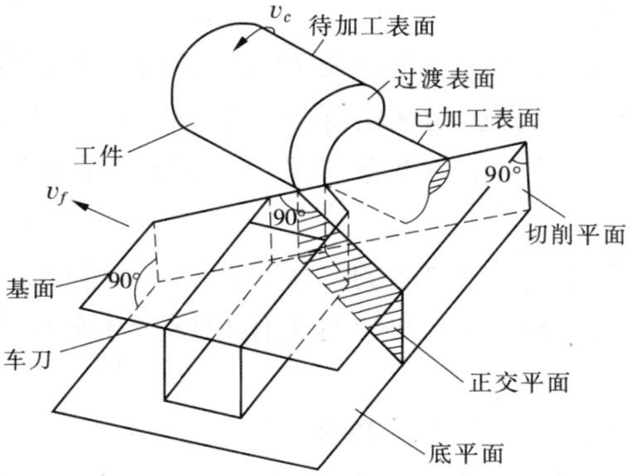

图 1-5 正交平面参考系

(1)基面 P_r:过切削刃选定点,垂直于主运动方向的平面。通常,它是平行(或垂直)于刀具上的安装面(或轴线)的平面。

(2)切削平面 P_s:过切削刃选定点,与切削刃相切,并垂直于基面 P_r 的平面。它也是切削刃与切削速度方向构成的平面。

(3)正交平面 P_o:过切削刃选定点,同时垂直于基面 P_r 与切削平面 P_s 的平面。

1.2.2.2 刀具的标注角度

图 1-6 所示为正交平面参考系中车刀的标注角度。

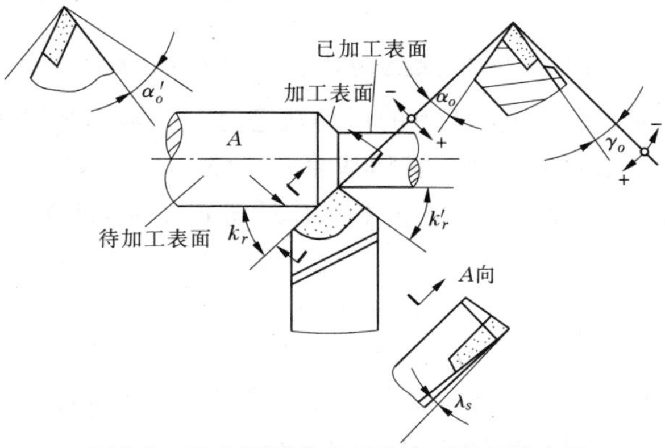

图 1-6 正交平面参考系中车刀的标注角度

(1)主偏角 k_r:在基面内测量的主切削刃在基面上的投影与进给运动方向间的夹角。

(2)副偏角 k_r':在基面内测量的副切削刃在基面上的投影与假定进给运动反方向之

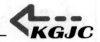

间的夹角。

(3)前角 γ_o：在正交平面内测量的前刀面与基面之间的夹角。前角 γ_o 有正负，前角在基面之下为正，前角在基面之上为负。

(4)后角 α_o：在正交平面内测量的后刀面与切削平面间的夹角。

(5)刃倾角 λ_s：在切削平面内测量的主切削刃与基面之间的夹角。刃倾角 λ_s 有正负之分，当刀尖处于切削刃最高点时为正，反之为负。

1.2.2.3　刀具的工作角度

上述刀具角度是在忽略进给运动条件及刀具安装误差等因素影响情况下给出的。实际上，刀具在使用中，应考虑合成运动和实际安装情况。按照刀具工作的实际情况，所确定的刀具角度参考系称为刀具工作角度参考系，在刀具工作角度参考系中标注的刀具角度称为刀具工作角度。

通常进给运动在合成切削运动中起的作用很小，在一般安装条件下，可用标注角度代替工作角度。只有在进给运动和刀具安装对工作角度产生较大影响时，才需计算工作角度。工作角度符号应加注下标“e”。

1. 横向进给运动对刀具工作角度的影响

车端面或切断刀切断工件时，车刀沿横向进给，如图 1-7 所示。

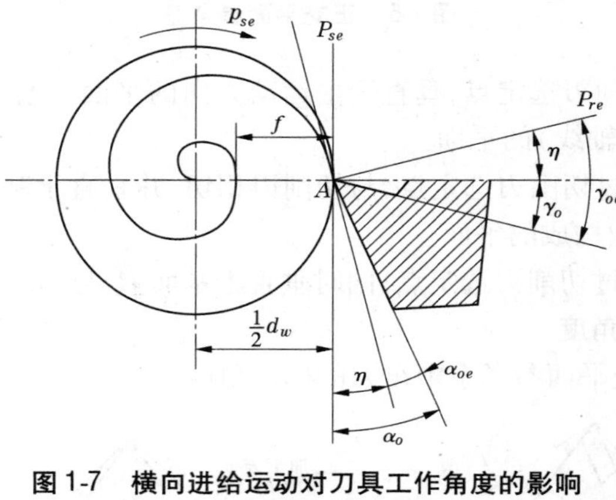

图 1-7　横向进给运动对刀具工作角度的影响

当考虑进给运动时，切削刃上 A 点的运动轨迹是一条阿基米德螺旋线，实际切削平面 P_{se} 为过 A 点且切于螺旋线的平面，实际基面 P_{re} 为过 A 点与 P_{se} 垂直的平面，在实际测量平面内的前、后角分别称为工作前角 γ_{oe} 和工作后角 α_{oe}，其大小为

$$\gamma_{oe} = \gamma_o + \eta \tag{1-7}$$

$$\alpha_{oe} = \alpha_o - \eta \tag{1-8}$$

$$\eta = \arctan(f/\pi d_w) \tag{1-9}$$

式中　η——合成切削速度角，是主运动方向与合成切削速度方向的夹角；

f——刀具相对于工件的横向进给量，mm/r；

d_w——切削刃上选定点 A 处的工件直径，mm。

不难看出，切削刃越接近工件中心，d_w 值越小，η 值越大，γ_{oe} 越大，而 α_{oe} 越小，甚至变为零或负值，对刀具的工作越不利。

2. 刀尖位置高低对工作角度的影响

安装时,刀尖不一定在机床中心高度上。如刀尖高于机床中心高度,如图 1-8 所示。

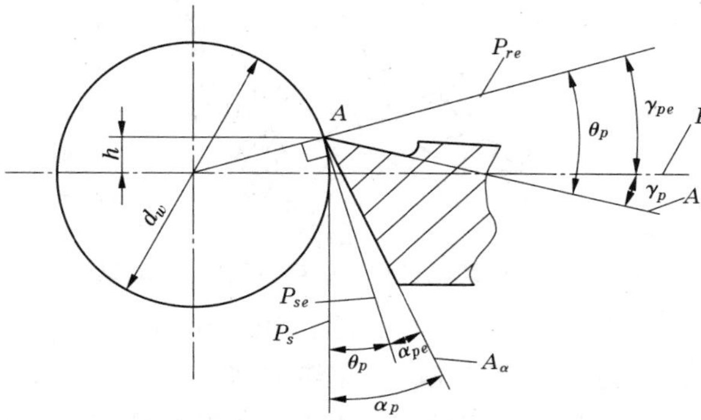

图 1-8 刀尖位置高于机床中心高度时刀具工作角度

此时选定点 A 的基面和切削平面已变为过 A 点的径向平面 P_{re} 和与之垂直的切平面 P_{se},其工作前角和后角分别为 γ_{pe}、α_{pe}。可见,刀具工作前角 γ_{pe} 比标注前角 γ_p 增大了,工作后角 α_{pe} 比标注后角 α_p 减小了。其关系为

$$\gamma_{pe} = \gamma_p + \theta_p \tag{1-10}$$

$$\alpha_{pe} = \alpha_p - \theta_p \tag{1-11}$$

$$\theta_p = \arctan(2h/d_w) \tag{1-12}$$

式中 θ_p——刀尖位置变化引起前后角的变化值(弧度);

h——刀尖高于机床中心线的数值,mm;

d_w——工件直径,mm。

1.3 金属切削过程

1.3.1 切削变形

1.3.1.1 切屑的形成过程

金属切削过程是刀具在工件上切除多余的金属,产生切屑和形成已加工表面的整个过程。图 1-9 是根据金属切削实验绘制的金属切削过程中的变形滑移线和流线,由图可知,工件上的被切削层在刀具的挤压作用下,沿切削刃附近的金属首先产生弹性变形,接着由剪应力引起的应力达到金属材料的屈服极限以后,切削层金属便沿倾斜的剪切面变形区滑移,产生塑性变形,然后在沿前刀面流出去的过程中,受摩擦力作用再次发生滑移变形,最后形成切削。这一过程中,会出现一些物理现象,如产生切削变形、切削力、切削热、刀具磨损等。研究这些物理现象,掌握其变化规律,就可以分析和解决切削加工中的实际问题,以提高切削效率、加工质量和降低生产成本。

1.3.1.2 切削过程变形区的划分

根据切削过程中的不同变形情况,通常把切削区域划分为三个变形区,如图 1-9 所示。第一变形区在切削刃前面的切削层内的区域;第二变形区在切屑底层与前刀面的接

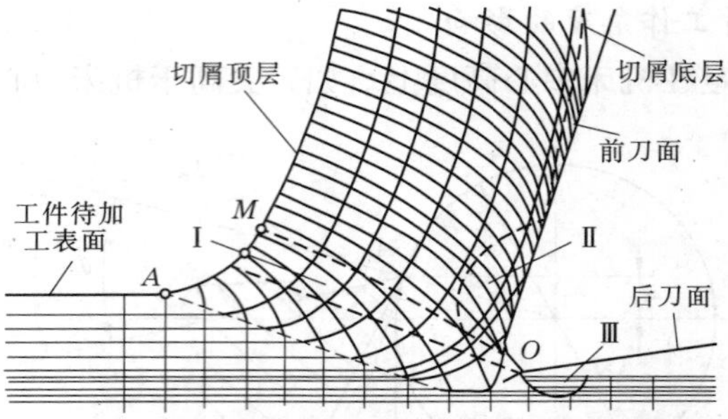

图 1-9　金属切削过程中的变形滑移线和流线

触区域;第三变形区在后刀面与工件已加工表面接触的区域。但这三个变形区并非绝然分开、互不相关,而是相互关联、相互影响、互相渗透的。

图中Ⅰ(*AOM*)为第一变形区。在第一变形区内,当刀具和工件开始接触时,材料内部产生应力和弹性变形,随着切削刃和前刀面对工件材料的挤压作用加强,工件材料内部的应力和变形逐渐增大,当切应力达到材料的屈服强度时,材料将沿着与走刀方向成45°的剪切面滑移,即产生塑性变形,切应力随着滑移量增加而增加,当切应力超过材料的强度极限时,切削层金属便与材料基体分离,从而形成沿前刀面流出的切屑。由此可以看出,第一变形区的主要特征是沿滑移面的剪切变形,以及随之产生的加工硬化。

实验证明,在一般切削速度下,第一变形区的宽度仅为0.02～0.2 mm,切削速度越高,其宽度越小,故可看成一个平面,称为剪切面。

图中Ⅱ为第二变形区。切屑底层(与前刀面接触层)在沿前刀面流动过程中受到前刀面的进一步挤压与摩擦,使靠近前刀面处金属纤维化,即产生了第二次变形,变形方向基本上与前刀面平行。

图中Ⅲ为第三变形区。此变形区位于后刀面与已加工表面之间,切削刃钝圆部分及后刀面对已加工表面进行挤压,使已加工表面产生变形,造成纤维化和加工硬化。

1.3.1.3　积屑瘤

1. 积屑瘤现象及产生的原因

在一定的条件下切削钢、黄铜、铝合金等塑性金属时,由于前刀面挤压及摩擦的作用,切屑底层中的一部分金属停滞和堆积在切削刃口附近,形成硬块,能代替切削刃进行切削,这个硬块称为积屑瘤,如图 1-10 所示。

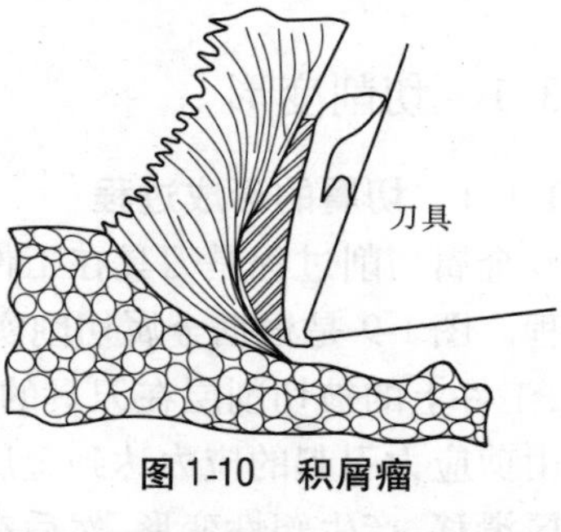

图 1-10　积屑瘤

如前所述,由于切屑底面是刚形成的新表面,而它对前刀面强烈的摩擦又使前刀面变得十分洁净,当两者的接触面达到一定温度和压力时,具有化学亲和性的新表面易产生黏结现象。这时切屑从黏结在刀面上的底层上流过(剪切滑移),因内摩擦变形而产生加工硬化,又易被同种金属吸引而阻滞在黏结的底层上。这样,一层一层地堆积并黏结在一起,形成积屑瘤,直至该处的温度和压力不足以造成黏结。由此可见,切屑底层与前刀面发生黏结和加工硬化是积屑瘤产生的必要条件。一般来说,温度与压力太低,不会发生黏结;而温度太高,也不会产生积屑瘤。因此,切削温度是积屑瘤产生的决定因素。

2. 积屑瘤的影响

积屑瘤有利的一面是它包覆在切削刃上代替切削刃工作，起到保护切削刃的作用，同时还使刀具实际前角增大，切削变形程度降低，切削力减小；但也有不利的一面，由于它的前端伸出切削刃之外，影响尺寸精度，同时其形状也不规则，在切削表面上刻出深浅不一的沟纹，影响表面质量。此外，它也不稳定，成长、脱落交替进行，切削力易波动，破碎脱落时会划伤刀面，若留在已加工表面上，会形成毛刺等，增加表面粗糙度。因此，在粗加工时，允许有积屑瘤存在，但在精加工时，一定要设法避免。

3. 积屑瘤的控制

控制积屑瘤的方法主要有以下几种：

(1)提高工件材料的硬度，减少塑性和加工硬化倾向。

(2)控制切削速度，以控制切削温度。图 1-11 为积屑瘤高度与切削速度关系的示意图。由于切削速度是切削用量中影响切削温度最大的因素，所以该图反映了积屑瘤高度与切削温度的关系。低速时低温，高速时高温，都不产生积屑瘤。在积屑瘤生长阶段，其高度随 v_c 增大而增大；在消失阶段则随 v_c 增大而减小 。因此，控制积屑瘤可选择低速或高速切削。

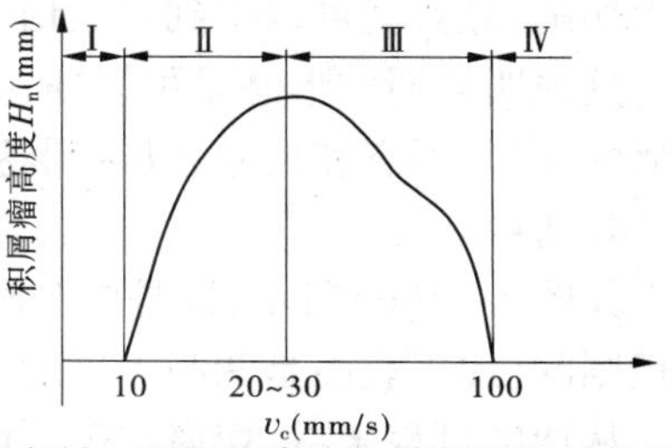

图 1-11　积屑瘤高度和切削速度的关系

(3)采用润滑性能良好的切削液，减小摩擦。

(4)增大前角，减小切削厚度，都可使刀具切屑接触长度减小、积屑瘤高度减小。

1.3.2　切屑类型及控制

1.3.2.1　切屑的类型及其分类

由于工件材料不同，切削过程中的变形程度也就不同，因而产生的切屑种类也就多种多样，如图 1-12 所示。图中从左至右前三者为切削塑性材料的切屑，最后一种为切削脆性材料的切屑。切屑的类型是由应力—应变特性和塑性变形程度决定的。

1. 带状切屑

带状切屑如图 1-12(a)所示，它的内表面光滑，外表面毛茸。若加工塑性金属材料(如碳素钢、合金钢、铜和铝合金)，当切削厚度较小、切削速度较高、刀具前角较大时，一般常得到这类切屑。它的切削过程平衡，切削力波动较小，已加工表面粗糙度较小。

2. 挤裂切屑

挤裂切屑如图 1-12(b)所示，这类切屑与带状切屑的不同之处在于外表面呈锯齿形，内表面有时有裂纹。这种切屑大多在切削黄铜或切削速度较低、切削厚度较大、刀具前角较小时产生。

3. 单元切屑

单元切屑如图 1-12(c)所示，如果在挤裂切屑的剪切面上，裂纹扩展到整个面上，则整个单元被切离，成为梯形的单元切屑。切削铅或用很低的速度切削钢时可得到这类切屑。

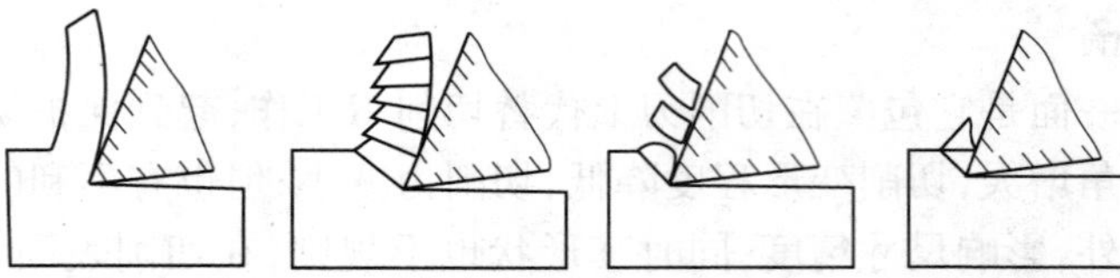

图 1-12　切屑类型

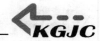

以上三种切屑只有在加工塑性材料时才可能得到。其中，带状切屑的切削过程最平稳，单元切屑的切削力波动最大。在生产中最常见的是带状切屑，有时得到挤裂切屑，单元切屑则很少见。假如改变挤裂切屑的条件，如进一步减小刀具前角，减低切削速度，或加大切削厚度，就可以得到单元切屑；反之，则可以得到带状切屑。

这说明切屑的形态是可以随切削条件而转化的。掌握了它的变化规律，就可以控制切屑的变形、形态和尺寸，以达到卷屑和断屑的目的。

4. 崩碎切屑

如图 1-12(d)所示，这是属于脆性材料（如铸铁、黄铜等）的切屑。这种切屑的形状是不规则的，加工表面是凹凸不平的。

从切削过程来看，切屑在破裂前变形很小，和塑性材料的切屑形成机理也不同。它的脆断主要是由于材料所受应力超过了它的抗拉极限。加工脆硬材料，如高硅铸铁、白口铁等，特别是当切削厚度较大时常得到这种切屑。

由于它的切削过程很不平稳，容易破坏刀具，也有损于机床，已加工表面又粗糙，因此在生产中应力求避免。其方法是减小切削厚度，使切屑成针状或片状；同时适当提高切削速度，以增加工件材料的塑性。

以上是四种典型的切屑，在加工现场获得的切屑，其形状是多种多样的。

1.3.2.2　切屑控制的措施

在现行切削加工中，切削速度与金属切除率达到了很高的水平，切削条件很恶劣，常常产生大量“不可接受”的切屑。

所谓切屑控制（又称切屑处理，工厂中一般简称为“断屑”），是指在切削加工中采取适当的措施来控制切屑的卷曲、流出与折断，使之形成“可接受”的良好屑形。

在实际加工中，应用最广的切屑控制方法就是在前刀面上磨制出断屑槽或使用压块式断屑器。

1.3.3　影响切削变形的因素

1.3.3.1　工件材料

工件材料强度和硬度越大，摩擦系数越小，变形系数越小，即切屑变形越小。因为材料的强度和硬度增大时，前刀面上的法向应力增大，摩擦系数减小，使剪切角增大，变形减小。

1.3.3.2　刀具几何参数

刀具几何参数中影响最大的是前角。刀具前角 γ_o 越大，剪切角 φ 变大，变形系数 ξ 就越小。

1.3.3.3 切削用量

1. 无积屑瘤的情况

图1-13说明了以下两点：

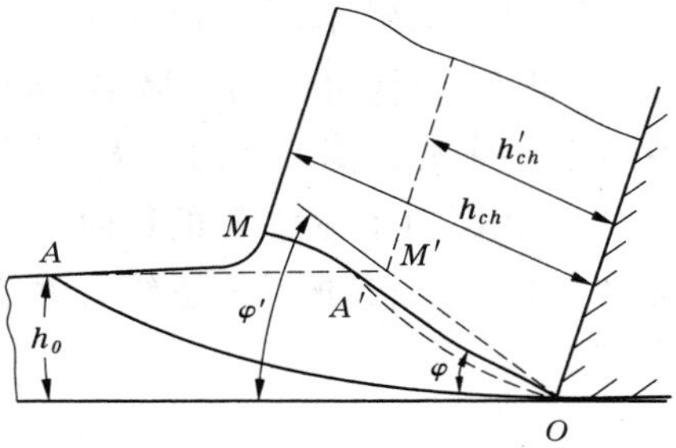

图1-13 v_c 对 φ 的影响

（1）当切削速度高于切屑塑性变形速度时，金属在始滑移线 OA 上尚未来得及变形就流动到 OA' 线上，从而使得剪切角 φ 增大，变形系数 ξ 变小。

（2）随着切削速度 v_c 的提高，切削温度升高，切屑底层金属的屈服强度 σ_s 下降，摩擦系数减小，也使剪切角 φ 增大，变形系数 ξ 减小。切削速度 v_c 越高，变形系数 ξ 越小；进给量 f 越大，h_D 增大，前刀面上的平均正应力 σ_{av} 增大，摩擦系数减小，剪切角 φ 加大，变形系数 ξ 越小。

2. 有积屑瘤的情况

在积屑瘤生长区（v_c <22 m/min），随着 v_c 升高积屑瘤逐渐长大，使得 γ_b 增大，当 γ_b 达到最大，即 γ_{oe} 达到最大时，使剪切角增到最大，变形系数 ξ 减至最小；在积屑瘤消退区（v_c = 22～84 m/min），v_c 再升高，积屑瘤逐渐脱落，γ_b 逐渐减小，直至积屑瘤完全消失。当 $\gamma_{oe}=\gamma_o$ 时，变形系数 ξ 又增至最大。当 v_c >84 m/min 时为无瘤区，v_c 升高，σ_s 下降，μ 下降，φ 增大，ξ 减小。

v_c 通过积屑瘤前角 γ_b（即实际工作前角 γ_{oe}）来影响变形系数 ξ。

背吃刀量 a_p 对变形系数 ξ 基本无影响。

1.3.4 切削力与切削功率

1.3.4.1 切削力的来源

研究切削力，对进一步弄清切削机理，计算功率消耗，设计刀具、机床、夹具，制定合理的切削用量，优化刀具几何参数等，都具有非常重要的意义。金属切削时，刀具切入工件，使被加工材料发生变形并成为切屑所需的力，称为切削力，如图1-14所示。切削力来源于以下三个方面：

（1）克服被加工材料对弹性变形的抗力；

（2）克服被加工材料对塑性变形的抗力；

（3）克服切屑对前刀面的摩擦力和刀具后刀面对过渡表面与已加工表面之间的摩擦力。

1.3.4.2 切削力的合力及分力

切削力可分解为三个相互垂直的分力 F_c、F_p、F_f，如图1-15所示。主切削力 F_c，即

切削力 F 在主运动方向上的分力；背向力 F_p，即切削力 F 在垂直于假定工作平面上的分力；进给力 F_f，即切削力 F 在进给运动方向上的分力。如图 1-15 所示，它们之间的关系为

$$F^2 = F_c^2 + F_p^2 + F_f^2 \tag{1-13}$$

在切削过程中，主切削力 F_c 最大，消耗机床功率最多，是计算机床主运动机构强度，刀杆、刀片强度以及设计机床夹具的主要依据。背向力 F_p 通常作用在工件和机床刚性最差的方向上。以车外圆为例，F_p 作用在工件和主轴的径向，虽然从理论上讲不消耗功率，但可使工件产生变形，影响加工精度，并引起振动。进给力 F_f 作用在机床的进给机构上，是校核进给机构强度的主要依据。

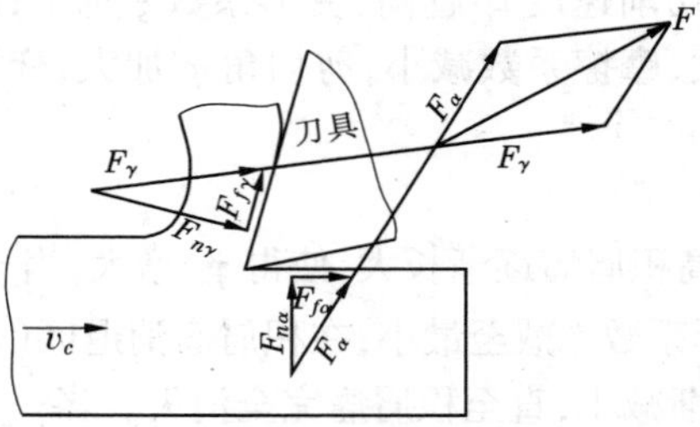

图 1-14　切削力

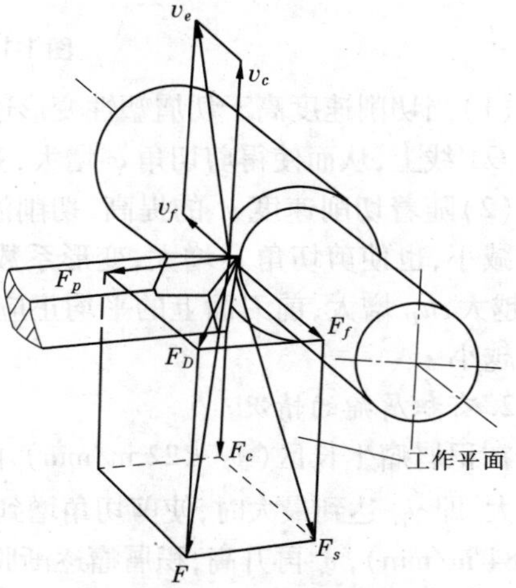

图 1-15　切削力的分解

1.3.4.3　切削力与切削功率的计算

1. 切削力的计算

切削力的计算，目前采用得较多的是实验公式计算法。实验公式有指数公式和单位切削力公式两种形式。

车削指数公式如下：

主切削力　$$F_c = 9.81 C_{F_c} \cdot a_p^{X_{F_c}} \cdot f^{Y_{F_c}} \cdot v^{n_{F_c}} \cdot K_{F_c} \quad (\mathrm{N}) \tag{1-14}$$

背向力　$$F_p = 9.81 C_{F_p} \cdot a_p^{X_{F_p}} \cdot f^{Y_{F_p}} \cdot v^{n_{F_p}} \cdot K_{F_p} \quad (\mathrm{N}) \tag{1-15}$$

进给力　$$F_f = 9.81 C_{F_f} \cdot a_p^{X_{F_f}} \cdot f^{Y_{F_f}} \cdot v^{n_{F_f}} \cdot K_{F_f} \quad (\mathrm{N}) \tag{1-16}$$

式中　C_{F_c}、C_{F_p}、C_{F_f}——三个分力的系数，其大小取决于被加工材料和切削条件，数值可查相关手册；

X_{F_c}、X_{F_p}、X_{F_f}——三个分力公式中，背吃刀量的指数，数值可查相关手册；

Y_{F_c}、Y_{F_p}、Y_{F_f}——三个分力公式中，进给量的指数，数值可查相关手册；

n_{F_c}、n_{F_p}、n_{F_f}——三个分力公式中，切削速度的指数，数值可查相关手册；

K_{F_c}、K_{F_p}、K_{F_f}——三个分力公式中，当实际加工条件与获得实验公式的加工条件不符时，各种因数对切削力的修正系数的乘积，数值可查相关手册。

2. 切削功率的计算

消耗在切削过程中的功率称为切削功率。它是主切削力 F_c 与进给力 F_f 消耗的功率之和。背向力 F_p 理论上是不做功的。由于 F_f 消耗的功率所占的比例很小，为总功率的1% ~5%，故通常略去不计。于是，当 F_c 及 v_c 已知时，切削功率 P_c 为

$$P_c = (F_c \cdot v_c)/(60 \times 1\,000) \tag{1-17}$$

式中 P_c——切削功率，kW；

v_c——切削速度，m/min。

因此，机床电动机所需功率 P_E 为

$$P_E = P_c/\eta \tag{1-18}$$

式中 η——机床传动的效率，一般 $\eta = 0.75 \sim 0.85$。

式(1-18)是校验和选择机床电动机的主要依据。

1.3.4.4 影响切削力的主要因素

实践证明，切削力的影响因素很多，主要有工件材料、切削用量、刀具几何角度、刀具材料、刀具磨损状态和切削液等。

1. 工件材料

工件材料是决定切削力大小的主要因素之一。一般情况下，金属材料的强度、硬度越高，剪切屈服强度 τ_s 越大，切削力就越大。同时，切削力还受材料的其他力学性能、物理性能及金相组织、化学成分等多种因素的影响。例如：材料的高温强度越高，变形硬化能力越强，塑性、韧性越大，切屑不易折断，切屑与前刀面摩擦增大，切削力增大，其切削力就越大；铸铁等脆性材料强度低，加工时与刀具前刀面接触面积小，摩擦力小，塑性变形小，加工硬化小，其切削力也就比钢小。

2. 切削用量

(1) 背吃刀量(切削深度) a_p、进给量增大，切削层面积增大，变形抗力和摩擦力增大，切削力增大。

由于背吃刀量 a_p 对切削力的影响比进给量对切削力的影响大(通常吃刀量指数 $X_{Fc} = 1$，$Y_{Fc} = 0.75 \sim 0.9$)，所以在实践中，当需切除一定量的金属层时，为了提高生产率，采用大进给切削比大切深切削较省力又省功率。

(2) 切削速度 v_c。加工塑性金属时，切削速度 v_c 对切削力的影响规律如同对切削变形影响一样，它们都是通过积屑瘤与摩擦的作用造成的；切削脆性金属时，因为变形和摩擦均较小，故切削速度 v_c 改变时切削力变化不大。

3. 刀具几何角度

(1) 前角：前角增大，变形减小，切削力减小。

(2) 主偏角：主偏角 k_r 在30° ~60°内增大，切削厚度 h_D 的影响起主要作用，使主切削力 F_z 减小；主偏角 k_r 在60° ~90°内增大，刀尖处圆弧和副前角的影响更为突出，故主切削力 F_z 增大。

一般地，$k_r = 60° \sim 75°$，所以主偏角 k_r 增大，主切削力 F_z 增大。k_r 增大，使 F_y 减小、F_x 增大。

实践应用中，在车削轴类零件，尤其是细长轴时，为了减小切深抗力 F_y 的作用，往往

采用较大的主偏角($k_r > 60°$)的车刀切削。

(3)刃倾角 λ_s:λ_s 对 F_z 影响较小,但对 F_x、F_y 影响较大。λ_s 由正向负转变,则 F_x 减小、F_y 增大。

实践应用中,从切削力观点分析,切削时不宜选用过大的负刃倾角 λ_s。特别是在工艺系统刚度较差的情况下,往往因负刃倾角 λ_s 增大了切深抗力 F_y 的作用而产生振动。

4. 其他因素

(1)刀具棱面:应选较小宽度,使 F_y 减小。

(2)刀具圆弧半径:半径增大,切削变形、摩擦增大,切削力增大。

(3)刀具磨损:后刀面磨损增大,刀具变钝,与工件挤压、摩擦增大,切削力增大。

(4)切削液:在切削过程中采用切削液可减小刀具与工件间及切屑间的摩擦,有利于减小切削力。

1.3.5 切削热与切削温度

切削热与切削温度是切削过程中产生的又一重要物理现象。切削时做的功,可转化为等量的热。切削热除少量散逸在周围介质中外,其余均传入刀具、切屑和工件中(见图1-16),并使它们温度升高,引起工件变形、加速刀具磨损。因此,研究切削热与切削温度具有重要的实用意义。

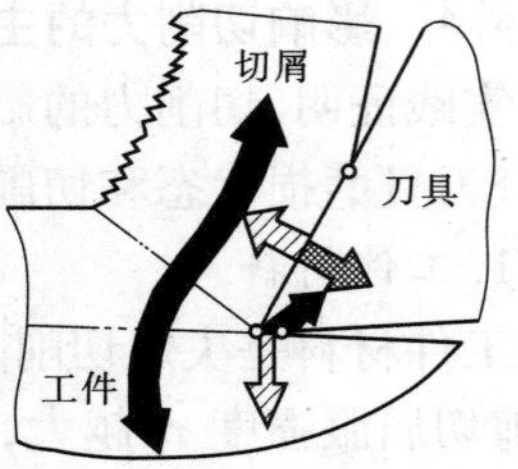

图1-16 切削热的产生与传导

1.3.5.1 切削热的产生和传导

切削热是由切削功转变而来的。其中包括剪切区变形功形成的热 Q_P、切屑与前刀面摩擦功形成的热 Q_{rf}、已加工表面与后刀面摩擦功形成的热 Q_{af},因此切削时共有三个发热区域,即剪切面、切屑与前刀面接触区、已加工表面与后刀面接触区,三个发热区与三个变形区相对应。所以,切削热的来源就是切屑变形功和前、后刀面的摩擦功。产生总的切削热 Q 分别传入切屑 Q_{ch}、刀具 Q_c、工件 Q_w 和周围介质 Q_r。

切削塑性金属时,切削热主要由剪切区变形热和前刀面摩擦热形成;切削脆性金属时,则后刀面摩擦热占的比例较多。

1.3.5.2 影响切削温度的主要因素

根据理论分析和大量的实验研究可知,切削温度主要受切削用量、刀具几何参数、工件材料、刀具磨损和切削液的影响,以下对这几个主要因素加以分析。

分析各因素对切削温度的影响,主要应从这些因素在单位时间内产生的热量和传出的热量的影响入手。如果某些因素产生的热量大于传出的热量,则这些因素将使切削温度增高;如果某些因素使传出的热量增大,则这些因素将使切削温度降低。

1. 切削用量的影响

切削用量是影响切削温度的主要因素。通过测温实验可以找出切削用量对切削温度的影响规律。通常在车床上利用测温装置求出切削用量对切削温度的影响关系,并可整理成下列一般公式:

$$\theta = C_\theta a_p^{x_\theta} f^{y_\theta} v_c^{z_\theta} k_\theta \quad (℃) \tag{1-19}$$

式中 x_θ、y_θ、z_θ——切削用量 a_p、f 和 v_c 对切削温度影响程度的指数；

C_θ——与实验条件有关的影响系数；

k_θ——切削条件改变后的修正系数。

切削速度对切削温度影响最大，随切削速度的提高，切削温度迅速上升。进给量对切削温度的影响次之，而背吃刀量 a_p 变化时，散热面积和产生的热量亦作相应变化，故 a_p 对切削温度的影响很小。

2. 刀具几何参数的影响

切削温度 θ 随前角 γ_o 的增大而降低。这是因为前角增大时，单位切削力下降，使产生的切削热减少。但前角大于 18°～20°后，对切削温度的影响减小，这是因为楔角变小而使散热体积减小。

主偏角 k_r 减小时，使切削宽度 b_D 增大，切削厚度 h_D 减小，因此切削变形和摩擦增大，切削温度升高。但当切削宽度 b_D 增大后，散热条件改善。由于散热起主要作用，故随着主偏角 k_r 减小，切削温度下降。

负倒棱 $b_{\gamma1}$ 在 0～2f 内变化，刀尖圆弧半径 r_e 在 0～1.5 mm 内变化，基本上不影响切削温度。一方面负倒棱宽度及刀尖圆弧半径的增大，会使塑性变形区的塑性变形增大，另一方面能使刀具的散热条件有所改善，传出的热量也有所增加，两者趋于平衡，所以对切削温度影响很小。

3. 工件材料的影响

工件材料的强度（包括硬度）和导热系数对切削温度的影响是很大的。由理论分析知，单位切削力是影响切削温度的重要因素，而工件材料的强度（包括硬度）直接决定了单位切削力，所以工件材料强度（包括硬度）增大时，产生的切削热增多，切削温度升高。工件材料的导热系数则直接影响切削热的导出。

4. 刀具磨损的影响

在后刀面的磨损值达到一定数值后，对切削温度的影响增大；切削速度愈高，影响就愈显著。合金钢的强度大，导热系数小，所以切削合金钢时刀具磨损对切削温度的影响就比切削碳素钢时大。

5. 切削液的影响

切削液对切削温度的影响，与切削液的导热性能、比热、流量、浇注方式以及本身的温度有很大的关系。从导热性能来看，油类切削液不如乳化液，乳化液不如水基切削液。

6. 切削温度对工件、刀具和切削过程的影响

切削温度高是刀具磨损的主要原因，它将限制生产率的提高。切削温度还会使加工精度降低，使已加工表面产生残余应力以及其他缺陷。

(1) 切削温度对工件材料强度和切削力的影响。切削时的温度虽然很高，但是切削温度对工件材料硬度及强度的影响并不很大；对剪切区域的应力影响不很明显。

(2) 对刀具材料的影响。适当地提高切削温度，对提高硬质合金刀具的韧性是有利的。

(3) 对工件尺寸精度的影响。

(4) 利用切削温度自动控制切削速度或进给量。

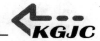

(5)利用切削温度与切削力控制刀具磨损。

1.3.6 刀具磨损与刀具寿命

切削时刀具在高温条件下,受到工件、切屑的摩擦作用,刀具材料逐渐被磨耗或出现其他形式的损坏。刀具磨损将影响加工质量、生产率和加工成本。研究刀具磨损过程,防止刀具过早、过多磨损是切削加工中的一项重要内容。

1.3.6.1 刀具磨损的形式

刀具磨损形式可分为正常磨损和非正常磨损两种形式。

1. 正常磨损

正常磨损是指随着切削时间的增加而逐渐扩大的磨损。磨损主要发生在前、后两个刀面上。

(1)前面磨损。在高温、高压条件下,切屑流出时与前刀面产生摩擦,在前刀面上形成月牙洼磨损,磨损量通常用深度 KT 和宽度 KB 测量,如图 1-17(a)所示。

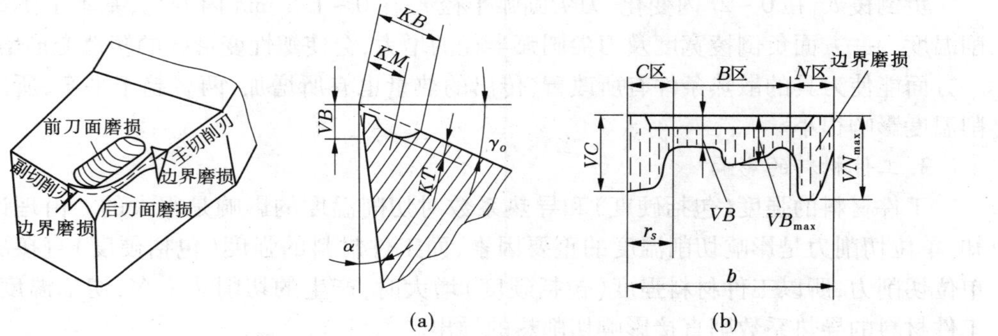

图 1-17 刀具的磨损形态

(2)后面磨损。如图 1-17(b)所示,可将磨损划分为三个区域:刀尖磨损 C 区,在倒角刀尖附近,因强度低、温度集中造成,存在磨损量 VC;中间磨损 B 区,在切削刃的中间位置,存在着均匀磨损量 VB,局部出现最大磨损量 VB_{max};边界磨损 N 区,在切削刃与待加工表面相交处,因高温氧化、表面硬化层作用造成最大磨损量 VN_{max}。

刀面磨损形式可随切削条件变化而发生转化,但在大多数情况下,刀具的后面都发生磨损,而且测量也比较方便,因此常以 VB 值表示刀面磨损程度。

2. 非正常磨损

非正常磨损亦称破坏。常见形式有脆性破坏(如崩刃、碎断、剥落、裂纹破坏等)和塑性破坏(如塑性流动等)。其主要是由于刀具材料选择不合理,刀具结构、制造工艺不合理,刀具几何参数不合理,切削用量选择不当,刃磨和操作不当等造成的。

1.3.6.2 刀具磨损的原因

从对温度的依赖程度来看,刀具正常磨损的原因主要是机械磨损和热、化学磨损。机械磨损是由工件材料中硬质点的刻划作用引起的,热、化学磨损则是由黏结(刀具与工件材料接触到原子间距离时产生的结合现象)、扩散(刀具与工件两摩擦面的化学元素互相向对方扩散、腐蚀)等引起的。

(1)磨粒磨损。在切削过程中,刀具上经常被一些硬质点刻出深浅不一的沟痕。磨粒磨损对高速钢作用较明显。

(2)黏结磨损。刀具与工件材料接触到原子间距离时产生的结合现象,称黏结。黏结磨损就是由于接触面滑动在黏结处产生剪切破坏造成的。低、中速切削时,黏结磨损是硬质合金刀具的主要磨损原因。

(3)扩散磨损。切削时在高温作用下,接触面间分子活动能量大,造成了合金元素相互扩散置换,使刀具材料机械性能降低,若再经摩擦作用,刀具容易被磨损。扩散磨损是一种化学性质的磨损。

(4)相变磨损。当刀具上最高温度超过材料相变温度时,刀具表面金相组织发生变化。如马氏体组织转变为奥氏体,使硬度下降,磨损加剧。因此,工具钢刀具在高温时均是此类磨损。

(5)氧化磨损。氧化磨损是一种化学性质的磨损。

刀具磨损是由机械摩擦和热效应两方面因素造成的。

(1)在低、中速范围内磨粒磨损和黏结磨损是刀具磨损的主要原因。通常拉削、铰孔和攻丝加工时的刀具磨损主要属于这类磨损。

(2)在中等以上切削速度加工时,热效应使高速钢刀具产生相变磨损,使硬质合金刀具产生黏结、扩散和氧化磨损。

1.3.6.3　刀具磨损过程

刀具的磨损过程一般分成三个阶段,如图 1-18 所示。

(1)初期磨损阶段(OA 段)。将新刃磨刀具表面存在的凹凸不平及残留砂轮痕迹很快磨去。初期磨损量的大小,与刀具刃磨质量相关,一般经研磨过的刀具,其初期磨损量较小。

(2)正常磨损阶段(AB 段)。经初期磨损后,刀面上的粗糙表面已被磨平,压强减小,磨损比较均匀缓慢。后刀面上的磨损量将随切削时间的延长而近似地成正比例增加。此阶段是刀具的有效工作阶段。

(3)急剧磨损阶段(BC 段)。当刀具磨损达到一定限度后,已加工表面粗糙度变大,摩擦加剧,切削力、切削温度猛增,磨损速度增加很快,往往产生振动、噪声等,致使刀具失去切削能力。

因此,刀具应避免达到急剧磨损阶段,在这个阶段到来之前,就应更换新刀或新刃。

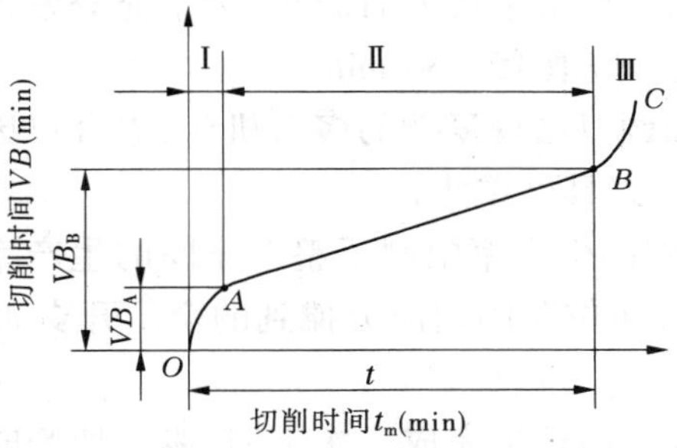

图 1-18　典型的磨损曲线

1.3.6.4 **刀具磨钝的标准**

刀具磨损到一定限度就不能继续使用，这个磨损限度称为磨钝标准。国际标准规定，以1/2背吃刀量处后刀面上测定的磨损带宽度 *VB* 值作为刀具的磨钝标准。

根据加工条件的不同，磨钝标准应有变化。粗加工时应取大值。工件刚性较好或加工大件时应取大值；反之，应取小值。

自动化生产中的精加工刀具，常以沿工件径向的刀具磨损量作为刀具的磨钝标准，称为刀具径向磨损量 *NB* 值。

目前，在实际生产中，常根据切削时突然发生的现象，如振动产生、已加工表面质量变差、切屑颜色改变、切削噪声明显增加等来决定是否更换刀具。

1.3.6.5 **刀具耐用度**

一把新刀（或重新刃磨过的刀具）从开始切削至磨损量达到磨钝标准为止所经历的实际切削时间，称为刀具的耐用度，用 T 表示，又称为刀具寿命。

1.3.6.6 **合理寿命的选择**

切削用量与刀具寿命有密切关系。在制定切削用量时，应首先选择合理的刀具寿命，而合理的刀具寿命则应根据优化的目标而定。一般分最高生产率刀具寿命和最低成本刀具寿命两种，前者根据单件工时最少的目标确定，后者根据工序成本最低的目标确定。

最高生产率刀具寿命 T_P：
$$T_P = \frac{1-m}{m}t_c \tag{1-20}$$

最低成本刀具寿命 T_C：
$$T_C = \frac{1-m}{m}\left(t_c + \frac{C_t}{M}\right) \tag{1-21}$$

式中 m——v_c 对 T 影响程度指数；

t_c——一次换刀所需时间，min/次；

M——全厂每分钟开支分摊到本零件的加工费用，包括工作人员开支和机床损耗等。

比较最高生产率刀具寿命 T_P 与最低成本刀具寿命 T_C 可知：$T_C > T_P$。生产中常根据最低成本来确定耐用度，但有时在需完成紧急任务或提高生产率且对成本影响不大的情况下，也可选用最高生产率耐用度。刀具耐用度的具体数值，可参考有关资料或手册选用。

选择刀具寿命时可考虑如下几点：

(1)根据刀具复杂程度、制造和磨刀成本来选择。复杂和精度高的刀具寿命应选得比单刃刀具长些。

(2)对于机夹可转位刀具，由于换刀时间短，为了充分发挥其切削性能、提高生产效率，刀具寿命可选得短些，一般取15～30 min。

(3)对于装刀、换刀和调刀比较复杂的多刀机床、组合机床与自动化加工刀具，刀具寿命应选得长些，尤应保证刀具可靠性。

(4)当车间内某一工序的生产率限制了整个车间的生产率的提高时，该工序的刀具寿命要选得短些；当某工序单位时间内所分摊到的全厂开支 M 较大时，刀具寿命也应选得短些。

(5)大件精加工时，为保证至少完成一次走刀，避免切削时中途换刀，刀具寿命应按零件精度和表面粗糙度来确定。

1.4　刀具几何参数的合理选择

刀具的几何参数除包括刀具的切削角度外,还包括刀面的形式、切削刃的形状、刃区型式(切削刃区的剖面型式)等。刀具几何参数对切削时金属的变形、切削力、切削温度和刀具磨损都有显著影响,从而影响生产率、刀具寿命、已加工表面质量和加工成本。为充分发挥刀具的切削性能,除应正确选用刀具材料外,还应合理选择刀具几何参数。

刀具的"合理"几何参数,是指在保证加工质量的前提下,能够获得最长刀具寿命,从而达到工切削效率、降低生产成本的目的的几何参数。这里要注意区别"合理"与"能用",应全面考虑,综合分析。

1.4.1　前角的选择

前角的大小决定切削刃的锋利程度和强固程度。增大前角可使刀刃锋利、切削变形减小、切削力和切削温度减小,可延长刀具寿命,并且较大的前角还有利于排除切屑,使表面粗糙度减小。但是,增大前角会使刃口楔角减小,削弱刀刃的强度,同时,散热条件恶化,使切削区温度升高,导致刀具寿命缩短,甚至造成崩刃。所以,前角不能太小,也不能太大。因此,前角应有一合理值,即存在一个刀具寿命为最长的前角——合理前角 γ_{opt},如图 1-19 所示。

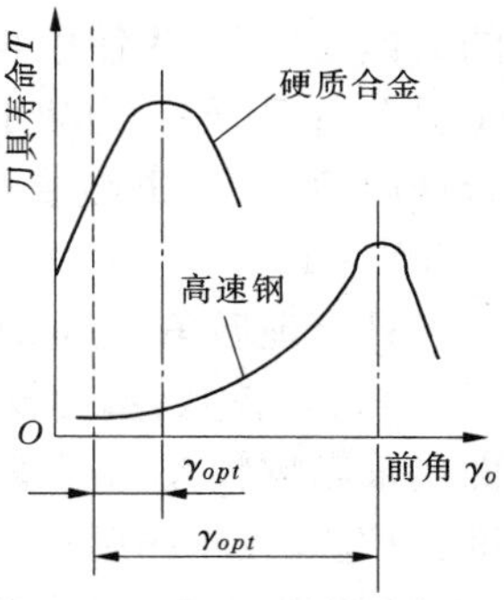

图 1-19　前角合理数值

刀具合理前角通常与工件材料、刀具材料及加工要求有关。

首先,当工件材料的强度、硬度大时,为增加刃口强度、降低切削温度、增加散热体积,应选择较小的前角;当材料的塑性较大时,为使变形减小,应选择较大的前角;加工脆性材料时,塑性变形很小,切屑为崩碎切屑,切削力集中在刀尖和刀刃附近,为增加刃口强度,宜选用较小的前角。通常加工铸铁时 $\gamma_{opt}=5°\sim15°$;加工钢材时 $\gamma_{opt}=10°\sim20°$;加工紫铜时 $\gamma_{opt}=25°\sim35°$;加工铝时 $\gamma_{opt}=30°\sim40°$。

其次,刀具材料的强度和韧性较高时可选择较大的前角。如高速钢强度高,韧性好;硬质合金脆性大,怕冲击;而陶瓷刀应比硬质合金刀的合理前角还要小些。

此外,工件表面的加工要求不同,刀具所选择的前角大小也不相同。粗加工时,为增加刀刃的强度,宜选用较小的前角;加工高强度钢断续切削时,为防止脆性材料的破损,常采用负前角;精加工时,为增加刀具的锋利性,宜选择较大前角;工艺系统刚性较差和机床功率不足时,为使切削力减小,减小振动、变形,应选择较大的前角。

1.4.2　后角的选择

刀具后角的作用是减小切削过程中刀具后刀面与工件切削表面之间的摩擦。后角增大,可减小后刀面的摩擦与磨损,刀具楔角减小,刀具变得锋利,可切下很薄的切削层。在相同的磨损标准 VB 时,所磨去的金属体积减小,使刀具寿命延长。但是后角太大,楔角减小,刃口强度减小,散热体积减小,将使刀具寿命缩短,故后角不能太大。因此,与前角一样，有一个刀具耐用度最大的合理后角 α_{opt}，如图 1-20 所示。

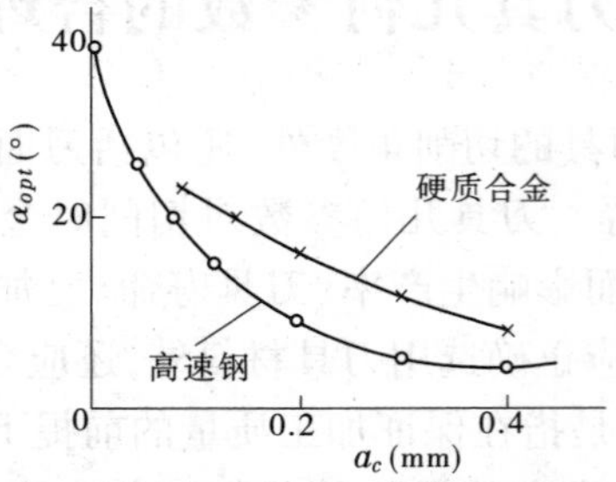

图 1-20　不同刀具材料的合理后角

刀具的合理后角的选择主要依据切削厚度 a_c（或进给量 f）的大小。a_c 增大，前刀面上的磨损量加大，为使楔角增大以增加散热体积，延长刀具寿命，后角应小些；a_c 减小，磨损主要在后刀面上，为减小后刀面的磨损和增加切刃的锋利程度，应使后角增大。一般车刀合理后角 α_{opt} 与进给量 f 的关系为：$f>0.25$ mm/r 时，$\alpha_{opt}=5°\sim8°$；$f\leqslant0.25$ mm/r 时，$\alpha_{opt}=10°\sim12°$。

刀具合理后角 α_{opt} 取决于切削条件。一般原则是：

(1)材料较软，塑性较大时，已加工表面易产生硬化，后刀面摩擦对刀具磨损和工件表面质量影响较大，应取较大的后角；当工件材料的强度或硬度较高时，为加强切削刃的强度，应选取较小的后角。

(2)切削工艺系统刚性较差时，易出现振动，应使后角减小。

(3)对于尺寸精度要求较高的刀具，应取较小的后角。这样可使磨耗掉的金属体积较大，刀具寿命增加。

(4)精加工时，因背吃刀量 a_p 及进给量 f 较小，使得切削厚度较小，刀具磨损主要发生在后面，此时宜取较大的后角。粗加工或刀具承受冲击载荷时，为使刃口强固，应取较小的后角。

(5)刀具的材料对后角的影响与前角相似。一般高速钢刀具可比同类型的硬质合金刀具的后角大 2°～3°。

(6)车刀的副后角一般与主后角数值相等。而有些刀具（如切断刀）由于结构的限制，只能取得很小。

1.4.3　主偏角的选择

主偏角和副偏角越小，刀头的强度越高，散热面积越大，刀具寿命越长，而且主偏角和副偏角减小，工件加工后的表面粗糙度会减小，但是会加大切削过程中的背向力，容易引起工艺系统的弹性变形和振动。

主偏角的选择原则与参考值：工艺系统的刚度较好时，主偏角可取小值，如 $k_r=30°\sim45°$。在加工高强度、高硬度的工件材料时，可取 $k_r=10°\sim30°$，以增加刀头的强度。当工艺系统的刚度较差或强力切削时，一般取 $k_r=60°\sim75°$。车削细长轴时，为减小背向力，取 $k_r=90°\sim93°$。在选择主偏角时，还要视工件形状及加工条件而定，如车削阶梯轴时可取 $k_r=90°$，用一把车刀车削外圆、端面和倒角时，可取 $k_r=45°\sim60°$。

1.4.4　副偏角的选择

副偏角主要根据工件加工表面的粗糙度要求和刀具强度来选择，在不引起振动的情况下，尽量取小值。粗加工时，取 $k_r' = 10° \sim 15°$，精加工时，取 $k_r' = 5° \sim 10°$。当工艺系统刚度较差或从工件中间切入时，可取 $k_r' = 30° \sim 45°$。精车时，可在副切削刃上磨出一段 $k_r' = 0°$、长度为 $(1.2 \sim 1.5)f$ 的修光刃，以减小已加工表面的粗糙度值。

切断刀、锯片铣刀和槽铣刀等，为了保证刀具强度和重磨后宽度变化较小，副偏角宜取 1°30′。

1.4.5　刃倾角的选择

刃倾角 λ_s 的作用是控制切屑流出的方向、影响刀头强度和切削刃的锋利程度。当刃倾角 $\lambda_s > 0°$ 时，切屑流向待加工表面；当 $\lambda_s = 0°$ 时，切屑沿主剖面方向流出；当 $\lambda_s < 0°$ 时，切屑流向已加工表面，如图 1-21 所示。粗加工时，宜选负刃倾角，以增加刀具的强度。在断续切削时，负刃倾角有保护刀尖的作用。因此，当 $\lambda_s = 0°$ 时，切削刃全长与工件同时接触，因而冲击较大；当 $\lambda_s > 0°$ 时，刀尖首先接触工件，易崩刀尖；当 $\lambda_s < 0°$ 时，离刀尖较远处的切削刃先接触工件，保护刀尖。当工件刚性较差时，不易采用负刃倾角，因为负刃倾角将使径向切削力 F_p 增大。精加工时宜选用正刃倾角，可避免切屑流向已加工表面，保证已加工表面不被切屑碰伤。大刃倾角刀具可使排屑平面的实际前角增大，刃口圆弧半径减小，使刀刃锋利，能切下极薄的切削层（微量切削）。

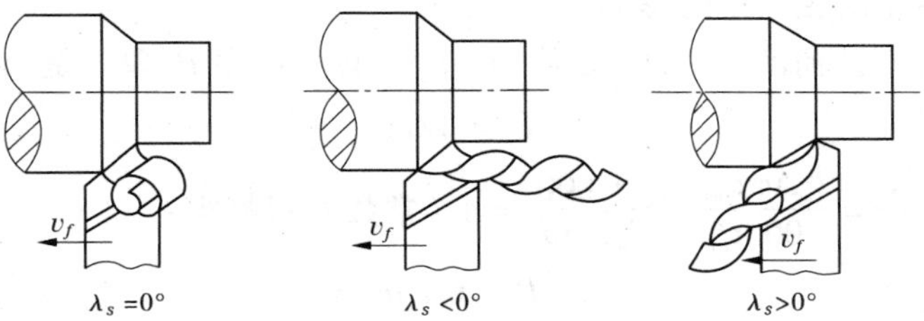

图 1-21　刃倾角对排屑方向的影响

刃倾角主要由切削刃强度与流屑方向而定。一般加工钢材和铸铁时，粗车取 $\lambda_s = 0° \sim -5°$，精车取 $\lambda_s = 0° \sim 5°$，有冲击负荷时取 $\lambda_s = -5° \sim -15°$。

刀具切削部分的各构造要素中，最关键的地方是切削刃，它完成切除与表面成型的任务，而刀尖是工作条件最困难的部位，为延长刀具寿命，必须设法保护切削刃和刀尖。为此，要处理好刃区的型式，如锋刃、负倒棱、过渡刃、修光刃等。

最后还须明确，刀具各角度间是互相联系、互相影响的。而任何一个刀具的合理几何参数，都应在多因素的互相联系中确定。

1.5　切削用量的合理选择

切削用量的合理确定，对加工质量、生产率及加工成本都有重要影响。我们应根据具体条件和要求，考虑约束条件，正确选择切削用量。

要确定具体加工条件下的背吃刀量 a_p、进给量 f、切削速度 v 及刀具寿命 T，应综合考虑加工质量、生产率及加工成本。“合理”的切削用量，是指充分发挥刀具和机床的性能，保证加工质量、高的生产率及低的加工成本的切削用量。

1.5.1 选择切削用量的原则

1.5.1.1 切削用量对加工质量的影响

切削用量的选择会影响切削变形、切削力、切削温度和刀具寿命，从而会对加工质量产生影响。

a_p 增大，切削力成比例增大，工艺系统变形大、振动大，工件加工精度下降、表面粗糙度增大。

f 增大，切削力也增大（但不成正比例），使表面粗糙度的增大更为显著。

v 增大，切削变形、切削力、表面粗糙度等均有所减小。

因此，精加工应采用小的 a_p、f，为避免积屑瘤、鳞刺的影响，可用硬质合金刀具高速切削（$v>80$ m/min），或用高速钢刀具低速切削（$v=3\sim8$ m/min）。

1.5.1.2 切削用量对刀具耐用度的影响

根据刀具耐用度计算公式：$T=\dfrac{7.77\times10^{11}}{v^5 f^{2.25} a_p^{0.75}}$，可知 a_p、f、v 中任一参数增大，T 都会减小。但其影响度不一样，v 最大，f 次之，a_p 最小。因此，从刀具耐用度出发选择切削用量时，首先选择大的 a_p，其次选择大的 f，最后再根据已定的 T 确定合理的 v 值。

1.5.1.3 切削用量对生产率的影响

对于外圆车，不计辅助工时，以切削工时 t_m 计算生产率 P，单位是 min^{-1}。

$$P=1/t_m \tag{1-22}$$

其中，$t_m=\dfrac{l_w\Delta}{n_w f a_p}=\dfrac{l_w\Delta\pi d_w}{1\,000 v f_P}$，令 $\dfrac{1\,000}{l_w\Delta\pi d_w}=A_0$（常数），可推得：

$$P=A_0 a_p f v \tag{1-23}$$

式中 t_m——切削工时，min；

d_w——工件加工前直径，mm；

l_w——工件加工部分长度，mm；

Δ——加工余量，mm；

n_w——工件转速，r/min。

由式（1-23）可知，a_p、f、v 中任一参数增加一倍，P 增加一倍。

1.5.2 切削用量的确定

1.5.2.1 背吃刀量 a_p 的合理选择

背吃刀量 a_p 一般根据加工余量确定。

粗加工（表面粗糙度 Ra 为 50～12.5 μm），一次走刀尽可能切除全部余量，在中等功率机床上，$a_p=8\sim10$ mm。当余量太大或不均匀、工艺系统刚性不足、断续切削时，可分几次走刀。

半精加工(表面粗糙度 Ra 为 6.3 ~ 3.2 μm)时,a_p = 0.5 ~ 2 mm。

精加工(表面粗糙度 Ra 为 1.6 ~ 0.8 μm)时,a_p = 0.1 ~ 0.4 mm。

1.5.2.2 进给量 f 的合理选择

粗加工时,对表面质量没有太高的要求,而切削力往往较大,合理的 f 应是工艺系统(机床进给机构强度、刀杠强度和刚度、刀片的强度、工件装夹刚度等)所能承受的最大进给量。生产中 f 常根据工件材料材质、形状尺寸、刀杆截面尺寸、已定的 a_p,从切削用量手册中查得。一般情况下,当刀杆尺寸、工件直径增大时,f 可较大;a_p 增大,因切削力增大,f 就选择较小的;加工铸铁时的切削力较小,所以 f 可大些。

精加工时,进给量主要受加工表面粗糙度限制,一般取较小值。但进给量值过小,切削深度太薄,刀尖处应力集中,散热不良,使刀具磨损加快,反而使表面粗糙度加大。所以,进给量也不易太小。

1.5.2.3 切削速度 v 的合理选择

由已定的 a_p、f 及 T,可计算 v。根据式 $T = \dfrac{C_T}{v^{\frac{1}{m}} f^{\frac{1}{n}} a_p^{\frac{1}{p}}}$ 可推得:

$$v = \frac{C_v}{T^m f^{y_v} a_p^{x_v}} K_v \tag{1-24}$$

式中 C_v、x_v、y_v——根据工件、刀具不同材料及不同进给量所取的系数,可在切削手册中查得;

K_v——切削速度修正系数,影响 K_v 的因素较多,如工件材料、毛坯表面形态、刀具材料、加工方法、主偏角、副偏角、刀尖圆弧半径、刀杆尺寸等。

v 确定后,计算机床转速 n,单位是 r/min。

$$n = \frac{1\,000v}{\pi d_w} \tag{1-25}$$

式中 d_w——工件加工前的直径,mm。

由于一般机床主轴转速为有限的不连续间断值,故所定 n 是其所有值或接近值。

选择切削速度的一般原则是:

(1)粗车时 a_p、f 均较大,故 v 较小;精车时 a_p、f 均较小,所以 v 较大。

(2)工件材料强度、硬度较高时,应选较小的 v;反之,应选较大的 v。材料加工性能越差,v 越低。易切削钢的 v 较同等条件的普通碳钢高。加工灰铸铁的 v 较碳钢低。加工铝合金、铜合金的 v 较加工钢高得多。

(3)刀具材料的性能越好,v 也选得越高。

此外,在选择 v 时,还应考虑:

(1)精加工时,应尽量避免积屑瘤和鳞刺产生的区域。

(2)断续切削时,为减小冲击和热应力,应当降低 v。

(3)在易发生振动的情况下,v 应避开自激振动的临界速度。

(4)加工大件、细长件、薄壁件及带硬皮的工件时,应选用较低的 v。

总之,选择切削用量时,可参照有关手册的推荐数据,也可凭经验根据选择原则确定。

1.5.3　切削用量的优化

切削用量的优化，即在一定的预定目标及约束条件下，选择最佳的切削用量。常用的优化目标函数有最低加工成本、最高生产率、最大利润。

在切削用量三要素中，背吃刀量 a_p 主要取决于加工余量，一般都已事先给定，而不参与优化。所以，切削用量的优化主要是指切削速度 v 与进给量 f 的优化组合。生产中 v 和 f 的数值是不能任意选定的，它们要受到机床、工件、刀具及切削条件等方面的限制，根据这些约束条件，可建立一系列约束条件不等式。对所建立的目标函数及约束方程求解，便可很快获得 v 和 f 的最优解。

一般来说，求解方法不止一种，计算工作量也相当大。目前，随着电子计算机技术特别是微型计算机技术的不断发展，可以代替人工计算，用科学的方法来寻求最佳切削用量。

1.6　刀具材料

刀具材料一般是指刀具切削部分的材料。它的性能优劣是影响加工表面质量、切削效率、刀具寿命等的重要因素。这里主要讲解常用刀具材料牌号、性能与选用方法，同时介绍新型刀具材料的特点与发展方向。

1.6.1　刀具材料应具备的性能

刀具材料对刀具的寿命、加工质量、切削效率和制造成本均有较大的影响，因此必须合理选用。在切削过程中，刀具切削部分承受高温、高压、强烈的摩擦、冲击和振动，所以刀具切削部分材料的性能应满足以下基本要求：

(1)足够的硬度和耐磨性。刀具材料的硬度应比工件材料的硬度高，一般常温硬度要求 60HRC 以上。刀具材料应具有较高的耐磨性。材料硬度越高，耐磨性也越好。刀具材料含有耐磨的合金碳化物越多、晶粒越细、分布越均匀，则耐磨性越好。

(2)足够的强度和韧性。刀具材料必须有足够的强度和韧性，以便在承受切削力及承受振动和冲击时不致断裂和崩刀。

(3)足够的热硬性。热硬性是指在高温下仍能保持硬度、耐磨性、强度和韧性基本不变的能力。一般用保持刀具切削性能的最高温度来表示。

(4)良好的工艺性。为便于制造，刀具材料应具备较好的被加工性能，如焊接、热处理、切削磨削等工艺性。

(5)经济性。经济性是评价刀具材料的重要指标之一。有些材料虽单件成本很高，但因其使用寿命长，分摊到每个工件上的成本不一定很高。

1.6.2　刀具材料类型

刀具材料有碳素工具钢、合金工具钢、高速钢、硬质合金、陶瓷、金刚石、立方氮化硼等。碳素工具钢(如 T10A、T12A)及合金工具钢(如 9SiCr、CrWMn)，因耐热性较差，通常仅用于手工工具和切削速度较低的刀具,陶瓷、金刚石、立方氮化硼虽然性能好,由于成本较高,目前并没有广泛使用,刀具材料中使用最广泛的是高速钢和硬质合金。

1.6.2.1 **工具钢**

(1)硬度。工具钢制成工具经热处理后具有足够高的硬度,如用于金属切削加工的工具一般在HRC60以上。工具在高的切削速度和加工硬材料时所产生高温的受热条件下,仍能保持高的硬度和良好的红硬性。碳素工具钢和合金工具钢一般在180~250 ℃、高速工具钢在600 ℃左右的工作温度下,仍能保持较高的硬度。红硬性对热变形模具和高速切削刀具用钢是非常重要的性能。

(2)耐磨性。工具钢具有良好的耐磨性,即抵抗磨损的能力。工具在承受相当大的压力和摩擦力的条件下,仍能保持其形状和尺寸不变。

(3)强度和韧性。工具钢具有一定的强度和韧性,使工具在工作中能够承受负荷、冲击、振动和弯曲等复杂的应力,以保证工具的正常使用。

(4)其他性能。由于各种工具的工作条件不同,工具钢还具有一些其他性能,如模具用钢还应具有一定的高温力学性能、热疲劳性、导热性和耐磨腐蚀性能等。

工具钢除具有上述使用性能外,还应具有良好的工艺性能。包括加工性、淬火温度范围、淬硬性和淬透性、脱碳敏感性、热处理变形性、耐削性等。

1.6.2.2 **碳素工具钢**

碳素工具钢是基本上不含合金元素的高碳钢,含碳量在0.65%~1.35%,其生产成本低,原料来源易取得,切削加工性良好,热处理后可以得到高硬度和高耐磨性,所以是被广泛采用的钢种,用来制造各种刃具、模具,但这类钢的红硬性差,即当工作温度大于250 ℃时,钢的硬度和耐磨性就会急剧下降而失去工作能力。另外,碳素工具钢如制成较大的零件,则不易淬硬,而且容易产生变形和裂纹。

碳素工具钢的含碳量高达0.7%~1.35%,大多属于共析钢和过共析钢,它们淬火后有较高的硬度(>60HRC)和良好的耐磨性。碳素工具钢的牌号是以符号“T”起首,其后面的一位或两位数字表示钢中平均含碳量的千分数。例如,平均含碳量为0.7%的碳素工具钢可表示为T7。对于磷、硫含量更低的高级优质碳素工具钢,则在数字后面增加符号“A”表示,如T7A。

1.6.2.3 **合金工具钢**

合金工具钢是在碳素工具钢的基础上加入某些合金元素而发展起来的。其目的是克服碳素工具钢的淬透性低、红硬性差、耐磨性不足的缺点。合金工具钢的含碳量在0.75%~1.5%,合金元素总量则在5%以下,所以又称低合金刃具钢。加入的合金元素为Cr、Mn、Si、W和V等。其中,Cr、Mn、Si主要是提高钢的淬透性,同时强化马氏体基体,提高回火稳定性;W和V还可以细化晶粒;Cr、Mn等可溶入渗碳体,形成合金渗碳体,有利于钢耐磨性的提高。

另外,Si使钢在加热时易脱碳和石墨化,使用中应注意。如Si、Cr同时加入钢中则能降低钢的脱碳和石墨化倾向。

合金工具钢有如下特点:淬透性较碳素刃具钢好,淬火冷却可在油中进行,放热处理变形和开裂倾向小,耐磨性和红硬性也有所提高。但合金元素的加入,提高了钢的临界点，故一般淬火温度较高，使脱碳倾向增大。

合金工具钢主要用于制作：①截面尺寸较大且形状复杂的刃具；②精密的刀具；③切削刃在心部的刃具，此时要求钢的组织均匀性要好；④切削速度较大的刃具等。

我国冶标 YB 7－59 列入了 56 种合金刃具钢。

合金刃具钢分为两个体系，针对提高钢的淬透性的要求，发展了 Cr、Cr2、9SiCr 和 CrWMn 等钢。其中，9SiCr 钢在油中淬火淬造直径可达 40～50 mm，适宜制造薄刃或切削刃在心部的工具，如板牙、滚丝轮、丝锥等。

CrWMn 钢是最常用的合金刃具钢。经热处理后硬度可达 64～66HRC 且有较高的耐磨性。CrWMn 钢淬火后，有较多的残余奥氏体，使其淬火变形小，故有低变形钢之称。生产中常用调整淬火温度和冷却介质配合，使形状复杂的薄壁工具达到激变形或不变形。这种钢适于做截面尺寸较大、要求耐磨性高、淬火变形小，但工作温度不高的拉刀、长丝锥等，也可做量具、冷变形模具和高压油泵的精密部件(柱塞)等。

针对提高耐磨性的要求，发展了 Cr06、W、W2 及 CrW5 等钢。其中，CrW5 又称钻石钢，在水中冷却时，硬度可达 67～68HRC，主要用于制作截面尺寸不大、形状简单又要求高硬度、高耐磨性的工具，如雕刻工具及切削硬材料的刃具。

合金刃具钢的热处理与碳素刃具钢基本相同，也包括加工前的球化退火和成形后的淬火与低温回火，回火温度一般为 160～200 ℃。合金刃具钢为过共析钢，一般采用不完全淬火，淬火加热温度要根据工件形状、尺寸及性能要求等选定并严格控制，以保证工件质量。另外，合金刃具钢导热性较差。对于形状复杂、截面尺寸大的工件，在淬火加热前往往先在 600～650 ℃进行预热，然后再淬火，一般采用油淬、分级淬火或等温淬火。少数淬透性较低的钢(如 Cr06、CrW5 等钢)采用水淬。

综上所述，合金刃具钢解决了淬透性低、耐磨性不足等缺点。但由于合金刃具钢所加合金元素数量不多，仍属于低合金范围，故其红硬性虽比碳素刃具钢高，但仍满足不了生产要求，如回火温度达到 250 ℃时硬度值已降到 60HRC 以下。因此，要想大幅度提高钢的红硬性，靠合金刃具钢难以解决，故发展了高速钢。

1.6.2.4 高速钢

高速钢是含有 W、Mo、Cr、V 等合金元素较多的合金工具钢。它所允许的切削速度比碳素工具钢及合金工具钢高 2～4 倍，故称为高速钢，又称锋钢、白钢。高速钢的常温硬度为 63～70HRC，热硬性为 540～620 ℃。高速钢刀具易磨出较锋利的刃口，特别适用于制造结构复杂的成形刀具、孔加工刀具、铣刀、拉刀、螺纹刀具、切齿刀具等。

1.6.2.5 硬质合金

硬质合金是由硬度和熔点很高的金属碳化物(如碳化钨 WC、碳化钛 TiC、碳化钽 TaC、碳化铌 NbC 等)和金属黏结剂(如钴 Co、镍 Ni、钼 Mo 等)通过粉末冶金工艺制成的。硬质合金的硬度，特别是高温硬度、耐磨性、热硬性都高于高速钢，硬质合金的常温硬度可达 89～93HRA，相当于 74～81HRC，热硬性可达 890～1 000 ℃。但硬质合金较脆，抗弯强度低，韧性也很低。

(1)钨钴类硬质合金(YG)：一般用于切削铸铁等脆性材料和有色金属及其合金，也适于加工不锈钢、高温合金、钛合金等难加工材料。常用牌号有 YG3、YG6、YG6X、YG8。

精加工可用 YG3，半精加工选用 YG6、YG6X，粗加工宜用 YG8。

(2)钨钛钴类硬质合金(YT)：一般用于连续切削塑性金属材料，如普通碳钢、合金钢等。常用牌号有 YT5、YT14、YT15、YT30。精加工可用 YT30，半精加工选用 YT14、YT15，粗加工宜用 YT5。

(3)添加稀有金属碳化物的硬质合金(YA、YW)：在硬质合金中添加适量的稀有金属碳化物(碳化钛 TiC 或碳化铌 NbC)，能提高硬质合金的硬度、耐磨性，且具有较好的综合切削性能，但价格较贵，主要适用于切削难加工材料。

(4)镍钼钛类硬质合金(YN)：它以镍、钼作为黏结剂，具有较好的切削性能，因此允许采用较高的切削速度。主要用于碳钢、合金钢等金属材料连续切削时的精加工。

另外，采用细晶粒、超细晶粒硬质合金比普通晶粒硬质合金刀具的硬度与强度高。硬质合金刀具表面若采用 TiC、TiN、Al_2O_3 及其复合材料涂层，有较好的综合性能，其基体强度韧性较好，表面耐磨、耐高温，多用于普通钢材的精加工或半精加工。

1.6.2.6 其他刀具材料

1. *涂层硬质合金*

涂层硬质合金是在普通硬质合金刀片表面上，采用化学气相沉积(CVD)或物理气相沉积(PVD)的工艺方法，涂覆一薄层(4 ~ 12 μm)高硬度难熔金属化合物(TiC、TiN、Al_2O_3 等)，使刀片既保持了普通硬质合金基体的强度和韧度，又使其表面有更高的硬度、耐磨损性和耐热性。这种刀片不仅刀具寿命长，而且通用性好，一种涂层刀片可代替几种未涂层刀片使用。

涂层刀片的耐磨性、热稳定性较好，抗冲击、抗振动性能差，焊接性和刃磨性较好，适用于碳素钢、合金钢、不锈钢、工具钢及淬火钢的精加工。

2. *陶瓷*

陶瓷刀具材料的主要成分是硬度和熔点都很高的 Al_2O_3、Si_3N_4 等氧化物、氮化物，再加入少量的金属碳化物、氧化物或纯金属等添加剂，也是采用粉末冶金工艺方法经制粉、压制烧结而成的。

陶瓷刀具有很高的硬度(91 ~ 95 HRA)和耐磨性，刀具耐用度高；有很好的高温性能，在 1 200 ℃的温度下仍能切削，化学稳定性好，与金属亲和力小，抗黏结和抗扩散能力好；具有较低的摩擦系数，在高速精车和精密铣削时，被加工工件可获得镜面效果。陶瓷刀具的最大缺点是脆性大，抗弯强度和冲击韧度低，承受冲击负荷的能力差。主要用于对钢料、铸铁、高硬材料(如淬火钢等)连续切削的半精加工或精加工。

3. *金刚石*

天然金刚石是自然界中最硬的材料。它的耐磨性极好，但价格昂贵，主要用于制造加工精度和表面粗糙度要求极高的零件的刀具，如加工磁盘、激光反射镜等。

人造金刚石是在高温高压和金属触媒作用的条件下，由石墨转化而成的。人造金刚石是除天然金刚石外最硬的材料，多用于有色金属及非金属材料的超精加工以及作磨料用。

金刚石刀具的性能特点是：有极高的硬度和耐磨性，切削刃非常锋利，有很高的导热性。但耐热性较差，且强度很低。

金刚石刀具主要用于高速条件下精细车削及镗削有色金属及其合金和非金属材料。

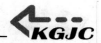

但由于金刚石中的碳原子和铁有很强的化学亲和力，故金刚石刀具不宜加工含有碳的黑色金属。

4. 立方氮化硼（CBN）

立方氮化硼是用立方氮化硼（俗称白石墨）为原料，利用超高温高压技术，继人造金刚石之后人工合成的一种新型无机超硬材料。

其主要性能特点是：硬度高（高达 8 000～9 000 HV），耐磨性好，能在较高切削速度下保持加工精度，热稳定性好，化学稳定性好，且有较高的热导率和较小的摩擦系数，但其强度和韧性较差。主要用于对高温合金、淬硬钢、冷硬铸铁等材料进行半精加工和精加工。

1.7　各种加工方法和所用刀具

在机械加工中，常用的金属切削刀具有车刀、孔加工刀具（中心钻、麻花钻、扩孔钻、铰刀等）、磨削刀具、铣刀和齿轮刀具等。在大批量生产和加工特殊形状零件时，还经常采用专用刀具、组合刀具和特殊刀具。在加工过程中，为了保证零件的加工质量、提高生产率和经济效益，需要恰当合理地选用相应的各种类型刀具。

1.7.1　车削与车刀

车削加工通常都是在车床上进行的，主要用于加工回转表面及其端面。在加工中一般工件作旋转运动，刀具作纵向和横向进给运动。

车刀的种类很多，一般可按用途和结构分类。

1.7.1.1　按用途分类

车刀按其用途可分为外圆车刀、内孔车刀、端面车刀、切断车刀、螺纹车刀等，如图 1-22 所示。

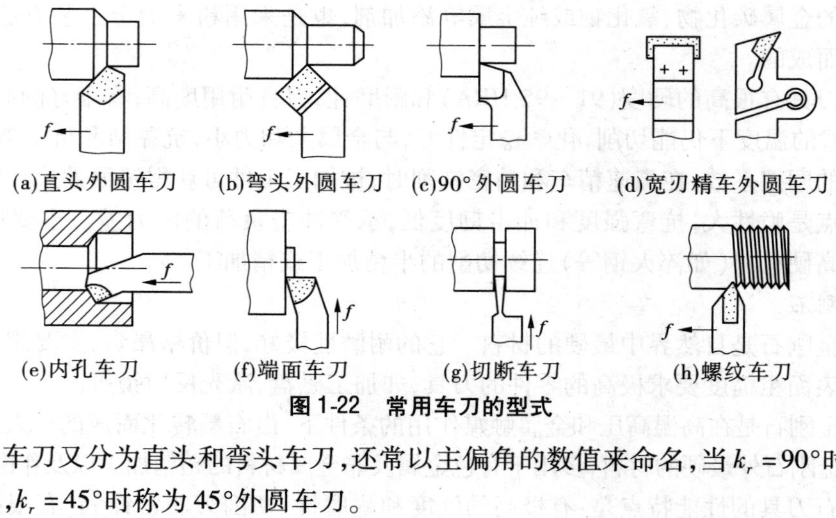

图 1-22　常用车刀的型式

外圆车刀又分为直头和弯头车刀，还常以主偏角的数值来命名，当 $k_r = 90°$ 时称为 90°外圆车刀，$k_r = 45°$ 时称为 45°外圆车刀。

1.7.1.2　按结构分类

车刀按结构可分为整体车刀、焊接车刀、焊接装配车刀、机夹车刀、可转位车刀和成形车刀等。

(1)整体车刀。如图1-23所示,用整块高速钢做成长条形状,俗称“白钢刀”。刃口可磨得较锋利,主要用于小型车床或加工有色金属。

(2)焊接车刀。如图1-24所示,它是将一定形状的刀片和刀柄用紫铜或其他焊料通过镶焊连接成一体的车刀,一般刀片选用硬质合金,刀柄用45钢。

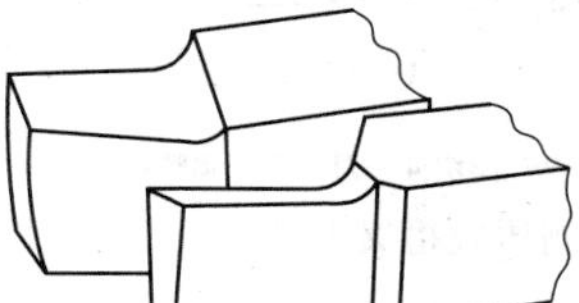

图1-23 整体车刀

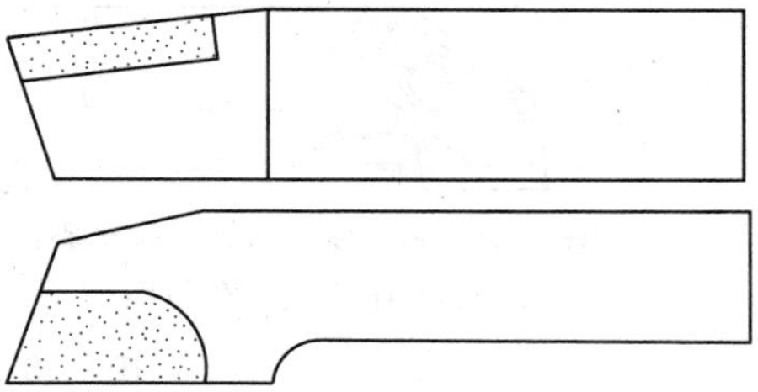

图1-24 焊接车刀

焊接车刀结构简单,制造方便,可根据需要刃磨,硬质合金利用充分,但其切削性能取决于工人的刃磨水平,并且焊接时会降低硬质合金硬度,易产生热应力,严重时会导致硬质合金裂纹,影响刀具寿命。此外,焊接车刀刀杆不能重复使用,刀片用完后,刀杆也随之报废。

一般车刀,特别是小车刀多为焊接车刀。

(3)焊接装配车刀。如图1-25所示,它是将硬质合金刀片钎焊在小刀块上,再将小刀块装配到刀杆上。焊接装配车刀多用于重型车刀,采用装配式结构以后,可使刃磨省力,刀杆也可重复使用。

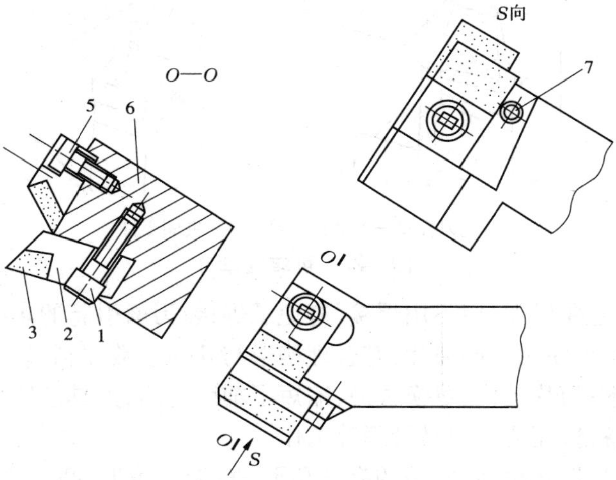

1、5—螺钉;2—小刀块;3—刀片;4—断屑器;6—刀体;7—销

图1-25 焊接装配车刀

(4)机夹车刀。如图1-26所示,机夹车刀是指用机械方法定位,夹紧刀片,通过刀片体外刃磨与安装倾斜后,综合形成刀具角度的车刀。机夹车刀可用于加工外圆、端面、内孔车槽、车螺纹等。

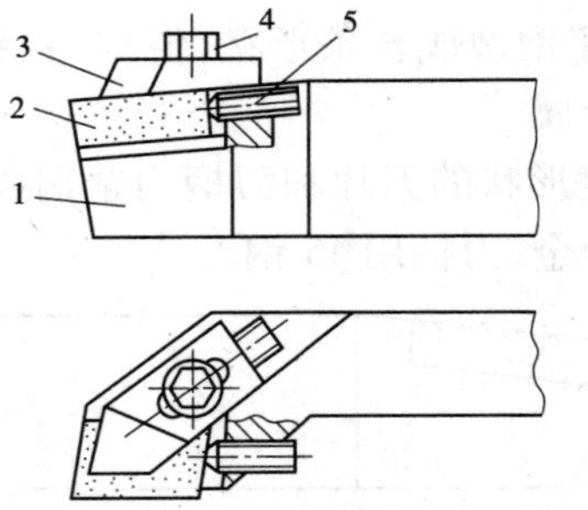

1—刀杆;2—刀片;3—压板;4—螺钉;5—调整螺钉

(a)上压式机夹车刀

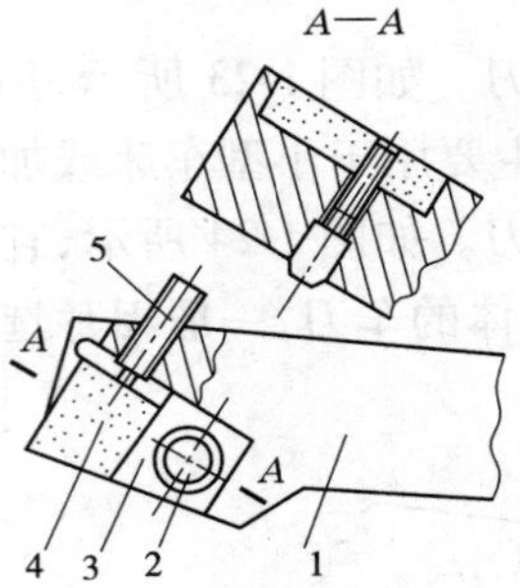

1—刀杆;2—螺钉;3—楔块;4—刀片;5—调整螺钉

(b)侧压式机夹车刀

图 1-26　机夹车刀

机夹车刀的优点在于避免焊接引起的缺陷,刀柄能多次使用,刀具几何参数设计选用灵活。如采用集中刃磨对提高刀具质量、方便管理、降低刀具费用等方面都有利。

机夹车刀设计时必须从结构上保证刀片夹固可靠,刀片重磨后应调整尺寸,有时还应考虑断屑的要求。常用的刀片夹紧方式有上压式和侧压式两种。

(5)可转位车刀。如图 1-27 所示,可转位车刀是将可转位刀片用机械夹固的方法装夹在特制刀杆上的一种车刀。它由刀片、刀垫、刀柄及刀杆、螺钉等元件组成。刀片上压制出断屑槽,周边经过精磨,刃口磨钝后可方便地转位换刀,不需重磨就可使新的切削刃投入使用,只有当全部切削刃都用钝后才需更换新刀片。

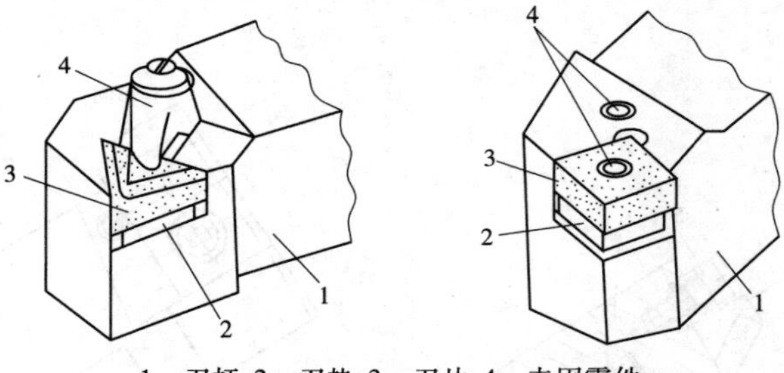

1—刀杆;2—刀垫;3—刀片;4—夹固零件

图 1-27　可转位车刀

可转位车刀的主要优点是:不用焊接,避免了焊接、刃磨引起的热应力,延长刀具寿命及提高抗破坏能力;可使用涂层刀片,有合理槽形与几何参数,断屑效果好,能选用较高切削用量,提高生产率;刀片转位、更换方便,缩短了辅助时间;刀具已标准化,能实现一刀多用,减少了刀具储备量,简化了刀具管理等工作。

可转位车刀刀片形状很多,常用的有三角形、偏 8°三角形、凸三角形、正方形、五角形和圆形等,如图 1-28 所示。

(6)成形车刀。如图 1-29 所示,成形车刀又称样板刀,是在普通车床、自动车床上加工内外成形表面的专用刀具。用它能一次切出成形表面,故操作简便、生产率高。用成形车刀加工零件可达到公差等级 IT10 ~ IT8,粗糙度 *Ra*10 ~5 μm。成形车刀制造较为复杂,当切削刃的工作长度过长时,易产生振动,故主要用于批量加工小尺寸的零件。

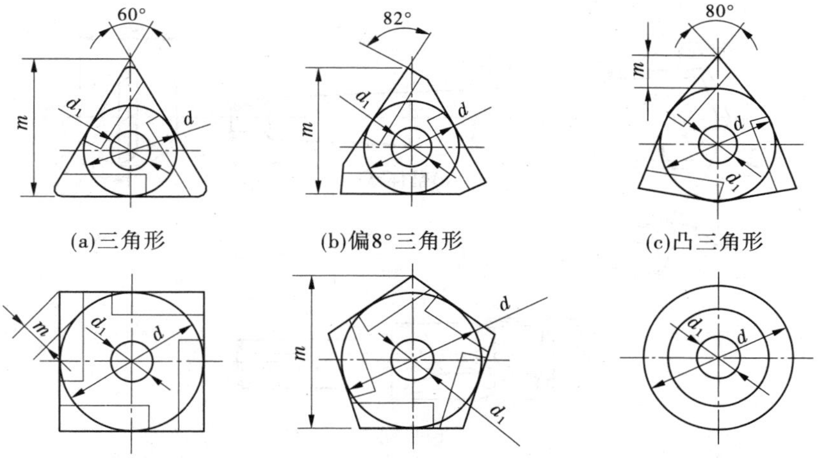

(a)三角形　(b)偏8°三角形　(c)凸三角形

(d)正方形　(e)五角形　(f)圆形

图1-28　可转位车刀刀片的常用形状

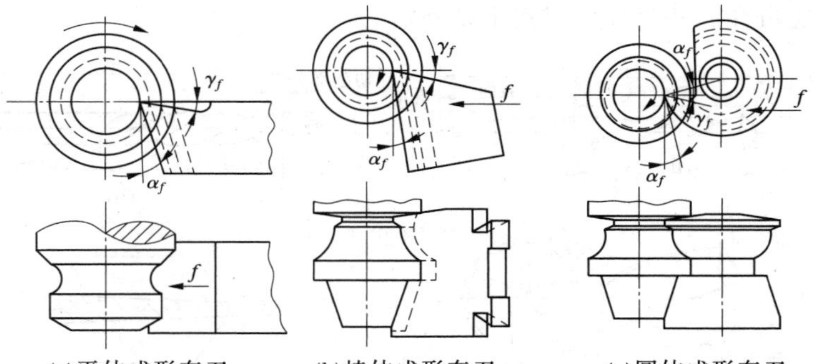

(a)平体成形车刀　(b)棱体成形车刀　(c)圆体成形车刀

图1-29　成形车刀的种类

1.7.2　孔加工刀具

机械加工中的孔加工刀具分为两类：一类是在实体工件上加工出孔的刀具，如扁钻、麻花钻、中心钻及深孔钻等；另一类是对已有孔进行再加工的刀具，如扩孔钻、锪钻、铰刀及镗刀等。这些孔加工刀具具有共同的特点，即刀具均在工件内表面切削，工作部分处于加工表面包围之中，刀具的强度、刚度和导向、容屑、排屑及冷却、润滑等问题都比切削外表面时更突出。

1.7.2.1　扁钻

如图1-30所示，扁钻是使用最早的钻孔刀具。其特点是结构简单、刚性好、成本低、刃磨方便。

扁钻有整体式和装配式两种。前者适于数控机床，常用于较小直径（$<\phi 12$ mm）孔加工，后者适于较大直径（$>\phi 63.5$ mm）孔加工。

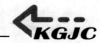

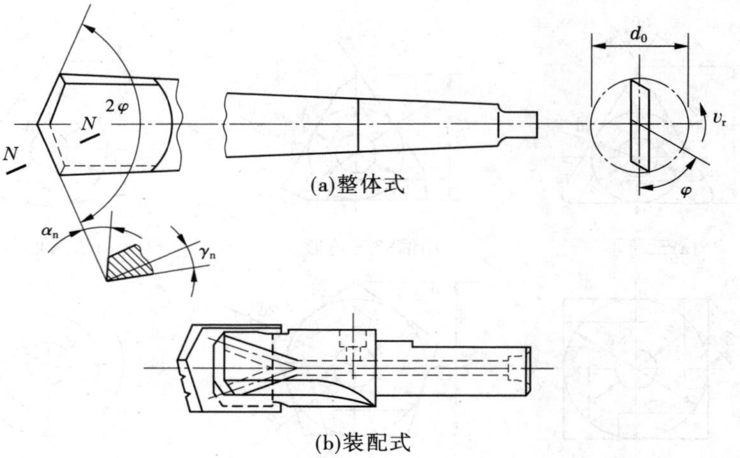

图 1-30 扁钻

1.7.2.2 麻花钻

如图 1-31 所示,麻花钻是使用最广泛的一种孔加工刀具,不仅可以在一般材料上钻孔,经过修磨还可在一些难加工材料上钻孔。

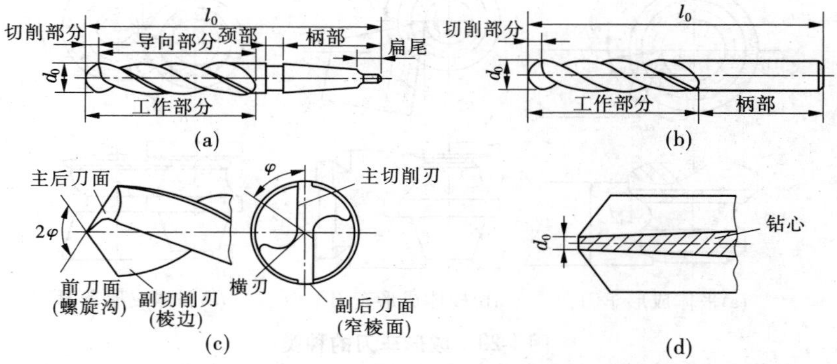

图 1-31 麻花钻

麻花钻属于粗加工刀具,可达到的尺寸公差等级为 IT13 ~ IT11,表面粗糙度 *Ra* 值为 25 ~ 12.5 μm。麻花钻呈细长状,其工作部分包括切削部分和导向部分。两个对称的、较深的螺旋槽用来形成切削刃和前角,并起着排屑和输送切削液的作用。沿螺旋槽边缘的两条棱边用于减小钻头与孔壁的摩擦面积。切削部分有两个主切削刃、两个副切削刃和一个横刃。横刃处有很大的负前角,主切削刃上各点前角、后角是变化的,钻心处前角接近 0°,甚至是负值,对切削加工十分不利。

1.7.2.3 中心钻

中心钻是用来加工轴类零件中心孔的刀具,其结构主要有三种形式:带护锥中心钻(见图 1-32(a))、无护锥中心钻(见图 1-32(b))和弧形中心钻(见图 1-32(c))。

1.7.2.4 深孔钻

通常把孔深与孔径之比大于 5 ~ 10 的孔称为深孔,加工所用的钻头称为深孔钻。

由于孔深与孔径之比大,钻头细长,强度和刚度均较差,工作不稳定,易引起孔中心线

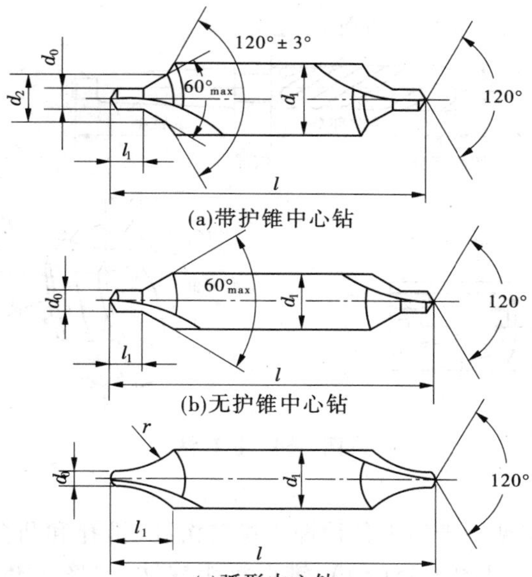

图1-32 中心钻

的偏斜和振动。为了保证孔中心线的直线性，必须很好地解决导向问题；由于孔深度大，容屑及排屑空间小，切屑流经的路程长，切屑不易排除，必须设法解决断屑和排屑问题；深孔钻头是在封闭状态下工作的，切削热不易散出，必须设法采取措施确保切削液的顺利进入，充分发挥冷却和润滑作用。

深孔钻有很多种，常用的有外排屑深孔钻（见图1-33）、内排屑深孔钻、喷吸钻及套料钻等。

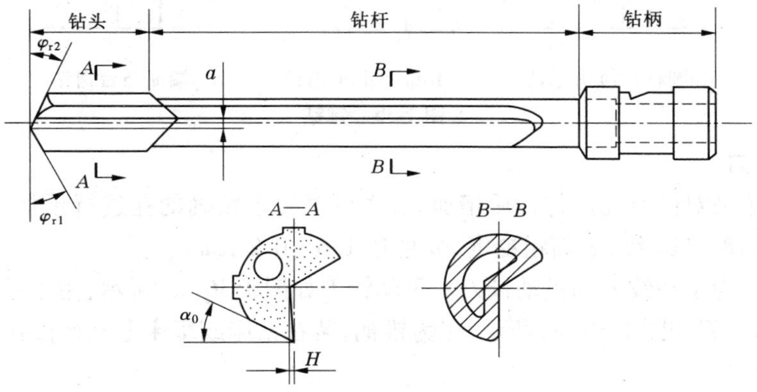

图1-33 外排屑深孔钻

1.7.2.5 扩孔钻

如图1-34所示，扩孔钻专门用来扩大已有孔，它比麻花钻的齿数多（$Z>3$），容屑槽较浅，无横刃，强度和刚度均较高，导向性和切削性较好，加工质量和生产效率比麻花钻高。扩孔的公差等级为IT10～IT9，表面粗糙度 Ra 值为6.3～3.2 μm，属于半精加工。

常用的扩孔钻有高速钢整体扩孔钻、高速钢镶套式扩孔钻及硬质合金镶齿套式扩孔钻。

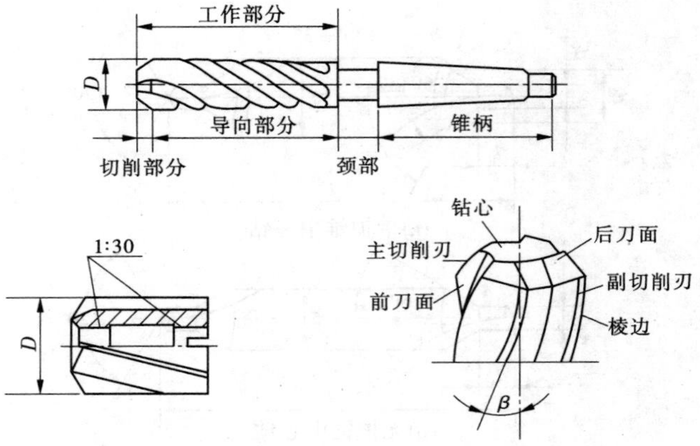

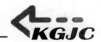

图 1-34 扩孔钻

1.7.2.6 锪钻

如图 1-35 所示,锪钻用于加工各种埋头螺钉沉孔、锥孔和凸台面等。常见的锪钻有三种:圆柱形沉头锪钻(见图 1-35(a))、锥形沉头锪钻(见图 1-35(b))及端面凸台锪钻(见图 1-35(c))。

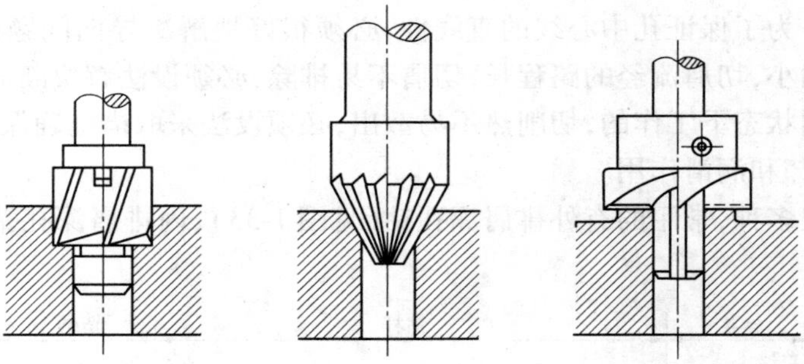

(a)圆柱形沉头锪钻 (b)锥形沉头锪钻 (c)端面凸台锪钻

图 1-35 锪钻

1.7.2.7 铰刀

铰刀常用来对已有孔进行最后精加工,也可对要求精确的孔进行预加工。其加工公差等级可达 IT8 ~ IT6 级,表面粗糙度 Ra 值达 1.6 ~ 0.2 μm。

铰刀可分为手动铰刀和机动铰刀。手动铰刀如图 1-36(a)所示,用于手工铰孔,柄部为直柄;机动铰刀如图 1-36(b)所示,多为锥柄,装在钻床或车床上进行铰孔。

1.7.2.8 镗刀

镗刀是对已有的孔进行再加工的刀具。镗刀可在车床、镗床或铣床上使用,可加工精度不同的孔,加工精度可达 IT7 ~ IT6 级,表面粗糙度 Ra 值达 6.3 ~ 0.8 μm。

镗刀有单刃镗刀和多刃镗刀之分,单刃镗刀与车刀类似,只在镗杆轴线的一侧有切削刃(见图 1-37),其结构简单,制造方便,既可粗加工,也可半精加工或精加工。一把镗刀可加工直径不同的孔。

单刃镗刀的刚度比较低,为减少镗孔时镗刀的变形和振动,不得不采用较小的切削用

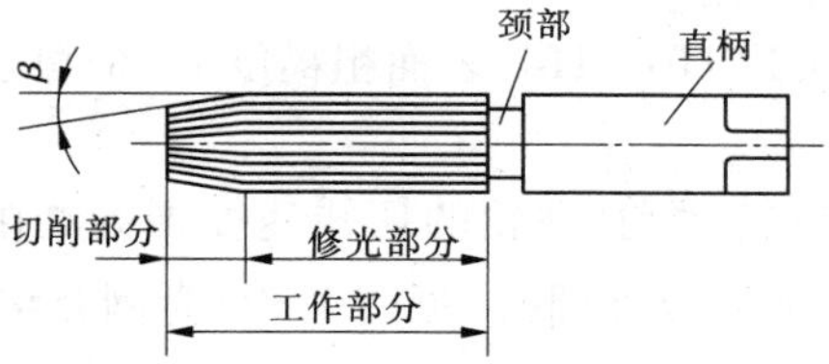

(a)手动铰刀

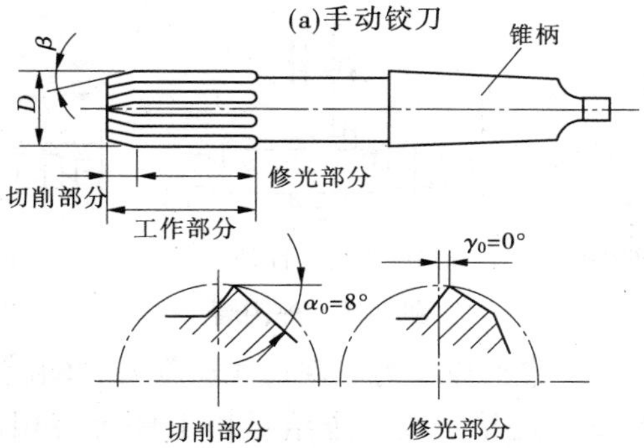

(b)机动铰刀

图 1-36　铰刀

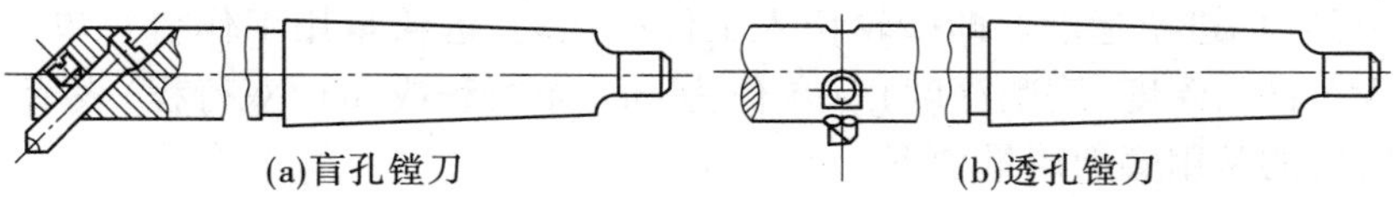

(a)盲孔镗刀　(b)透孔镗刀

图 1-37　单刃镗刀

量,并且仅有一个主切削刃参加工作,所以生产率比扩孔或铰孔低。因此,单刃镗刀比较适用于单件小批生产。

双刃镗刀是镗杆轴线两侧对称装有两个切削刃,可消除径向力对镗孔质量的影响,多采用装配式浮动结构(见图 1-38)。

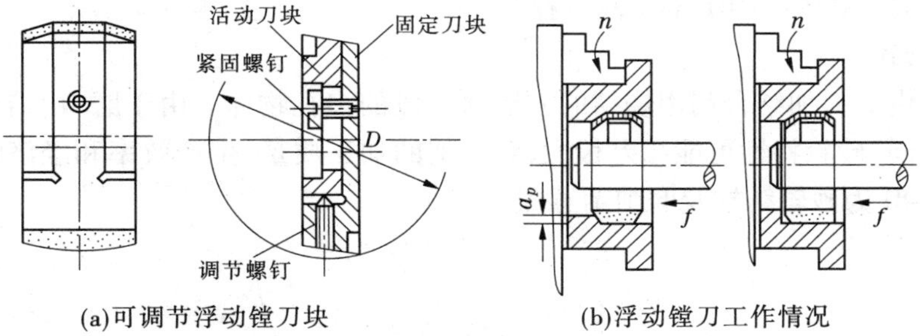

(a)可调节浮动镗刀块　(b)浮动镗刀工作情况

图 1-38　双刃镗刀及其工作情况

1.7.3　磨削与磨轮

磨削是机械制造中最常用的加工方法之一。磨削所用刀具称为磨轮(砂轮)。磨削的应用范围很广,可以磨削难以切削的各种高硬度、超硬度材料;可以磨削各种表面;可用于荒加工(磨削钢坯、割浇冒口等)、粗加工、精加工和超精加工。磨削容易实现自动化。

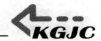

在工业发达国家中磨床在机床总数中已占25%以上。目前，磨削主要用于精加工和超精加工。磨削后尺寸公差等级可达IT6～IT4，表面粗糙度 Ra 值可达0.8～0.025 μm。

1.7.3.1 磨削运动

磨削的主运动是砂轮的旋转运动，砂轮的切线速度即为磨削速度 v_c（单位为m/s）。磨削的进给运动一般有三种，下面以外圆磨（见图1-39）为例介绍：

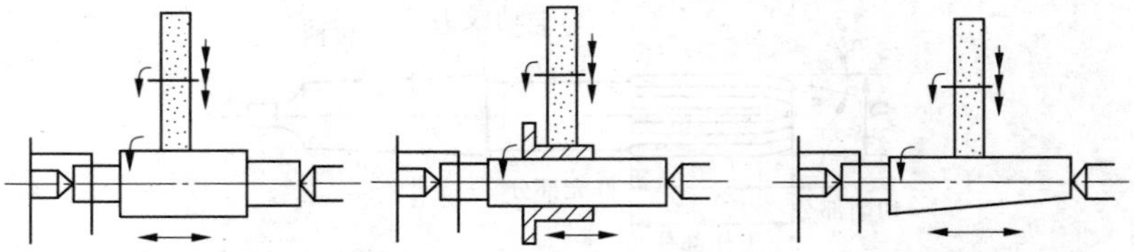

图1-39 外圆磨

(1)工件旋转进给运动。进给速度为工件切线速度 v_w（单位为m/min）。

(2)工件相对砂轮的轴向进给运动。进给量用工件每转相对砂轮的轴向移动量 f_a（单位为mm/r）表示，进给速度 v_a 为 nf_a（单位为mm/min，其中 n 为工件的转数，单位为r/mm）。

(3)砂轮径向进给运动。即砂轮切入工件的运动，进给量用工作台每单行程或双行程砂轮切入工件的深度（磨削深度）f_r（单位为mm/单行程或mm/双行程）表示。

外圆磨削的常用磨削用量如下：

v_c：25～35 m/s。

v_w：粗磨时20～30 m/min；精磨时20～60 m/min。

f_a：粗磨时(0.3～0.7) B mm/r，精磨时(0.3～0.4) B mm/r（B 为砂轮宽度，单位为mm）；

f_r：粗磨时0.015～0.05 mm/单行程或0.015～0.05 mm/双行程；精磨时0.005～0.01 mm/单行程或0.005～0.01 mm/双行程。

1.7.3.2 砂轮

砂轮是由磨料加结合剂用烧结的方法而制成的多孔物体。由于磨料、结合剂及制造工艺等的不同，砂轮特性可能相差很大，对磨削的加工质量、生产效率和经济性有着重要影响。图1-40为砂轮结构及磨削示意图。

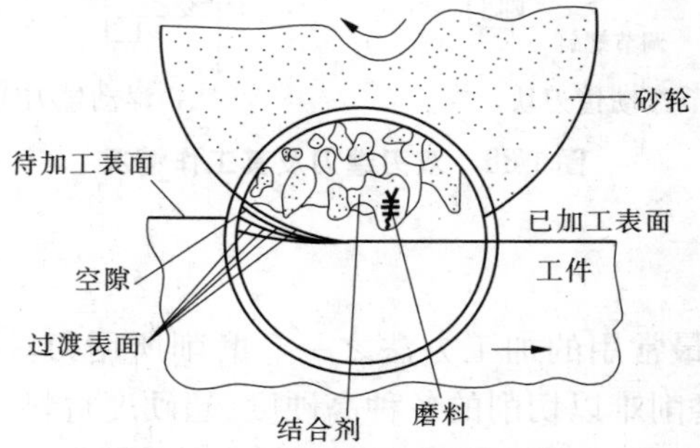

图1-40 砂轮结构及磨削示意图

磨削过程中，磨粒在高速、高压与高温的作用下，将逐渐磨损而变圆钝。圆钝的磨粒，切削能力下降，作用于磨粒上的力不断增大。当此力超过磨粒强度极限时，磨粒就会破碎，产生新的较锋利的棱角，代替旧的圆钝的磨粒进行磨削；当此力超过砂轮结合剂的黏结力时，圆钝的磨粒就会从砂轮表面脱落，露出一层新鲜锋利的磨粒，继续进行磨削。砂轮的这种自行推陈出新、保持自身锋锐的性能，称为“自锐性”。

砂轮本身虽有自锐性，但切屑和碎磨粒会把砂轮堵塞，使它失去切削能力；磨粒随机脱落的不均匀性，会使砂轮失去外形精度。所以，为了恢复砂轮的切削能力和外形精度，在磨削一定时间后，仍需对砂轮进行修整。

为了适应在不同类型磨床上的各种使用需要，砂轮有许多形状，常用的砂轮形状、代号和用途可查有关资料。

砂轮的标志印在砂轮端面上。其顺序是形状代号、尺寸、磨料、粒度号、硬度、组织号、结合剂和允许的最高线速度。

1.7.4 铣削与铣刀

铣削是被广泛应用的一种切削加工方法，是在铣床上利用铣刀的旋转（主运动）和工件的移动（进给运动）来加工工件的。铣削加工可以在卧式铣床、立式铣床、龙门铣床、工具铣床以及各种专用铣床上进行，对于单件小批量生产的中小型零件，以卧式铣床和立式铣床最为常用。在切削加工中，铣床的工作量仅次于车床。

铣削加工的范围比较广泛，可以加工平面、台阶面、沟槽和成形面等，如图1-41所示。此外，还可以进行孔加工和分度工作。铣削后平面的尺寸公差等级可达IT9～IT8，表面粗糙度 Ra 值可达3.2～1.6 μm。

铣刀的种类很多，按安装方法可分为带孔铣刀和带柄铣刀两大类。带孔铣刀（见图1-42），一般用于卧式铣床，带柄铣刀（见图1-43）多用于立式铣床。

铣刀是多齿刀具，又用于断续切削，因此切削过程具有一些特殊规律。

1.7.4.1 铣刀的几何参数

铣刀的种类虽然很多，但基本形式是圆柱铣刀和端铣刀，前者轴线平行于加工表面，后者轴线垂直于加工表面。铣刀刀齿数虽多，但各刀齿的形状和几何角度相同，所以可以对一个刀齿进行研究。无论是端铣刀，还是圆柱铣刀，每个刀齿都可视为一把外车刀，故车刀几何角度的概念完全可以应用于铣刀上。现以圆柱铣刀为例来说明铣刀的几何角度。

圆周铣削时，铣刀旋转运动是主运动，工件的直线运动是进给运动。圆柱铣刀的几何角度主要有螺旋角、前角和后角。

（1）螺旋角。螺旋角 ω 是螺旋切削刃展开成直线后，与铣刀轴线间的夹角。显然，螺旋角 ω 等于圆柱铣刀的刃倾角 λ_s。它能使刀齿逐渐切入和切离工件，能增加实际工作前角，使切削轻快平稳；同时形成螺旋形切屑，排屑容易，防止切屑堵塞。一般细齿圆柱铣刀 $\omega=30°\sim35°$，粗齿圆柱铣刀 $\omega=40°\sim45°$。

（2）前角。通常在图纸上应标注 γ_n，以便于制造。但在检验时，通常测量正交平面内前角 γ_0。可按下式，根据 γ_n 计算出 γ_0：

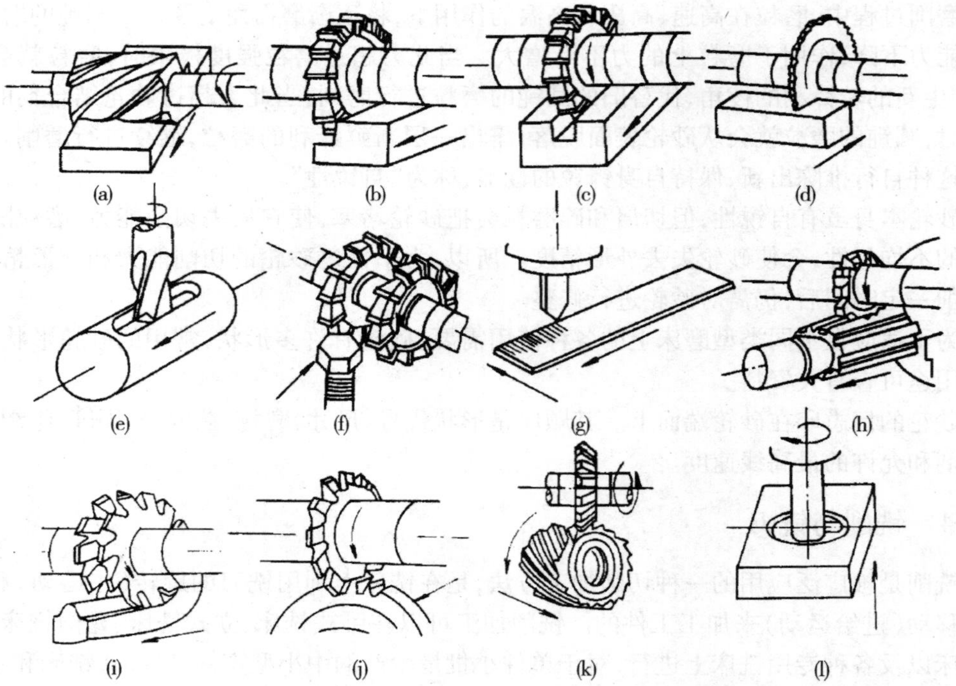

图 1-41 铣削加工的基本内容

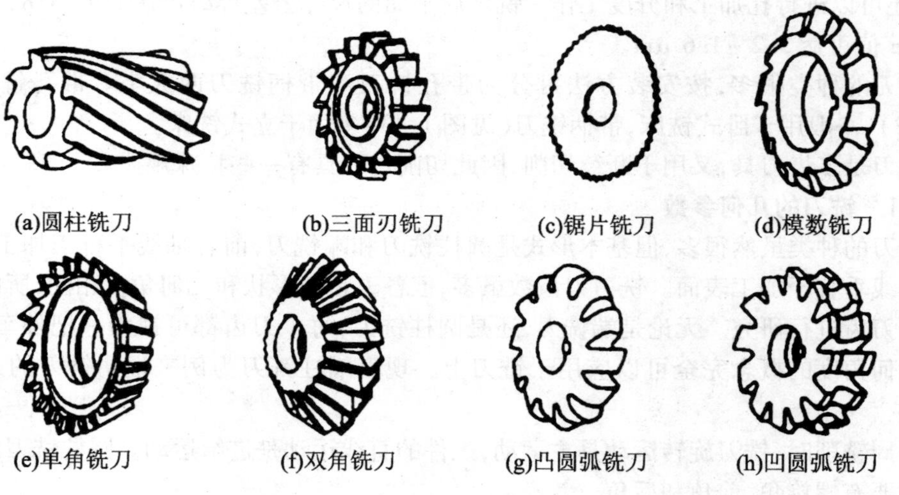

图 1-42 带孔铣刀

$$\tan\gamma_n = \tan\gamma_0 \cos\omega \tag{1-26}$$

前角 γ_n 按被加工材料来选择,铣削钢时,取 $\gamma_n = 10° \sim 20°$;铣削铸铁时,取 $\gamma_n = 10° \sim 15°$。

(3)后角。圆柱铣刀后角规定在 P_0 平面内度量。铣削时,切削厚度 h_D 比车削小,磨损主要发生在后面上,适当地增大后角 α_o,可以减少铣刀磨损。通常取 $\alpha_o = 12° \sim 16°$,粗

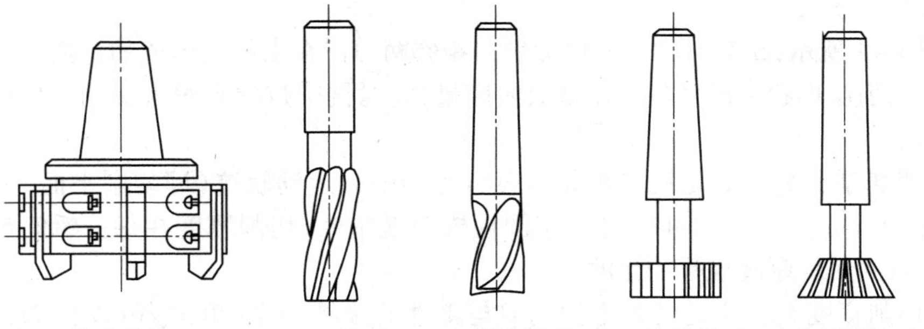

图 1-43　带柄铣刀

铣时取小值，精铣时取大值。

1.7.4.2　铣削用量与切削层参数

1. 铣削用量

如图 1-44 所示，铣削用量包括铣削速度 v_c、进给量 f、待铣削层深度 t 和待铣削层宽度 B 等。

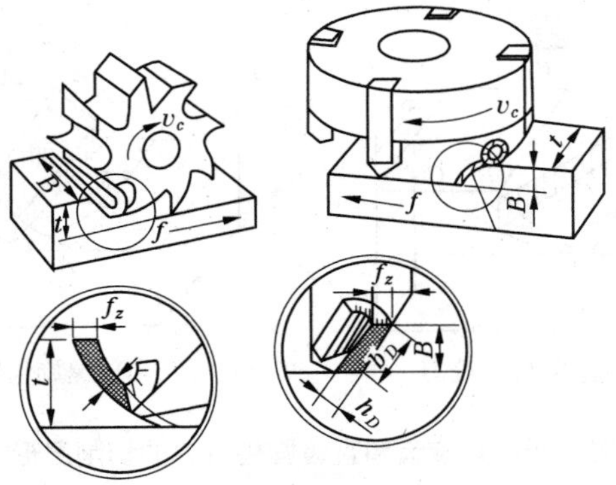

图 1-44　铣削用量要素

(1)铣削速度 v_c。它是指铣刀最大直径处切削刃的圆周速度，即

$$v_c = \frac{\pi D n}{1\,000} \quad (\text{m/min}) \tag{1-27}$$

式中　D——铣刀外径，mm；

n——铣刀每分钟转数。

(2)进给量 f。铣削的进给量有三种表示方法：铣刀每转过一齿，工件沿进给方向所移动的距离，称为每齿进给量，用 f_z 表示；铣刀每转一转，工件沿进给方向所移动的距离，称为每转进给量，用 f_n 表示；铣刀旋转 1 min，工件沿进给方向移动的距离，称为每分钟进给量，即进给速度，用 v_f 表示。三者的关系为 $v_f = f_n n = f_z z n$(单位为 mm/min，z 为铣刀齿数)。

(3)待铣削层深度 t：在垂直于铣刀轴线方向测量的切削层尺寸(单位为 mm)。

(4)待铣削层宽度 B：在平行于铣刀轴线方向测量的切削层尺寸(单位为 mm)。

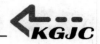

2. 切削层参数

如图1-44所示，铣削时的切削层为铣刀相邻两刀齿在工件上形成的过渡表面之间的金属层。切削层形状与尺寸规定在基面内度量，它对铣削过程有很大影响。切削层参数有以下几个：

(1)切削厚度 h_D。它是铣刀相邻两刀齿主切削刃运动轨迹(即切削平面)间的垂直距离(单位为mm)。由图1-44可知，用圆柱铣刀铣削时，切削厚度在每一瞬间都是变化的。端铣时的切削厚度也是变化的。

(2)切削宽度 b_D。它是铣刀主切削刃与工件的接触长度(单位为mm)，即铣刀主切削刃参加工作的长度。

(3)切削面积 A_c。铣刀每齿的切削面积等于切削宽度和切削厚度的乘积。铣削时，铣刀有几个刀齿同时参加切削，故铣削时的切削面积应为各刀齿切削面积的总和。

由于切削厚度是个变值，铣刀的负荷不均匀，在工作中易引起振动。但用螺旋圆柱铣刀加工时，不但切削厚度是个变值，切削宽度也是个变值，图1-45中Ⅰ、Ⅱ、Ⅲ三个工作刀齿的工作长度不同，因此有可能使切削层面积的变化大为减少，从而切削力的变化减小，实现较均衡的切削条件。

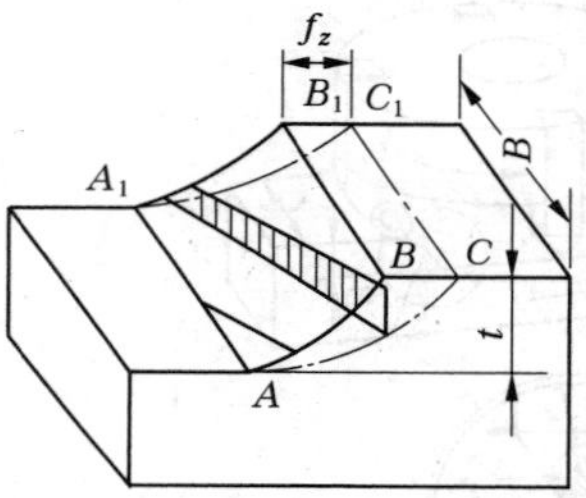

(a)直齿圆柱铣刀

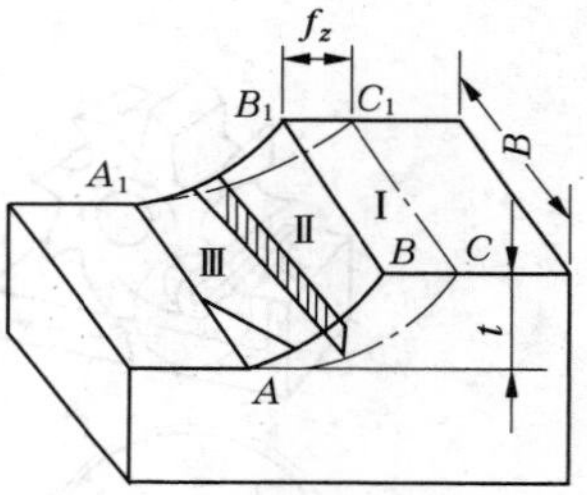

(b)螺旋齿圆柱铣刀

图1-45 螺旋齿和直齿圆柱铣刀的切削层形式

1.7.4.3 铣削方式

平面铣削有周铣和端铣两种方式。周铣是用圆柱铣刀圆周上的刀齿进行切削，端铣是用铣刀端面上的刀齿进行切削。

1. 圆周铣削方式

圆周铣削有两种铣削方式：逆铣和顺铣。如图1-46(a)所示，铣刀的旋转方向和工件的进给方向相反时称为逆铣，相同时称为顺铣(见图1-46(b))。

逆铣时，切削厚度从零逐渐增大。铣刀刃口有一钝圆半径 R，造成开始切削时前角为负值，刀齿在过渡表面上挤压、滑行，使工件表面产生严重冷硬层，并加剧了刀齿磨损。此外，当瞬时接触角大于一定数值后，F 向上，有抬起工件趋势；顺铣时，刀齿的切削厚度从最大开始，避免了挤压、滑行现象，并且 F 始终压向工作台，有利于工件夹紧，可延长铣刀寿命和提高加工表面质量。若在丝杠与螺母副中存在间隙的情况下采用顺铣，当进给力 F 逐渐增大，超过工作台摩擦力时，工作台带动丝杠向左窜动，造成进给不均，严重时会使铣刀崩刃。逆铣时，由于进给力 F 作用，丝杠与螺母传动面始终贴紧，故铣削过程较平稳。

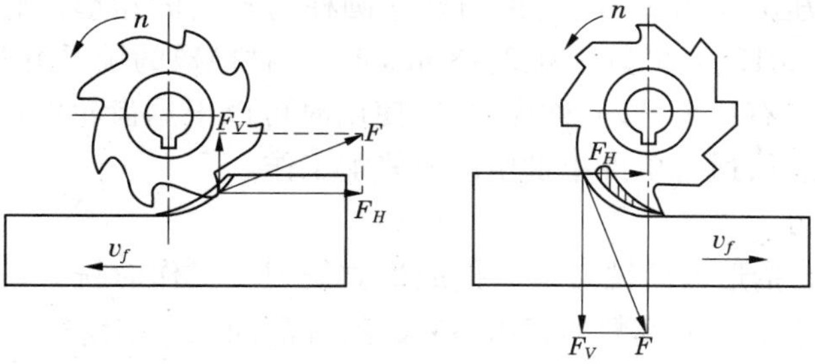

(a)逆铣　(b)顺铣

图 1-46　逆铣和顺铣

2. 端铣方式

在端铣时,根据端铣刀相对于工件安装位置不同,也可分为逆铣和顺铣。如图 1-47(a)所示,端铣刀轴线位于铣削弧长的中心位置,上面的顺铣部分等于下面的逆铣部分,称为对称端铣。图 1-47(b)中的逆铣部分大于顺铣部分,称为不对称逆铣。图 1-47(c)中的顺铣部分大于逆铣部分称为不对称顺铣。

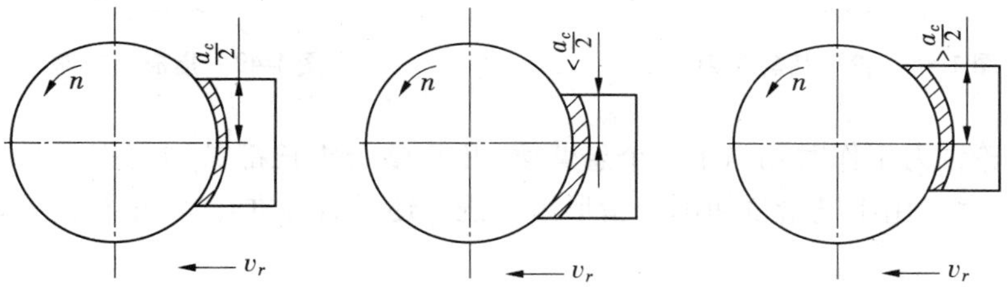

(a)对称端铣　(b)不对称逆铣　(c)不对称顺铣

图 1-47　端铣的方式

1.7.5　切齿刀具

切齿刀具是指切削各种齿轮、蜗轮、链轮和花键等齿廓形状的刀具。切齿刀具种类繁多, 按照齿形的形成原理,切齿刀具可分为两大类:成形法切齿刀具和展成法切齿刀具。

1.7.5.1　成形法切齿刀具

这类刀具切削刃的廓形与被切齿槽形状相同或近似相同。较典型的成形法切齿刀具有以下两类。

1. 盘形齿轮铣刀

如图 1-48 所示,盘形齿轮铣刀是一种铲齿成形铣刀,可加工直齿轮与斜齿轮。工作时铣刀旋转并沿齿槽方向进给,铣完一个齿后进行分度,再铣第二个齿。

盘形齿轮铣刀前角为零时,其刃口形状就是被加工齿轮的渐开线齿形。齿轮齿形的渐开线形状由基圆大小决定,基圆愈小,渐开线愈弯曲;基圆愈大,渐开线愈平直;基圆无限大时,渐开线变为直线,即为齿条齿形。而基圆的直径又与齿轮的模数、齿数及压力角有关。当被加工齿轮的模数和压力角都相同,只有齿数不同时,渐开线开头显然不同,出于经济的考虑,不可能对每一种齿数的齿轮对应设计一把刀具,而是将齿数接近的几个齿轮用相同的一把铣刀去加工,这样虽然使被加工齿轮产生了一些齿形误差,但大大减少了铣刀的数量。加工压力角为20°的直齿渐开线圆柱齿轮用的盘形齿轮铣刀已经标准化,根据 GB/T 28247—2012,当模数为0.3~8 mm时,每种模数的铣刀由15把组成一套。一套铣刀中的每一把都有一个号码,称为刀号,使用时可以根据齿轮的齿数予以选取,加工精度不高,效率也较低,适合单件小批生产或修配工作。

2. 指形齿轮铣刀

如图1-49所示,指形齿轮铣刀是一把成形立铣刀。工作时铣刀旋转并进给,工件分度。这种铣刀适合于加工大模数的直齿、斜齿轮,并能加工人字齿轮。

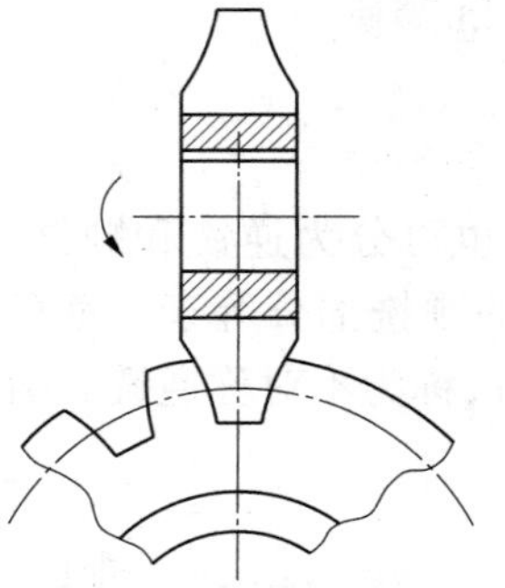

图1-48 盘形齿轮铣刀

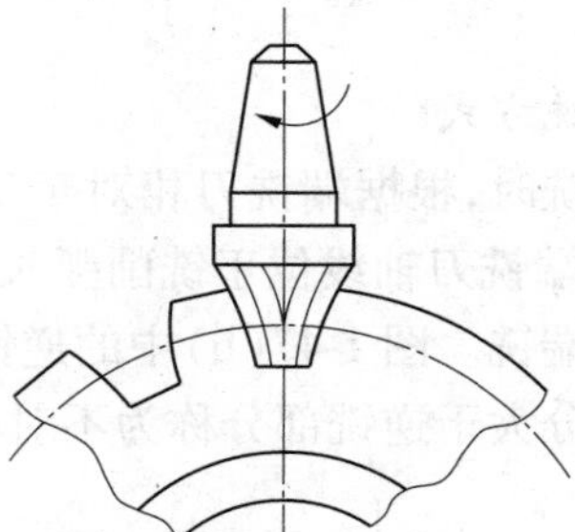

图1-49 指形齿轮铣刀

指形齿轮铣刀工作时相当于一个悬臂梁,几乎整个刃长都参加切削,因此切削力大,刀齿负荷重,宜采用小进给量切削。指形齿轮铣刀还没有标准化,需根据需要进行专门设计和制造。

1.7.5.2 展成法切齿刀具

这类刀具切削刃的廓形不同于被切齿轮任何剖面的槽形。切齿时除主运动外,还有刀具与齿坯的相对啮合运动,称展成运动。工件齿形是由刀具齿形在展成运动中若干位置包络切削形成的。

展成法切齿的特点是一把刀具可加工同一模数、任意齿数的齿轮,通过机床传动链的配置实现连续分度,因此刀具通用性较广,加工精度与生产率较高,在成批加工齿轮时被广泛使用。较典型的展成法切齿刀具有齿轮滚刀、插齿刀、剃齿刀及蜗轮滚刀等。

1. 齿轮滚刀

图1-50所示是齿轮滚刀的工作情况。滚刀相当于一个开有容屑槽的、有切削刃的、蜗杆状的螺旋齿轮。滚刀与齿坯啮合传动比由滚刀的头数与齿坯的齿数决定,在展成滚切过程中切出齿轮齿形。滚齿可对直齿或斜齿轮进行粗加工或半精加工。

用齿轮滚刀加工齿轮的过程类似于交错轴螺旋齿轮的啮合过程,滚齿的主运动是滚刀的旋转运动,滚刀转一圈,被加工齿轮转过的齿数等于滚刀的头数,以形成展成运动。为了在整个齿轮宽上都加工出齿轮齿形,滚刀还要沿齿轮轴线方向进给;为了得到规定的齿高,滚刀还要相对于齿轮作径向进给运动。加工斜齿轮时,除上述运动外,齿轮还有一个附加转动,附加转动的大小与斜齿轮螺旋角大小有关。

2. 插齿刀

插齿刀相当于一个有前后角的齿轮。插齿刀与齿坯啮合传动比由插齿刀的齿数与齿

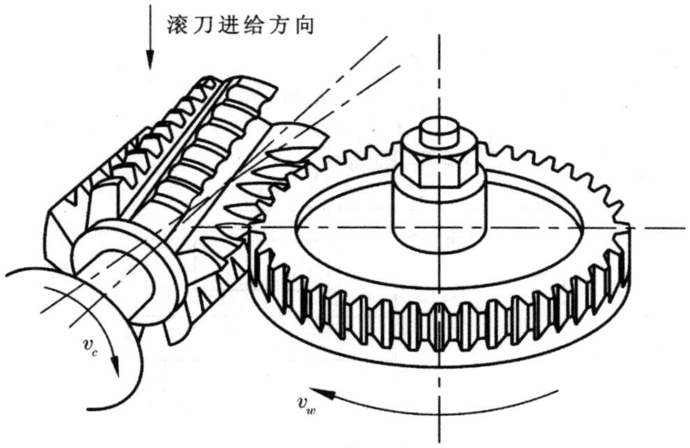

图 1-50　齿轮滚刀的工作情况

坯的齿数决定，在展成滚切过程中切出齿轮齿形。插齿刀常用于加工带台阶的齿轮，如双联齿轮、三联齿轮等，特别能加工内齿轮及无空刀槽的人字齿轮，故在齿轮加工中应用很广。

常用的直齿插齿刀已标准化，按照国家标准 GB 6081—85 规定，直齿插齿刀有盘形、碗形和锥柄插齿刀，如图 1-51 所示。在齿轮加工过程中，插齿刀的上下往复运动是主运动，向下为切削运动，向上为空行程。此外，还有插齿刀的回转运动与工件的回转运动相配合的展成运动。开始切削时，在机床凸轮的控制下，插齿刀还有径向的进给运动，沿半径方向切入工件至预定深度后径向进给停止，而展成运动仍继续进行，直至齿轮的牙齿全部切完；为避免插齿刀回程时与工件摩擦，还需被加工齿轮随工作台作让刀运动，如图 1-52所示。

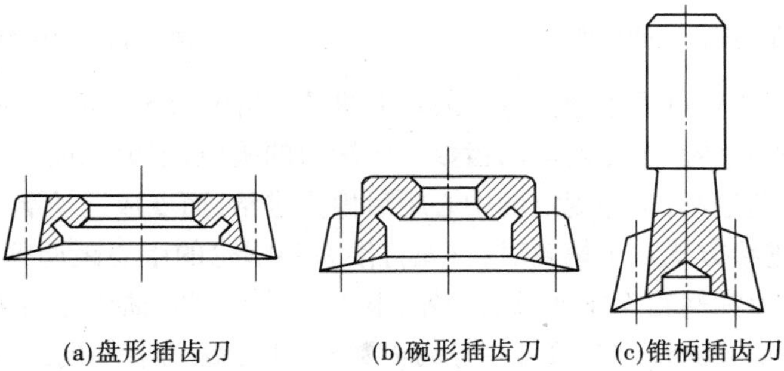

(a)盘形插齿刀　(b)碗形插齿刀　(c)锥柄插齿刀

图 1-51　插齿刀的类型

3. 剃齿刀

图 1-53 所示是剃齿刀的工作情况。剃齿刀相当于齿侧面开容屑槽形成切削刃的螺旋齿轮。剃齿时剃齿刀带动齿坯滚转，相当于一对螺旋齿轮的啮合运动。在一定啮合压力下剃齿刀与齿坯沿齿面的滑动将切除齿侧的余量，完成剃齿工作。剃齿刀常用于未淬火的软齿面的精加工，其精度可达 IT6 级以上，且生产效率很高，因此应用十分广泛。

4. 蜗轮滚刀

如图 1-54 所示，蜗轮滚刀是利用蜗杆与蜗轮啮合原理工作的，所以蜗轮滚刀成形蜗杆的参数均应与工作蜗杆相同，加工时蜗轮滚刀与蜗轮的轴相交，中心距也应与蜗杆、蜗轮副工作状态相同。

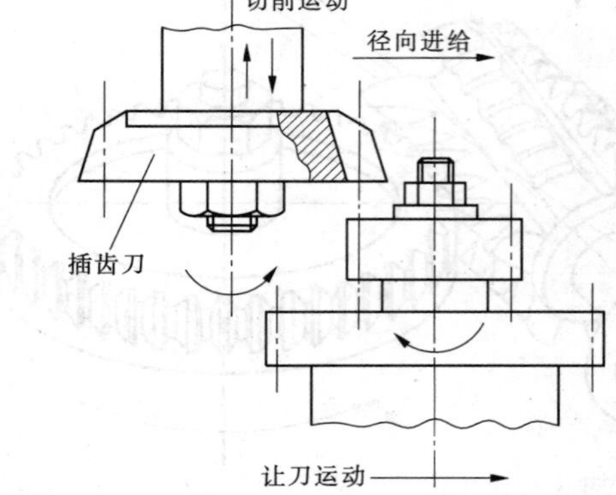

图 1-52 插齿刀的工作情况

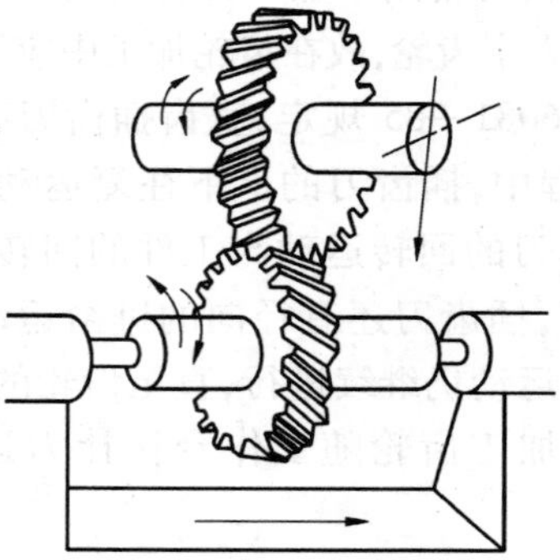

图 1-53 剃齿工作原理

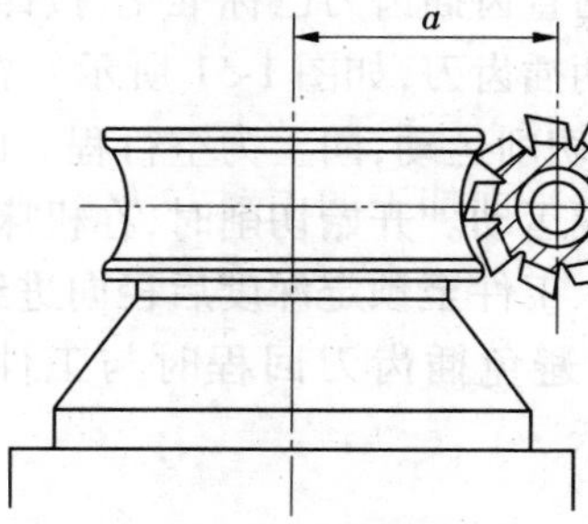

图 1-54 蜗轮滚刀

蜗轮滚刀加工蜗轮可采用径向进给或切向进给,如图 1-55 所示。用径向进给方式加工蜗轮时,滚刀每转一转,蜗轮转动的齿数等于滚刀的头数,形成展成运动;滚刀在转动的同时,沿着蜗轮方向进给,达到规定的中心距后停止进给,而展成运动继续,直到包络好蜗轮齿形。用切向进给方式加工蜗轮时,首先将滚刀和蜗轮的中心距调整到等于原蜗杆与蜗轮的中心距;滚刀和蜗轮除作展成运动外,滚刀还沿本身的轴线方向进给切入蜗轮,因此滚刀每转一转,蜗轮除转过与滚刀相等的齿数外,由于滚刀有切向运动,蜗轮还要有附加的转动。

1.7.6 其他刀具

1.7.6.1 拉削及拉刀

拉削是用拉刀加工内、外成形表面的一种加工方法。如图 1-56 所示,拉刀是多齿刀具,拉削时,利用拉刀上相邻刀齿的尺寸变化来切除加工余量,使被加工表面一次成形,因此拉床只有主运动,无进给运动,进给量是由拉刀的齿升量来实现的。

拉刀的主要特点是:能加工各种形状贯通的内、外表面;拉削精度高,一般拉削圆孔可达到的尺寸公差等级为 IT8 ~ IT7,表面粗糙度 Ra 值为 1.6 ~ 0.4 μm;生产率高,使用寿命

图1-55　蜗轮滚刀的进给方式

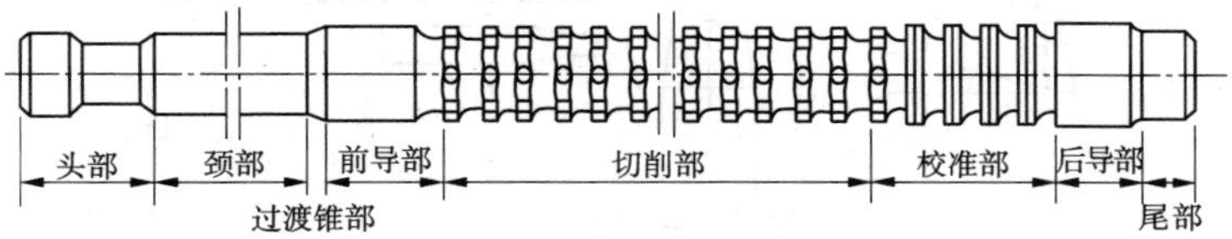

图1-56　圆孔拉刀

长，但制造复杂，主要用于对大量、成批的零件进行加工。

1.7.6.2　刨削及刨刀

刨削是平面加工的主要方法之一。刨削所用刀具称为刨刀（见图1-57），常见刨刀有平面刨刀、偏刀、角度刀及成形刨刀。刨削属于断续切削，切削时冲击很大，容易发生“崩刃”和“扎刀”现象，因而刨刀刀杆截面比较大，以增加刀杆的刚性，而且往往做成弯头，使刨刀在碰到硬点时可适当产生弯曲变形而缓和冲击，以保护刀刃。

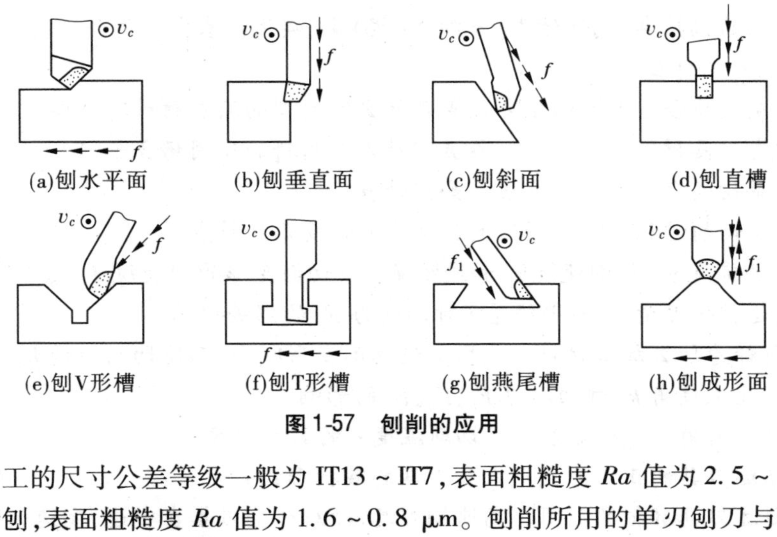

图1-57　刨削的应用

刨削加工的尺寸公差等级一般为IT13～IT7，表面粗糙度 Ra 值为2.5～1.6 μm。用宽刀进行精刨，表面粗糙度 Ra 值为1.6～0.8 μm。刨削所用的单刃刨刀与车刀基本相同，形状简单，制造、刃磨和安装皆较方便，但生产率较低。

1.7.6.3　插削及插刀

插削与刨削基本相同，只是插削是在垂直方向进给，主要用来加工工件的内表面，如键槽、花键槽等，也可用于加工多边形孔，如四方孔、六方孔等，特别适于加工盲孔或有障碍台阶的内表面。常用插刀形状见图 1-58,插削时为了避免刀杆与工件相碰,插刀刀刃应该突出于刀杆。

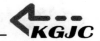

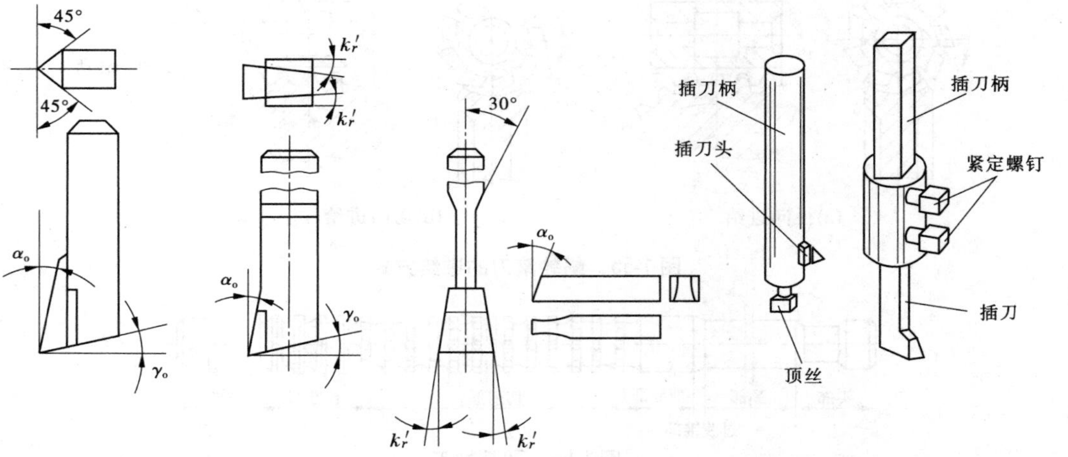

(a)尖刀　(b)切刀　(c)装在插刀柄中的刀头　(d)插刀柄　(e)套式插刀

图 1-58　常用插刀形状

习　题

1-1　刀具切削部分材料应具备哪些性能?

1-2　普通高速钢有哪几种牌号?它们主要的物理、力学性能如何?适合于做什么刀具?

1-3　常用的钨钴类、钨钛钴类、添加钽(铌)类、碳化钛基类硬质合金有哪些牌号?它们的用途如何?为什么?

1-4　涂层硬质合金刀具的主要优点是什么?典型的涂层材料有哪些?

1-5　陶瓷刀具材料有何特点?各类陶瓷刀具材料的使用场合如何?

1-6　衡量切削变形用什么方法?如何计算?

1-7　试述切削过程三个变形区的位置及它们变形的特点。

1-8　简述前角 γ_o、切削速度 v_c 和进给量 f 对切削变形的影响规律。

1-9　试述背吃刀量 a_p 与进给量 f 对切削力 F_c 的影响规律。

1-10　解释为什么加工材料硬度增加使切削变形减小,而使切削力增大。

1-11　试述主偏角 k_r 对切削力 F_c、F_p、F_f 的影响。

1-12　试述前角 γ_o、主偏角 k_r 对切削温度 θ 的影响规律。

1-13　试述刀具的正常磨损形式和刀具的破损形式。

1-14　简述刀具磨损的原因。高速钢刀具、硬质合金刀具在中速、高速切削时产生磨损是什么原因?

1-15　切削变形、切削力、切削温度、刀具磨损对刀具寿命有何影响?

1-16　举例说明普通硬质合金车刀、可转位硬质合金车刀和陶瓷车刀寿命各是多少?为什么?

第 2 章　机床夹具及设计

教学目标

- 了解夹具的组成、分类、选用及组合夹具基本知识；
- 理解六点定位原则及夹紧机构的工作原理；
- 掌握常用定位元件的种类、特点及应用；
- 掌握常用机床设备夹具的特点及设计方法；
- 会分析定位误差产生的原因并进行相关计算。

观察与思考

如图 2-0 所示为套环零件图，现处于加工中，钻 ϕ12H8 的孔，根据生产批量、生产条件的不同，在保证加工质量的前提下，所采用的工装也不同。

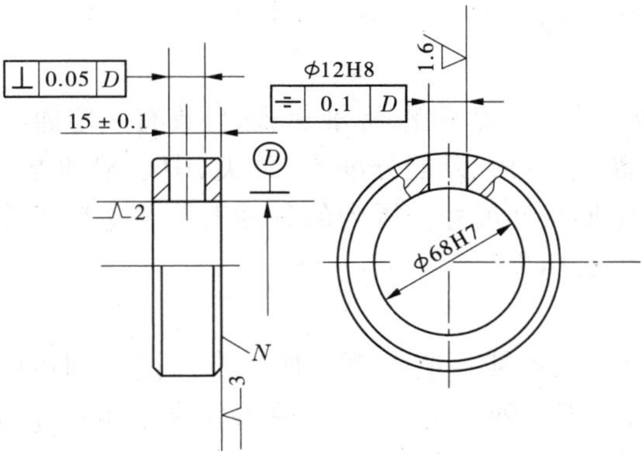

图 2-0　套环零件图

在机械制造中，用来固定加工对象，使其占有正确位置，以接受加工或检测的装置，统称为夹具。它广泛地应用于机械制造过程中，如焊接过程中用于拼焊的焊接夹具、零件检验过程中用的检验夹具、装配过程中用的装配夹具、机械加工过程中用的机床夹具等，都属于这一范畴。在金属切削机床上使用的夹具统称为机床夹具。在现代生产中，机床夹具是一种不可缺少的工艺装备，它直接影响着零件加工的精度、劳动生产率和产品的制造成本等。本章所讲述的仅限于机床夹具，以后简称为夹具。

2.1 机床夹具概述

2.1.1 机床夹具的概念

在机床上加工零件时,为了使该工序所要加工的表面能够达到图纸所规定的尺寸、几何形状及与其他表面间的相互位置精度等技术要求,在加工前首先应将工件装好、夹牢,这种用于安装工件的装置称为机床夹具。

把工件装好,就是在机床上使工件相对于刀具及机床在正确的位置上加工。工件只有在这个位置上接受加工,才能保证被加工表面达到所要求的各项技术要求。把工件装好这一过程称为定位。

把工件夹牢,就是指定位好的工件,在加工过程中不会受切削力、离心力、冲击、振动等外力的影响而变动位置。把工件夹牢这一过程称为夹紧。

2.1.2 机床夹具的分类

2.1.2.1 按夹具的应用范围分类

根据夹具在不同生产类型中的通用特性,机床夹具可分为通用夹具、专用夹具、可调夹具、组合夹具和随行夹具等五大类。

1. 通用夹具

通用夹具是指结构、尺寸已规格化、标准化,而且具有一定通用性的夹具,如三爪自动定心卡盘、四爪单动卡盘、平口钳、万能分度头、顶尖、中心架和电子吸盘等。这类夹具通用性强,可用来装夹一定形状和尺寸范围内的各种工件。这类夹具已标准化,由专门厂家生产,作为机床附件供应给用户。

2. 专用夹具

这类夹具是指专为零件的某一道工序的加工专门设计制造的夹具。在产品相对稳定、批量较大的生产中,常用各种专用夹具,以获得较高的生产率和加工精度。专用夹具的设计周期较长、投资较大。

除大批量生产外,中小批量生产中也需要采用一些专用夹具。但在结构设计时要进行具体的技术经济分析。

3. 可调夹具

可调夹具是针对通用夹具和专用夹具的缺陷而发展起来的一类新型夹具。对不同类型和尺寸的工件,只需调整或更换原来夹具上的个别定位元件和夹紧元件便可使用。它一般又可分为通用可调夹具和成组夹具两种。前者的通用范围比通用夹具更大;后者则是一种专用可调夹具,它按成组原理设计并能加工一族相似的工件,故在多品种、中小批量生产中使用有较好的经济效果。

4. 组合夹具

组合夹具是一种模块化的夹具。标准的模块元件具有较高精度和耐磨性,可组装成各种夹具。夹具用毕可拆卸,清洗后留待组装新的夹具。由于组合夹具具有组装迅速、周期短、能反复使用等优点,因此组合夹具在单件、小批量生产和新产品试制中得到广泛应用。组合夹具也已标准化。

5. 随行夹具

随行夹具是一种在自动生产线或柔性制造系统中使用的夹具。它除具有一般夹具所担负的装夹工件的任务外,还担负着沿自动线输送工件的任务,即跟随被加工工件沿着自动线从一个工位移至下一个工位。

2.1.2.2 按使用的机床分类

夹具按使用机床可分为车床夹具、铣床夹具、钻床夹具、镗床夹具、磨床夹具以及其他机床夹具等。

2.1.2.3 按夹紧的动力源分类

夹具按夹紧的动力源可分为手动夹具、气动夹具、液压夹具、气液增力夹具、电动夹具、电磁夹具、真空夹具、离心力夹具等。

2.1.3 机床夹具的作用

夹具在机械加工中的作用主要表现在以下几个方面。

2.1.3.1 保证工件加工精度

用夹具装夹工件时,工件相对于刀具及机床的位置精度由夹具保证,不受工人技术水平的影响,使一批工件的加工精度趋于一致。

2.1.3.2 提高劳动生产率

使用夹具装夹工件方便、快速,工件不需要划线找正,可显著地减少辅助工时,提高劳动生产率;工件在夹具中装夹后提高了工件的刚性,因此可加大切削用量,提高劳动生产率;可使用多件、多工位装夹工件的夹具,并可采用高效夹紧机构,进一步提高劳动生产率。

2.1.3.3 扩大机床的使用范围

在通用机床上采用专用夹具可以扩大机床的工艺范围,充分发挥机床的潜力,达到一机多用的目的。例如,使用专用夹具可以在普通车床上很方便地加工小型壳体类工件,甚至在车床上拉出油槽,减少了昂贵的专用机床,降低了成本。这对中小型工厂尤其重要。

2.1.3.4 改善操作者的劳动条件

由于气动、液压、电磁等动力源在夹具中的应用,一方面减轻了工人的劳动强度,另一方面也保证了夹紧工件的可靠性,并能实现机床的互锁,避免事故,保证了操作者和机床设备的安全。

2.1.3.5 降低成本

在批量生产中使用夹具后,由于劳动生产率的提高、使用技术等级较低的工人以及废品率下降等原因,明显地降低了生产成本。夹具制造成本分摊在一批工件上,每个工件增加的成本是极少的。工件批量愈大,使用夹具所取得的经济效益就愈显著。但专用夹具也有其弊端,如设计制造周期长;因工件直接装在夹具体中,不需要找正工序,因此对毛坯质量要求较高。所以,专用夹具主要适用于生产批量较大、产品品种相对稳定的场合。

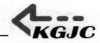

2.1.4　机床夹具的组成

机床夹具的形式和结构虽然繁多,但它们的组成均可概括为以下几个部分。

2.1.4.1　定位元件

夹具的首要任务是定位,因此任何夹具都有定位元件。当工件定位基准面的形状确定后,定位元件的结构也就基本确定了。图 2-1 中圆柱销 5、菱形销 9 和支承板 4 都是定位元件,通过它们使工件在夹具中占据正确的位置。

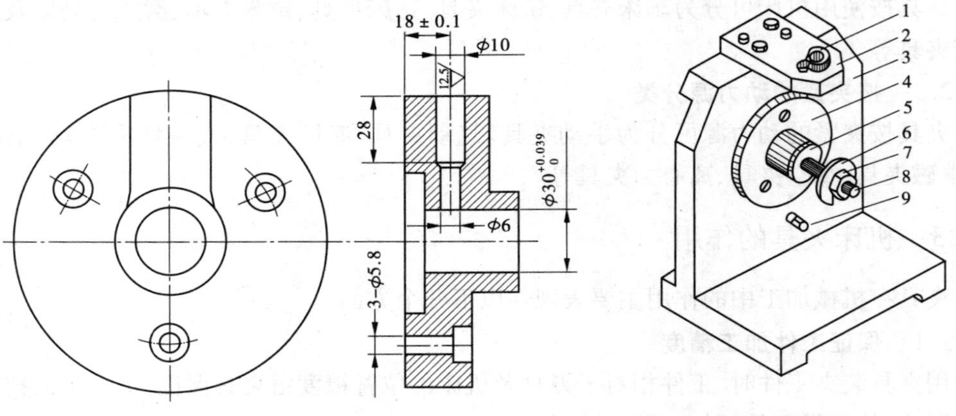

(a)后盖零件图　　(b)后盖零件钻夹具

1—钻套;2—钻模板;3—夹具体;4—支承板;5—圆柱销;
6—开口垫圈;7—螺母;8—螺杆;9—菱形销

图 2-1　后盖零件图及后盖钻夹具

2.1.4.2　夹紧装置

工件在夹具中定位后,在加工前必须将工件夹紧,以确保工件在加工过程中不因受外力作用而破坏其定位。图 2-1 中的螺杆 8(与圆柱销合成一个零件)、螺母 7 和开口垫圈 6 构成夹紧装置。

2.1.4.3　夹具体

夹具体是夹具的基体和骨架,通过它将夹具所有元件构成一个整体,如图 2-1 中的元件 3。

2.1.4.4　对刀或导向装置

对刀或导向装置用于确定刀具相对于定位元件的正确位置。图 2-1 中由钻套 1 和钻模板 2 组成导向装置,确定了钻头轴线相对于定位元件的正确位置。

2.1.4.5　连接元件

连接元件是确定夹具在机床上正确位置的元件。图 2-1 中元件 3 的底面为安装基面,保证了钻套 1 的轴线垂直于钻床工作台以及圆柱销 5 的轴线平行于钻床工作台。因此,夹具体可兼作连接元件。车床夹具上的过渡盘、铣床夹具上的定位键都是连接元件。

2.1.4.6　其他装置或元件

为了使夹具在机床上占有正确的位置,一般夹具都设有供其在机床上定位和夹紧用的连接元件。根据加工需要，有些夹具分别采用分度装置、靠模装置、上下料装置、顶出器和平衡块等。这些元件或装置也需要专门设计。

2.1.5　工件在夹具中的定位

工件在夹具中的定位，就是要保证工件与定位元件的相对位置，从而保证工件相对于刀具和机床的正确位置。工件在夹具中的定位，是由工件的定位基准（面）与夹具定位元件的工作表面（定位表面）相接触或相配合实现的。工件位置正确与否，用加工要求来衡量。一批工件逐个在夹具上定位时，每个工件在夹具中占据的位置不可能绝对一致，但每个工件的位置变动量必须控制在加工要求所允许的范围内。

2.1.5.1　六点定位原则

工件定位的实质，就是使工件在夹具中占有某一个正确的加工位置。由理论力学可知，一个空间处于自由状态的刚体，具有六个自由度。一个尚未定位的工件，相当于一个空间自由刚体，其空间位置是不确定的，这种位置的不确定性，如图 2-2 所示。即在空间直角坐标系中，工件可沿 X、Y、Z 轴方向移动，称作工件沿 X、Y、Z 移动自由度，用 $\vec{X}$、$\vec{Y}$、$\vec{Z}$ 表示；也可以绕 X、Y、Z 轴转动，称作工件绕 X、Y、Z 轴转动自由度，用 $\overset{\frown}{X}$、$\overset{\frown}{Y}$、$\overset{\frown}{Z}$ 表示。由此可见，要使工件在夹具中占有正确的位置，就是要对工件的 $\vec{X}$、$\vec{Y}$、$\vec{Z}$、$\overset{\frown}{X}$、$\overset{\frown}{Y}$、$\overset{\frown}{Z}$ 六个自由度以必要的限制，即约束。

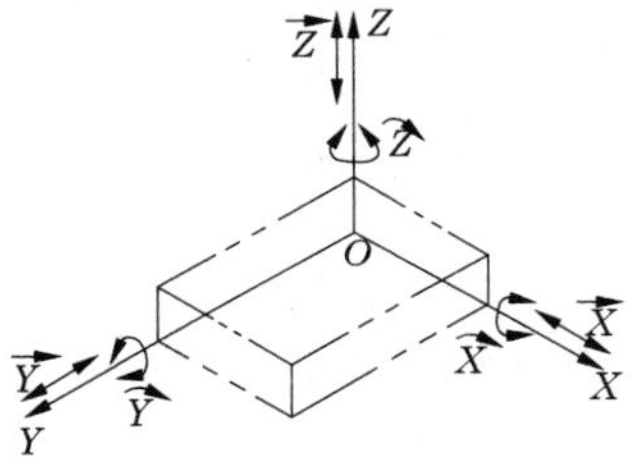

图 2-2　未定位工件的六个自由度

在这里，我们引出定位支承点的概念，将具体的定位元件抽象化，转化为相应的定位支承点来限制工件的自由度。夹具用一个支承点限制工件的一个自由度，用合理分布的六个支承点限制工件的六个自由度，使工件在夹具中的位置完全确定。这就是六点定位原则。

如图 2-3 所示，工件底面上不在同一直线上的三个支承点 1、2、3，组成一个定位平面，限制了 $\vec{Z}$、$\overset{\frown}{X}$、$\overset{\frown}{Y}$ 三个自由度；三点构成的三角形面积越大，定位越稳定。工件侧面上的两个支承点 4、5，限制了 $\vec{X}$、$\overset{\frown}{Z}$ 两个自由度；两点连线不与底面垂直，否则工件绕 Z 轴的转动自由度便不能限制。工件顶面上的一个支承点 6，限制了 $\overset{\frown}{Y}$ 一个自由度，可见合理设置工件定位时支承点的分布件的六个定位支承点，可以限制工件的六个自由度，以使工件的位置完全确定。

六点定位原则是工件定位的基本法则，由于实际生产时，起支承作用的是一定形状的几何体，这些用来限制工件自由度的几何体就是定位元件。表 2-1 列出了常用定位元件限制工件的自由度。

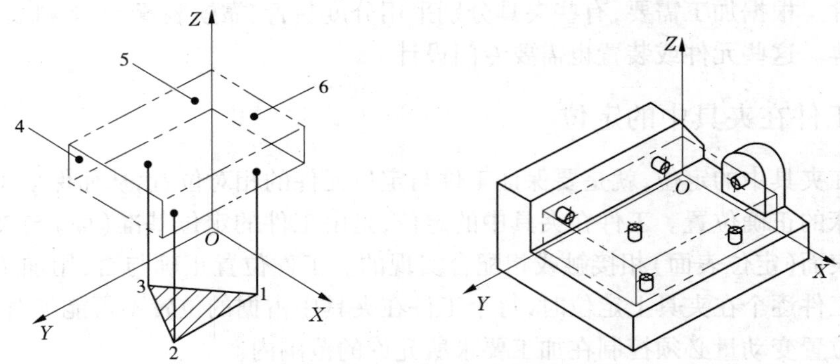

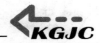

图 2-3　工件定位时支承点的分布

表 2-1　常用定位元件限制工件的自由度

工件定位基面	定位元件	定位方式及所限制的自由度	工件定位基面	定位元件	定位方式及所限制的自由度
平面	支承钉	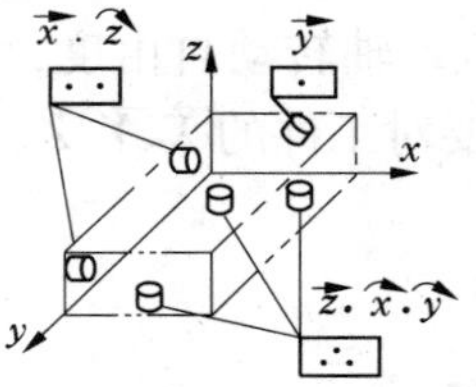	圆孔	锥销	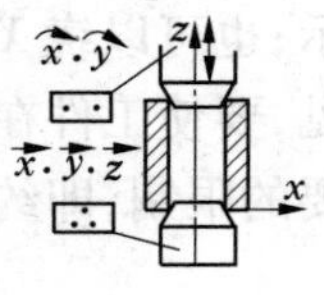
	支承板	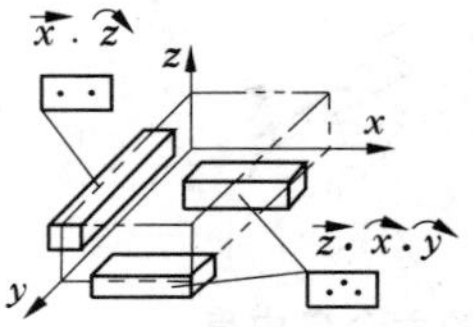			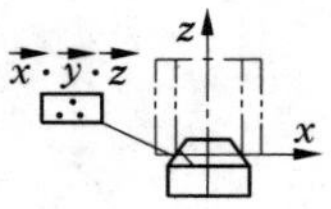
	固定支承与自位支承	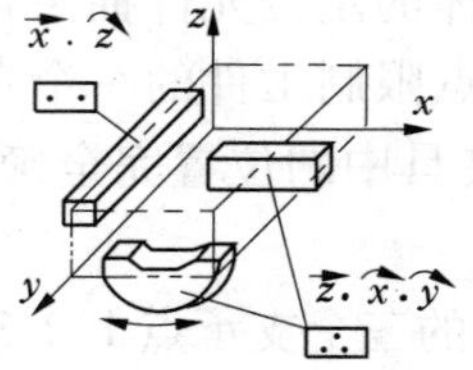		定位销（心轴）	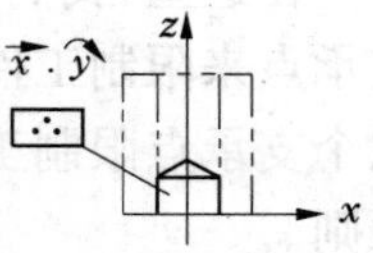
	固定支承与辅助支承	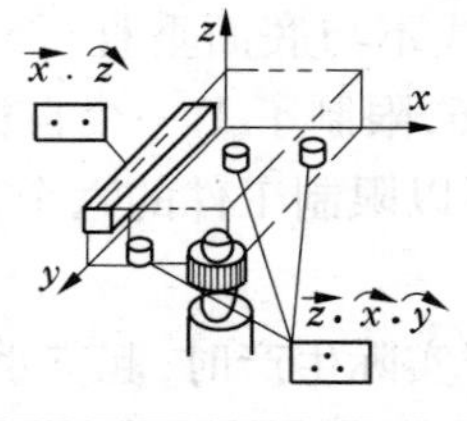			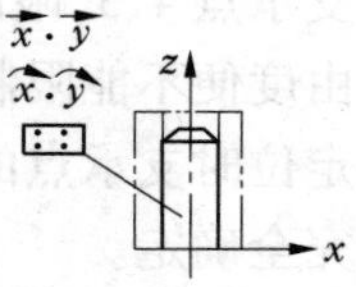

续表 2-1

工件定位基面	定位元件	定位方式及所限制的自由度	工件定位基面	定位元件	定位方式及所限制的自由度
外圆柱面	支承板或支承钉	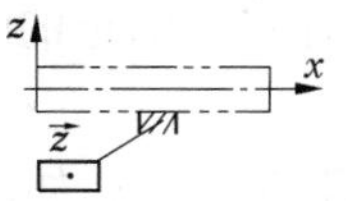	外圆柱面	半圆孔	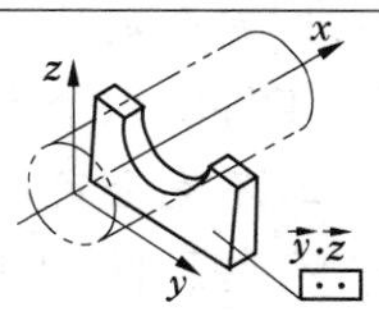
		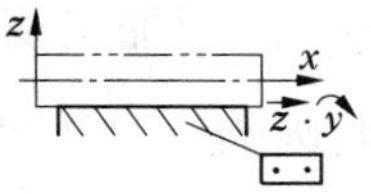			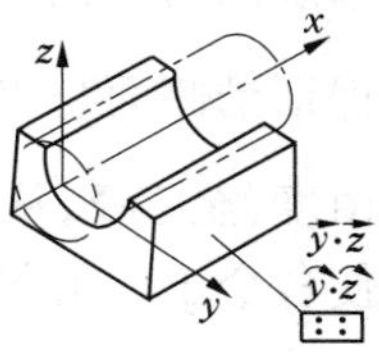
	V 形块	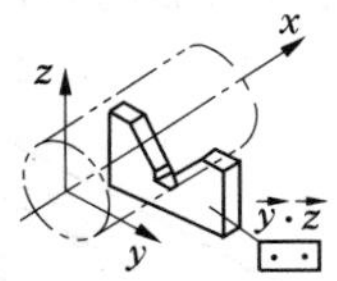		锥套	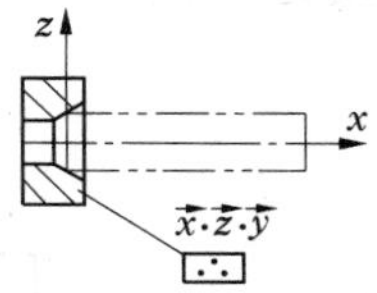
		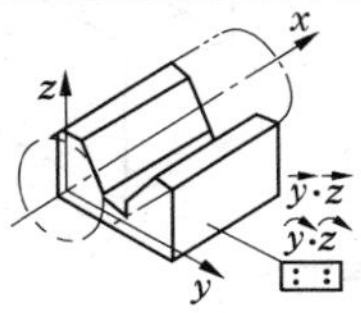			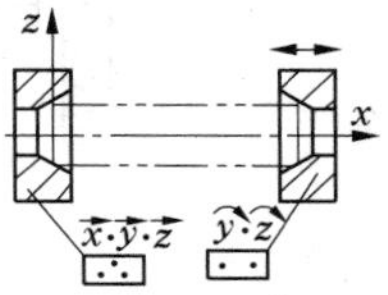
		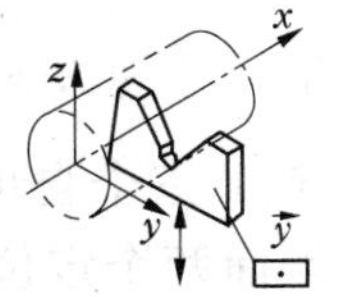	锥孔	顶尖	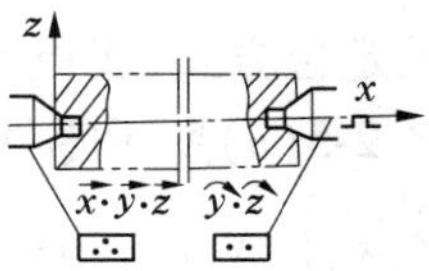
	定位套	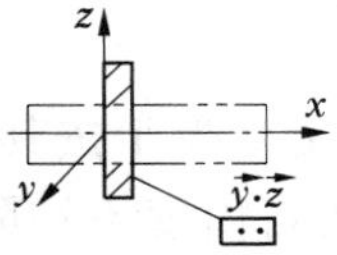			
		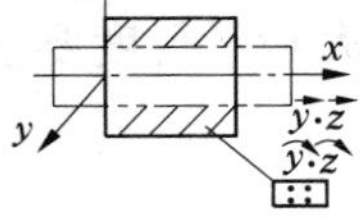		锥度心轴	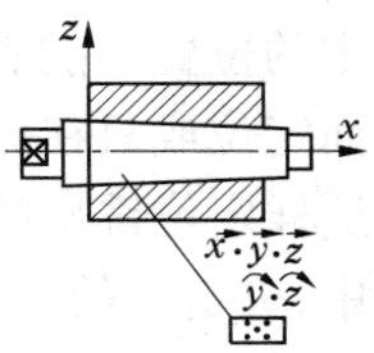

注："□"内点数表示相当于支承点的数目。

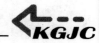

2.1.5.2 工件的定位方式

工件定位时，影响加工要求的自由度必须加以限制；不影响加工要求的自由度，有时需要限制，有时也可不必限制，视其具体情况而定。

1. 完全定位

工件的六个支承点全部被限制，工件在空间占有完全确定的唯一位置，称完全定位。

2. 不完全定位

有些工件，根据加工要求，并不需要限制其全部自由度。如图 2-4 所示的通槽，为保证槽底面与 A 面的平行度和尺寸 $60_{-0.2}^{\ 0}$ mm 两项加工要求，必须限制 $\vec{Z}$、$\overset{\frown}{X}$、$\overset{\frown}{Y}$ 三个自由度；为保证槽侧面与 B 面的平行度及尺寸 (30 ± 0.1) mm 两项加工要求，必须限制 $\vec{X}$、$\overset{\frown}{Z}$ 两个自由度；至于 $\vec{Y}$，从加工要求的角度看，可以不限制，因为一批工件逐个在夹具上定位时，即使各个工件沿 Y 轴的位置不同，也不会影响加工要求，这就是不完全定位。但若将此槽改为不通的，在 Y 方向有尺寸要求，则 $\vec{Y}$ 自由度就必须加以限制。

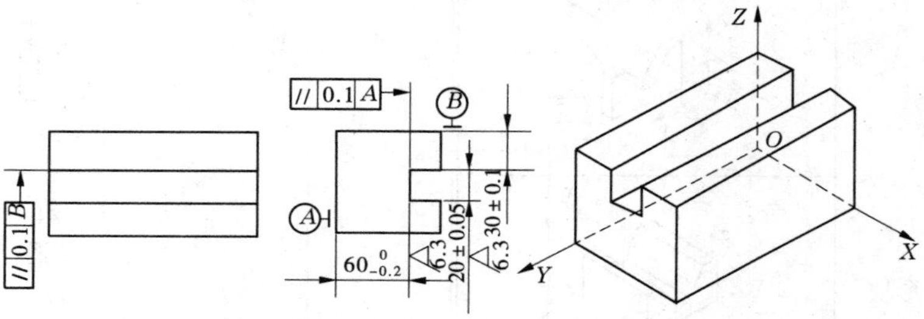

图 2-4 加工零件通槽工序图

如图 2-5 所示的几种不完全定位的示例。

加工如图 2-5(a)所示零件的上表面时，要求保证尺寸为 $H \pm \delta H$，此时采用图 2-5(b)的定位方式，底板上设置三个定位支承钉，限制 $\vec{Z}$、$\overset{\frown}{X}$、$\overset{\frown}{Y}$ 三个自由度。图 2-5(c)为加工图 2-5(a)所示零件的定位方式，底面三个支承钉，侧面两个定位支承钉，限制了工件的 $\vec{Z}$、$\overset{\frown}{X}$、$\overset{\frown}{Y}$、$\vec{X}$、$\overset{\frown}{Z}$ 五个自由度。图 2-5(d)所示为加工工件内孔 $\vec{X}$、$\overset{\frown}{X}$ 的自由度不需要被限制。

3. 欠定位

所谓欠定位，是指工件的实际定位所限制的自由度少于按其加工要求所必须限制的自由度。欠定位的结果将会导致工件应该被限制的自由度不被限制的不合理现象，在夹具中的位置不能满足加工要求。以图 2-4 所示工件加工为例，如果仅以底面定位，而不用侧面定位或只在侧面上设置一个支承点定位，则工件相对于成形运动的位置就可能偏斜，按这样定位铣出的槽，显然无法保证槽与侧面的距离和平行度要求。由此可知，在加工过程中，欠定位的方式是绝对不允许出现的。

4. 过定位

过定位亦称重复定位，它是指定位时几个定位支承点重复限制工件的同一个自由度，如图 2-6 所示。定位销和支承板重复限制了 $\overset{\frown}{Z}$，属于过定位。这种过定位可能在加工过程中安装零件时出现干涉，需要消除其中一个元件，图 2-6(c)、图 2-6(d)为两种方案，

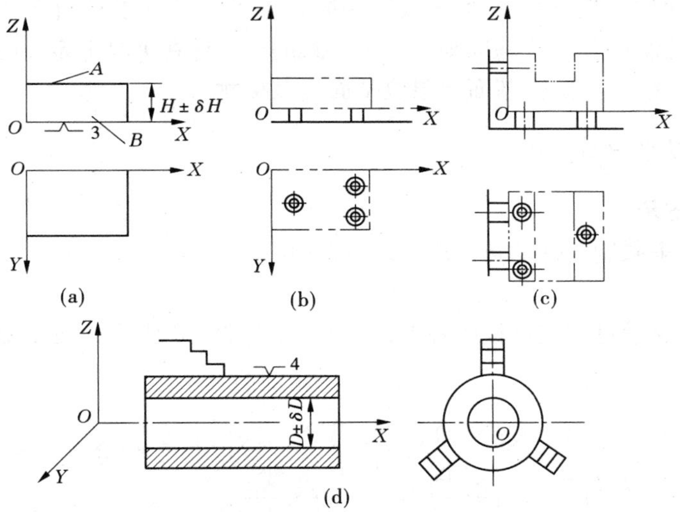

图 2-5　几种不完全定位的示例

图 2-6(c)是将圆柱销改为棱形销,图 2-6(d)是将支承板改为活动楔块。

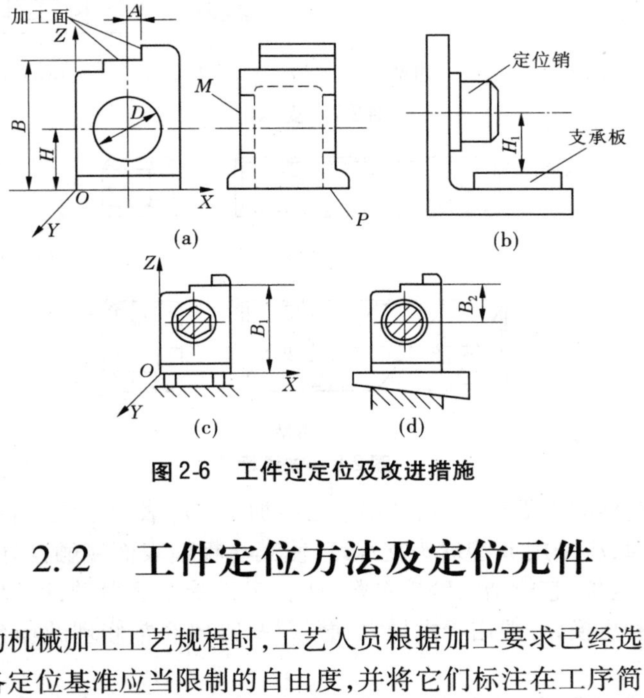

图 2-6　工件过定位及改进措施

2.2　工件定位方法及定位元件

在设计零件的机械加工工艺规程时,工艺人员根据加工要求已经选择了各工序的定位基准和确定了各定位基准应当限制的自由度,并将它们标注在工序简图或其他工艺文件上。夹具设计的任务首先是选择和设计相应的定位元件来实现上述定位方案。

为了方便分析问题,引入“定位基面”的概念。当工件以回转表面(如孔、外圆等)定位时,称它的轴线为定位基准,而回转表面本身则称为定位基面。与之相对应,定位元件上与定位基面相配合(或接触)的表面称为限位基面,它的理论轴线则称为限位基准。如工件以圆孔在心轴上定位时,工件内孔称为定位基面,其轴线称为定位基准。与之相对应，心轴外圆表面称为限位基面，其轴线称为限位基准。工件以平面定位时，其定位基面与定位基准、限位基面和限位基准则是完全一致的。工件在夹具上定位时，理论上定位基准与限位基准应该重合，定位基面与限位基面应该接触。

2.2.1 工件以平面定位

2.2.1.1 主要支承

主要支承用来限制工件的自由度，起定位作用。

1. 固定支承

固定支承有支承钉和支承板两种型式，如图2-7、图2-8所示。在使用过程中，它们都是固定不动的。

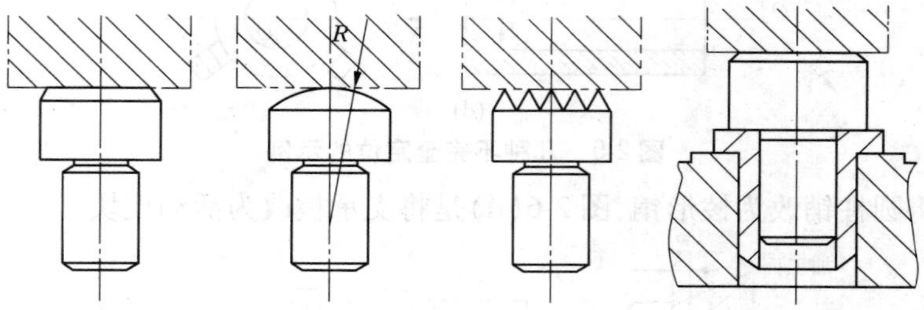

(a)A型　(b)B型　(c)C型　(d)D型

图2-7　支承钉

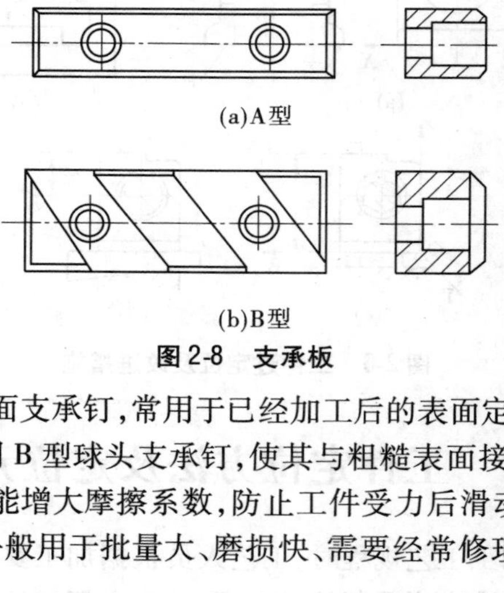

(a)A型

(b)B型

图2-8　支承板

A型支承钉是标准平面支承钉，常用于已经加工后的表面定位；当定位基准面是粗糙不平的毛坯表面时，应采用B型球头支承钉，使其与粗糙表面接触良好；C型为齿纹型支承钉，常用于侧面定位，它能增大摩擦系数，防止工件受力后滑动；D型为带衬套支承钉，由于它便于拆卸和更换，一般用于批量大、磨损快、需要经常修理的场合。支承钉限制一个自由度。

大中型工件以精基准面定位时，多采用支承板定位，可使接触面增大，避免压伤基准面，减少支承的磨损。A型支承板，结构简单，便于制造，但沉头螺钉处的积屑难以清除，宜作侧面或顶面支承；B型是带斜槽的支承板，因易于清除切屑和容纳切屑，宜作底面支承，常用于以推拉方式装卸工件的夹具和自动线夹具。短支承板限制一个自由度，长支承板限制两个自由度。

支承钉、支承板均已标准化，其公差配合、材料、热处理等可查阅机床夹具零件及部件国家标准。

2. 可调节支承

在工件定位过程中,支承钉的高度需要调整时,采用如图2-9所示的可调节支承。

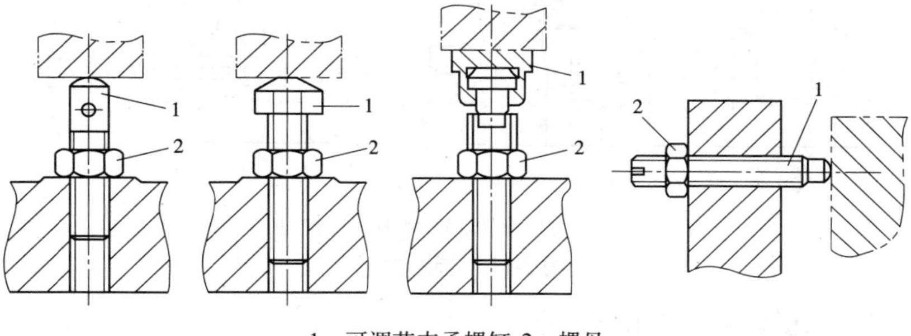

1—可调节支承螺钉;2—螺母

图2-9　可调节支承

3. 浮动支承(自位支承)

在工件定位过程中,能自动调整位置的支承称为浮动支承。浮动支承的结构如图2-10所示。其作用相当于一个固定支撑,只限制工件的一个自由度。浮动支承点的位置随工件定位基准面的变化而自动调节,当基面有误差时,压下其中一点,其余各点即上升,直到全部接触,可提高工件的安装刚性和定位的稳定性,但夹具结构较复杂。浮动支承适用于工件以毛坯定位或刚性不足的场合。

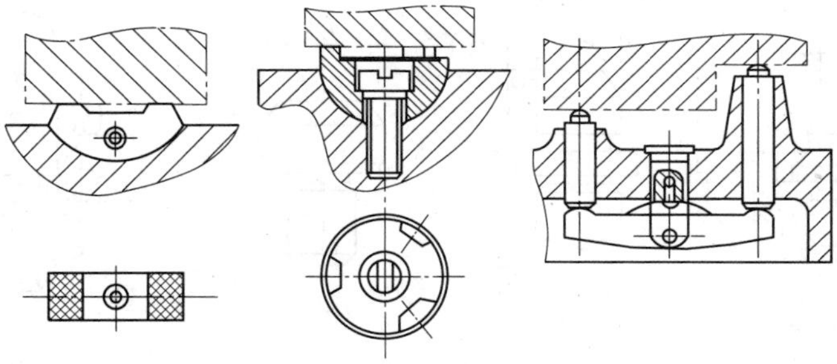

图2-10　浮动支承结构

2.2.1.2　辅助支承

生产中,由于工件形状以及夹紧力、切削力、工件重力等原因可能使工件在定位后还产生变形或定位不稳定,常需要设置辅助支承。辅助支承是用来提高工件的支承刚度和稳定性的,起辅助作用,决不允许破坏主要支承的定位作用。如图2-11所示为常用的几种辅助支承,图2-11(a)、(b)为螺旋式辅助支承,用于小批量生产;图2-11(c)为推力式辅助支承,用于大批量生产。

2.2.2　工件以内孔表面定位

在生产中常常遇到套筒、盘盖类零件,加工时是以内孔为定位基准的。工件以内孔定位是一种中心定位。定位面为圆柱孔,定位基准为中心轴线,通常要求内孔基准面有较高的精度。工件中心定位的方法是用定位销或心轴等与孔的配合来实现的。有时采用自动

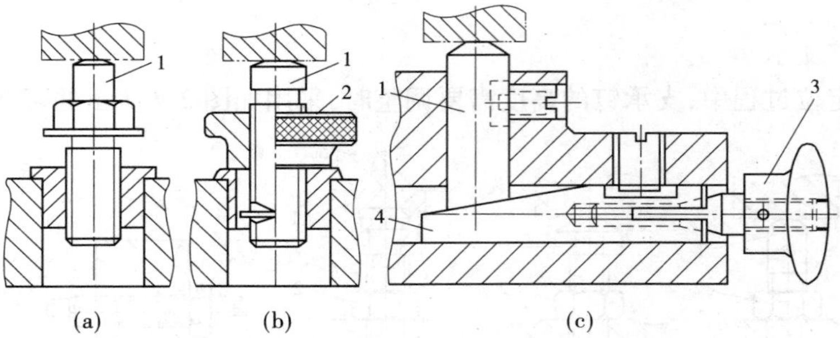

1—支承;2—螺母;3—手轮;4—楔块

图 2-11 辅助支承

定心定位。粗基准很少采用内孔定位。

2.2.2.1 定位销

定位销可分为固定式和可换式两种。图 2-12(a)、(b)、(c)为固定式定位销,固定式定位销是直接用过盈配合装在夹具体上。图 2-12(d)为可换式定位销。在大量生产时,工件更换频繁,定位销易于因磨损而丧失定位精度,需要定期更换,可采用图 2-12(d)所示的快换式定位销,衬套外径与夹具体为过渡配合,衬套内径与圆柱销为间隙配合,此两者存在的定位间隙会影响定位精度。但这种方式可就地更换定位销,快速方便。为便于工件装入,定位销的头部有 15°倒角。定位销已标准化,设计时可查阅有关手册。

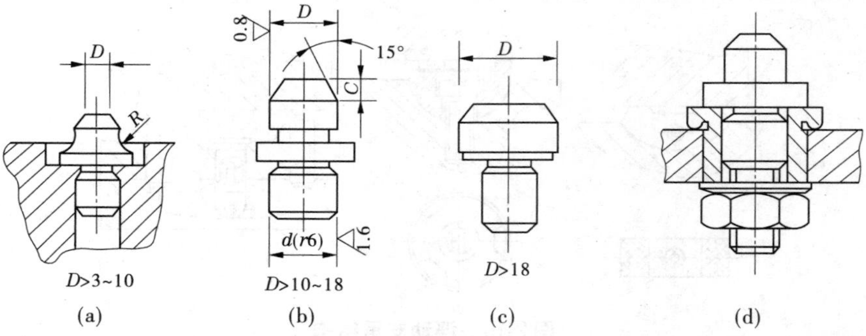

图 2-12 定位销

2.2.2.2 定位心轴

常用心轴有圆柱心轴和圆锥心轴。图 2-13 为常用圆柱心轴的结构形式,它主要用于车、铣、磨、齿轮加工等机床上加工套筒和盘类零件。图 2-13(a)为间隙配合心轴,这种心轴装卸工件方便,但定心精度不高。图 2-13(b)为过盈配合心轴,由引导部分、工作部分、传动部分组成。这种心轴制造简单,定心精度高,不用另设夹紧装置,但装卸工件不方便,易损伤定位孔,多用于定心精度要求高的精加工。图 2-13(c)是花键心轴,用于加工以花键孔定位的工件。

圆锥心轴(小锥度心轴)定位精度高,同轴度可达 $\phi0.01\sim\phi0.02$ mm,但工件的轴向位移误差较大,不适于轴向定距加工,广泛适用于短小工件高精度定心的精车和磨削加工中。

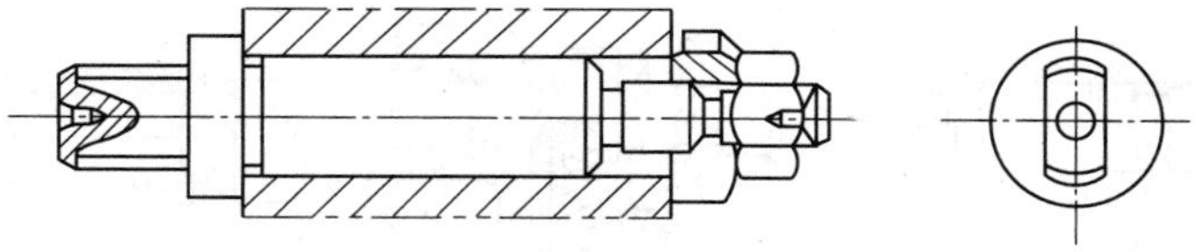

(a)间隙配合心轴

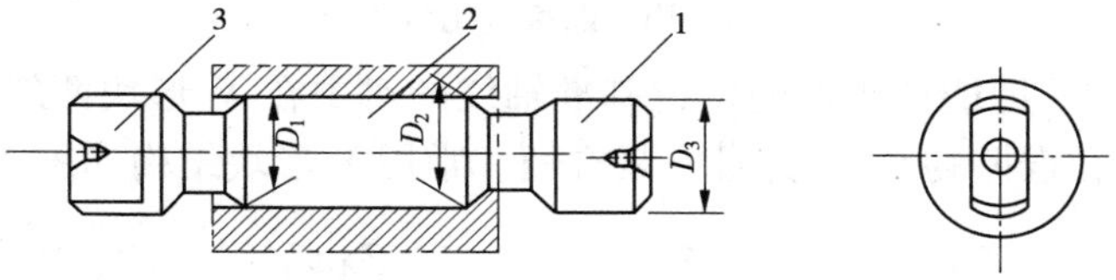

(b)过盈配合心轴

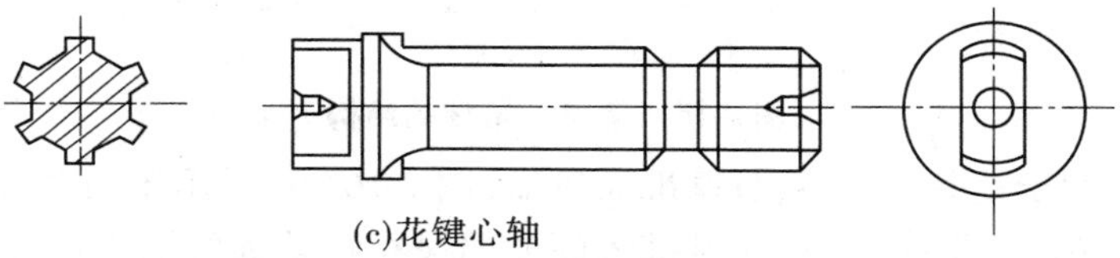

(c)花键心轴

1—引导部分;2—工作部分;3—传动部分

图 2-13　常用定位心轴结构

2.2.2.3　**圆锥销**

如图 2-14 所示为工件的孔缘在圆锥销上定位的方式,限制工件的 $\vec{X}$、$\vec{Y}$、$\vec{Z}$ 三个自由度。图 2-14(a)用于粗基准,图 2-14(b)用于精基准。

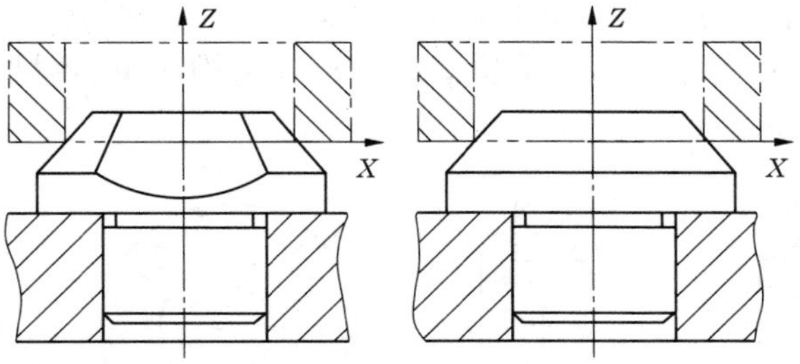

(a)　　(b)

图 2-14　圆锥销

工件以单个圆锥销定位时容易倾斜,为此,圆锥销一般与其他定位元件组合使用,如图 2-15 所示。

2.2.3　工件以外圆表面定位

以圆柱表面定位的工件有轴类、套类、盘类、连杆类以及小壳体类等。常用的定位元件有 V 形块、定位套、半圆套、圆锥套等。

2.2.3.1　**V 形块**

不论定位基准是否经过加工、是完整的圆柱面还是圆弧面,都可以采用 V 形块定位。

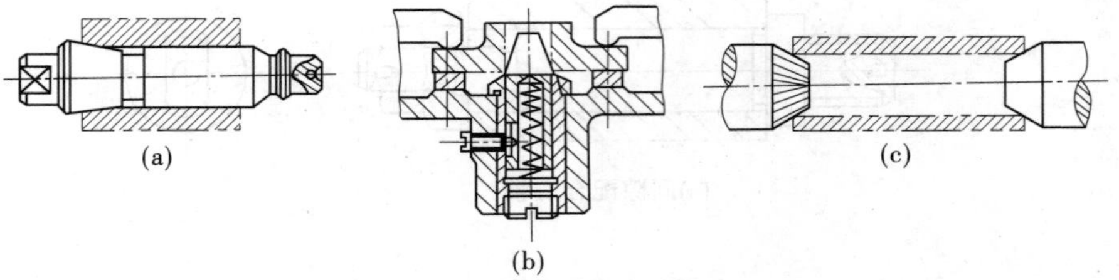

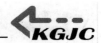

图 2-15　圆锥销组合定位

其优点是对中性好，即能使工件的定位基准轴线的对中在 V 形块两斜面的对称面上，而不受定位基面直径误差的影响，并且安装方便。常用 V 形块结构如图 2-16 所示。

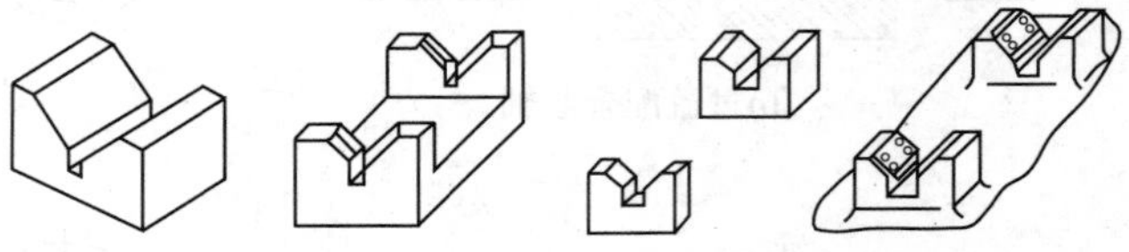

图 2-16　常用 V 形块的结构

图 2-16(a)用于精基准定位，且基准面较短；图 2-16(b)适用于粗基准或阶梯形圆柱面的定位；图 2-16(c)适用于长的精基准表面或两段相距较远的轴定位；图 2-16(d)适用于直径和长度较大的重型工件，其 V 形块采用铸铁底座镶淬硬的支承板或硬质合金的结构，以减少磨损，提高寿命和节省钢材。V 形块两斜面间的夹角 α 一般选用 60°、90°、120°，以 90° V 形块应用最广。其结构和尺寸均已标准化。

2.2.3.2　定位套

图 2-17 为常用的两种定位套。其内孔轴线是限位基准，内孔面是限位基面。为了限制工件沿轴向的自由度，常与端面联合定位。图 2-17(a)所示为带有小端面的长定位套；图 2-17(b)所示为带有大端面的短定位套。定位套结构简单、容易制造，但定心精度不高，故只适用于精定位基面。

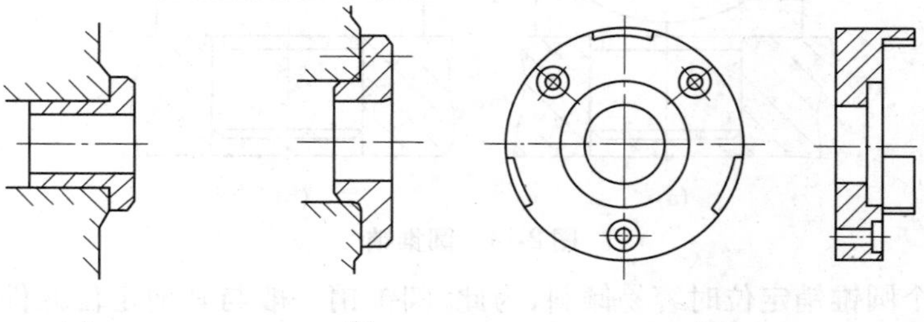

图 2-17　常用定位套

2.2.3.3　半圆套

图 2-18 为外圆柱面用半圆套定位的结构。当工件尺寸较大，用圆柱孔定位不方便时，可将圆柱套改成两半圆套，下面的半圆套是定位元件，上面的半圆套起夹紧作用。其最小直径应取工件定位外圆的最大直径。这种定位方式主要用于大型轴类零件及不便于轴向装夹的零件。定位基面的精度不低于 IT8 ~ IT9。其定位的优点是夹紧力均匀，装卸

工件方便。

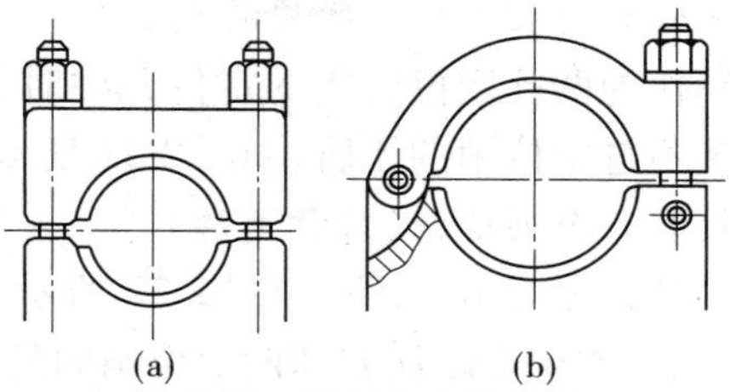

图 2-18 半圆套定位装置

2.2.4 工件以组合表面定位

在实际生产中，为满足加工要求，有时采用几个定位面组合的方式进行定位。常见的组合方式为“一面两孔”定位。

2.2.4.1 “一面两孔”定位时要解决的主要问题

在成批生产和大量生产中，加工箱体、杠杆、盖板等零件时，常常以一平面和两定位孔作为定位基准实现组合定位。这种组合定位方式，一般简称为“一面两孔”定位。这时，工件上的两个定位孔，可以是工件结构上原有的，也可以专为工艺上定位需要而特地加工出来的。“一面两孔”定位时所用的定位元件是：平面采用支承板定位，两孔采用定位销定位，如图 2-19 所示。“一面两孔”定位中，支承板限制了 3 个自由度，短圆柱定位销 1 限制了 2 个自由度，还剩下一个绕垂直图面轴线的转动自由度需要限制。短圆柱定位销 2 也要限制 2 个自由度，它除限制这个转动自由度外，还要限制一个沿 X 轴的移动自由度。但这个移动自由度已被短圆柱定位销 1 限制，于是因两个定位销重复限制沿 X 轴的移动自由度 X 而发生矛盾。最严重时，如图 2-20 所示。我们先不考虑两个定位销中心距的误差，假设销心距为 L；一批工件中每个工件上的两定位孔的孔心距是在一定的公差范围内变化的，其中最大是 $L+\delta$，最小是 $L-\delta$，即在 2δ 内变化。当这样一批工件以两孔定位装入夹具的定位销中时，就会出现像图 2-20 所示的工件根本无法装入的严重情况，这就是因为定位销 1 和定位销 2 重复限制了 X 自由度所引起的。由于两定位销中心距和两定位孔中心距都在规定的公差范围内变化，因而只要设法改变定位销 2 的尺寸偏差或定位销 2 的结构，来补偿在这个范围内的中心距变动量，便可消除因重复限制 X 自由度引起的矛盾。这就是采用“一面两孔”定位时所要解决的主要问题。

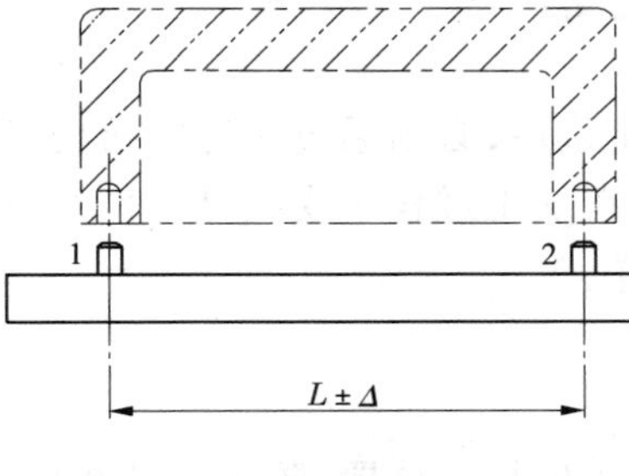

图 2-19 “一面两孔”的组合定位

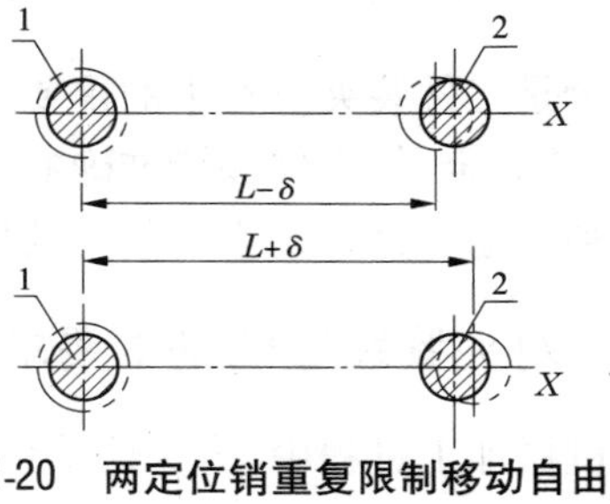

图 2-20 两定位销重复限制移动自由度

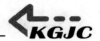

2.2.4.2　**解决两孔定位问题的两种方法**

1. 采用两个圆柱定位销作为两孔定位时所用的定位元件

当选用两个圆柱定位销作为两孔定位所用的定位元件时,可采用缩小定位销 2 的直径的方法来解决上述两孔装不进定位销的矛盾,如图 2-21 所示。

2. 采用一个圆柱定位销和一个削边销(又称菱形)

定位销作为两孔定位时所用的定位元件,如图 2-22 所示,假定定位孔 1 和定位销 1 的中心完全重合,则两定位孔间的中心距误差和两定位销间的中心距误差,全部由定位销 2 来补偿。

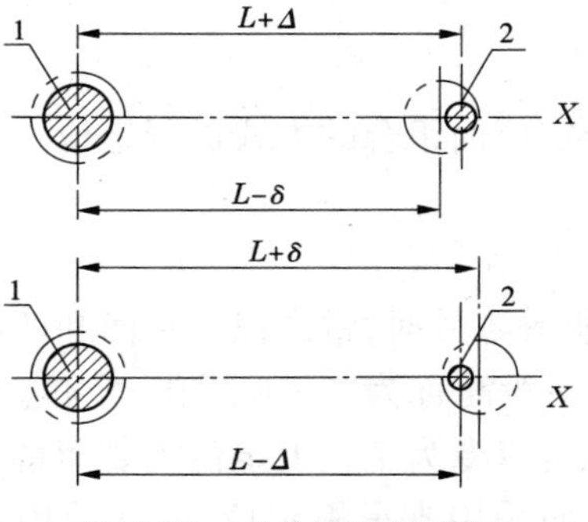

图 2-21　减小圆柱销直径

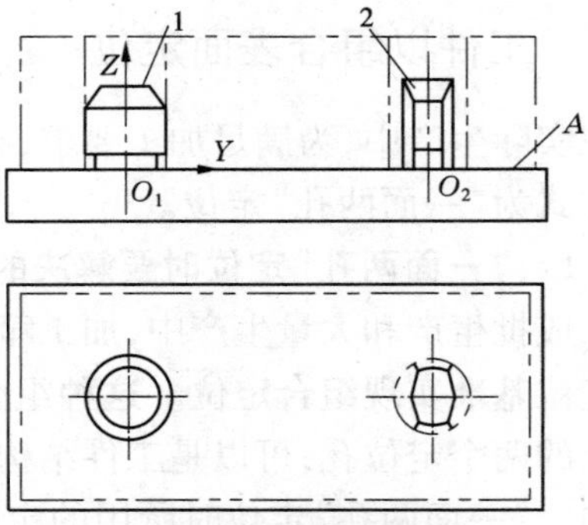

图 2-22　使用削边销

常用的削边销结构有如图 2-23 所示的三种。图 2-23(a)所示结构用于定位孔直径很小时,为了不使定位销削边后的头部强度过分减弱,所以不削成菱形。图 2-23(c)所示结构用于孔径大于 5 mm 时,这时销钉本身强度已足够,主要是为了制造更为简便。直径为 3～50mm 的标准削边销都是做成菱形的。

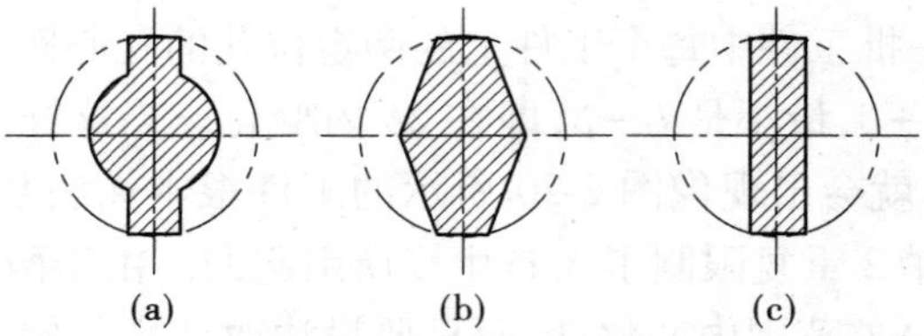

图 2-23　削边销的形式

2.3　工件的夹紧

夹紧是工件装夹过程中的重要组成部分。工件定位后,必须通过一定的机构产生夹紧力,将其固定,使工件保持准确的定位位置,以保证在加工过程中受到外力作用时不产生位移和振动。这种产生夹紧力的机构称为夹紧装置。

2.3.1　对夹紧装置的基本要求

在机械加工过程中,为保持工件定位时所确定的正确加工位置,防止工件在切削力、惯性力、离心力及重力等作用下发生位移和振动,机床夹具应设有夹紧装置,将工件压紧夹牢。夹紧装置是否合理、可靠及安全,对工件加工的精度、生产率和工人的劳动条件有着重大的影响。因此,夹紧机构应满足以下要求:

(1)夹紧过程中,必须保证定位准确可靠,而不破坏原有的定位。

(2)夹紧力的大小要可靠、适当,既要保证工件在整个加工过程中位置稳定不变、振动小,又要使工件不产生过大的夹紧变形。

(3)夹紧装置的自动化和复杂程度应与生产类型相适应,在保证生产效率的前提下,其结构要力求简单,工艺性好,便于制造和维修。

(4)夹紧装置应具有良好的自锁性能,以保证在源动力波动或消失后,仍能保持夹紧状态。

(5)夹紧装置的操作应当方便、安全、省力。

2.3.2 夹紧装置的组成

(1)力源装置。产生夹紧作用力的装置称为力源装置。常用的力源有人力和动力。力源来自人力的称为手动夹紧装置;力源来自气压、液压、电力等动力的称为动力传动装置。

(2)夹紧元件。夹紧元件是指直接用于夹紧工件的元件。如各种螺钉、压板等。

(3)中间传力机构。用于将力源产生的夹紧力传给夹紧元件,然后由夹紧元件最终完成对工件的夹紧。

如图2-24所示为夹紧装置组成图。其中,汽缸3为力源装置,压板7为夹紧元件,由活塞杆5、单铰链连杆6和杠杆等组成的铰链传力机构为中间传力机构。在有些夹具中,夹紧元件往往就是中间传力机构的一部分,通常将夹紧元件和中间传力机构统称为夹紧机构。

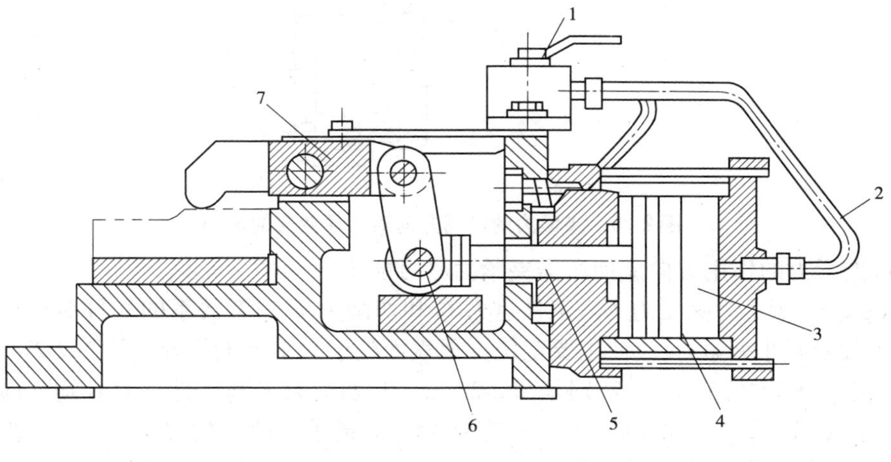

1—配气阀;2—管道;3—汽缸;4—活塞;5—活塞杆;6—单铰链连杆;7—压板

图2-24 气动铣床夹具

2.3.3 夹紧力的确定

夹紧力的确定就是确定力的大小、方向和作用点。

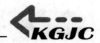

2.3.3.1　**夹紧力方向的确定原则**

(1)夹紧力应指向主要定位面。

工件在夹紧力作用下,应确保其定位基面贴在定位元件的工作表面上。为此,要求夹紧力的方向应指向主要定位基准面。如图 2-25 所示,在角铁形工件上镗孔。加工要求孔中心线垂直于 A 面,因此应以 A 面为主要定位基面,并使夹紧力垂直于 A 面,如图 2-25(a)所示。但若使夹紧力指向 B 面,如图 2-25(b)所示,则由于 A 面与 B 面间存在垂直度误差,就无法满足加工要求。当夹紧力垂直指向 A 面有困难而必须指向 B 面时,则必须提高 A 面与 B 面间的垂直度精度。

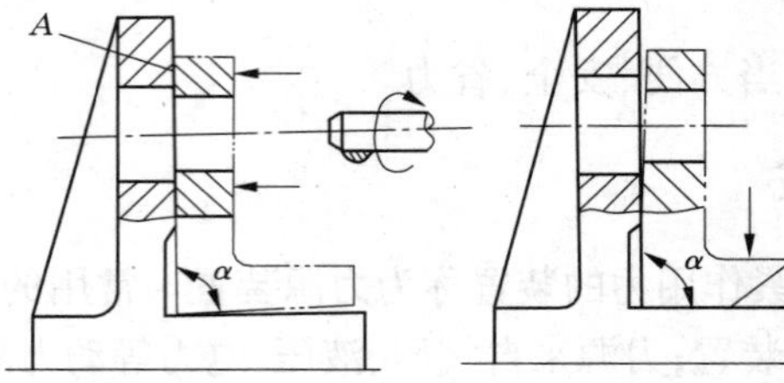

图 2-25　夹紧力方向示意图

(2)夹紧力的作用方向应使工件的夹紧变形尽量小。

如图 2-26 所示为加工薄壁套筒,由于工件的径向刚度很差,用图 2-26(a)所示的径向夹紧方式将产生过大的夹紧变形。若改用图 2-26(b)所示的轴向夹紧方式,则可减少夹紧变形,保证工件的加工精度。

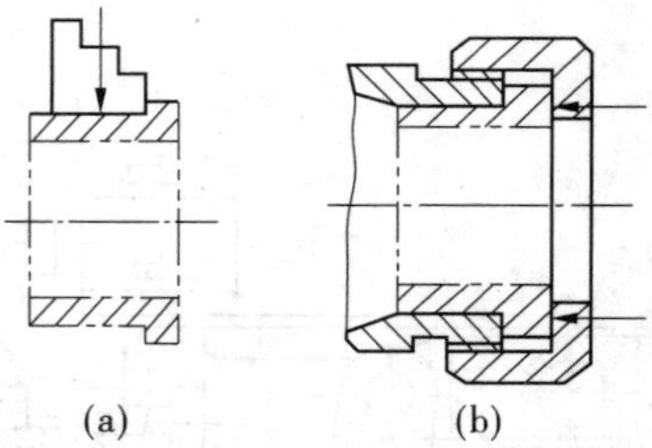

图 2-26　夹紧力的作用方向对工件变形的影响

(3)夹紧力的作用方向应使所需夹紧力尽可能小。

如图 2-27 所示为夹紧力 F_W、工件重力 G 和切削力 F 三者关系的几种典型情况。为了安装方便及减小夹紧力,应使主要定位支承表面处于水平朝上位置。如图 2-27(a)、(b)所示工件安装既方便又稳定,特别是图 2-27(a),其切削力 F 与工件重力 G 均朝向主要支承表面,与夹紧力 F_W 方向相同,因而所需夹紧力为最小。此时的夹紧力 F_W 只要防止工件加工时的转动及振动即可。图 2-27(c)、(d)、(e)、(f)所示的情况就较差,特别是图 2-27(d)所示的情况所需夹紧力为最大,一般应尽量避免。

2.3.3.2　**选择夹紧力作用点的原则**

夹紧力作用点的位置、数目及布局同样应遵循保证工件夹紧稳定、可靠,不破坏工件原来的定位以及夹紧变形尽量小的原则,具体应考虑以下几点:

(1)夹紧力作用点应能保持工件定位稳固而不致引起工件发生位移或偏转。

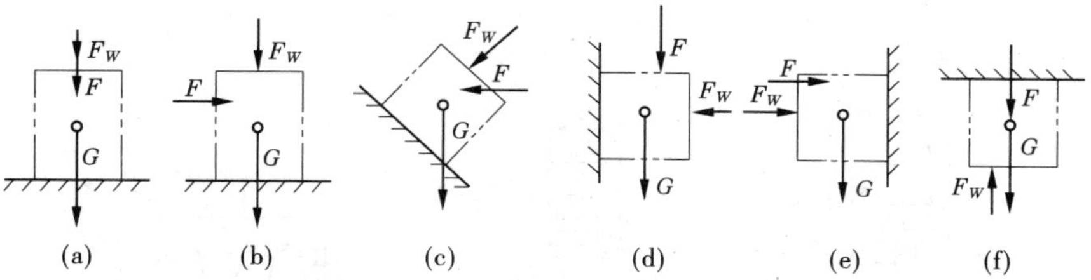

图 2-27 夹紧力方向与夹紧力大小的关系

根据这一原则，夹紧力作用点必须作用在定位元件的支承表面上或作用在几个定位元件所形成的稳定受力区域内。如图 2-28 所示的作用点，会使原定位受到破坏。

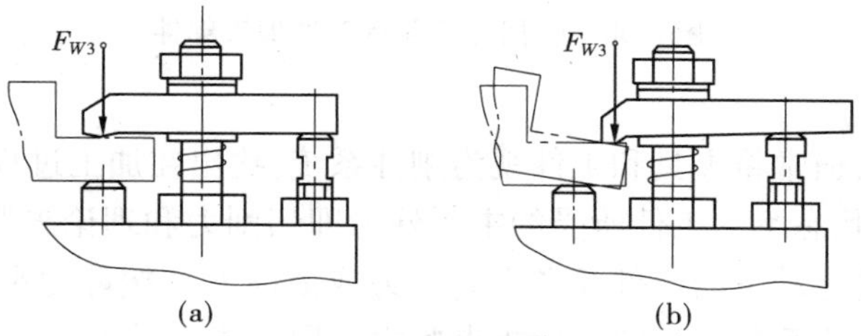

图 2-28 作用点与定位支承的位置关系

(2)夹紧力作用点应使夹紧变形尽量小。

夹紧力应作用在工件刚性好的部位上。对于壁薄易变形的工件，应采用多点夹紧或使夹紧力均匀分布，以减少工件的夹紧变形。如图 2-29(a)、(b)为合理方案。如采用图 2-29(c)、(d)所示的夹紧方案，将使工件产生变形。

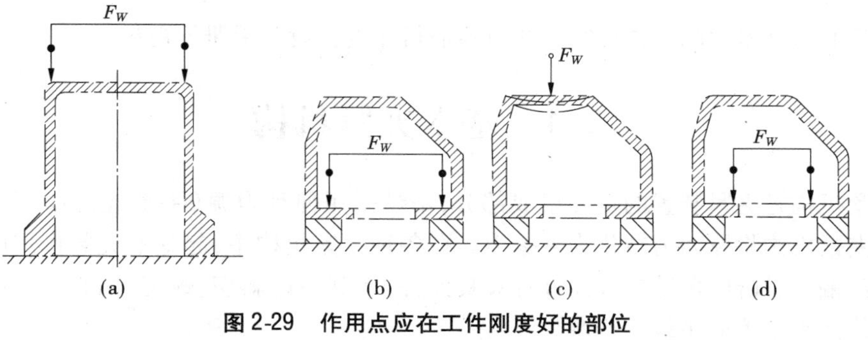

图 2-29 作用点应在工件刚度好的部位

(3)夹紧力作用点应保证定位稳定、夹紧可靠。

夹紧力的作用点应尽可能靠近被加工表面，以提高定位的稳定性和夹紧的可靠性。如图 2-30 所示，有的工件由于结构形状所限，加工表面与夹紧力作用点较远且刚性较差时，应在加工表面附近增加辅助支承及对应的附加夹紧力。如图 2-30(c)所示，在加工表面附近增加了辅助支承，而 F_{W1} 为对应的附加夹紧力。

2.3.3.3 夹紧力大小的确定原则

从理论上讲，夹紧力的大小应与在加工过程中工件所受的切削力、离心力、惯性力、自身重力等力形成的合力或者力矩平衡，但在加工过程中，切削力本身是变化的，夹紧力的大小还与工艺系统的刚度、夹紧机构的传递效率等因素有关。所以，计算夹紧力是一个复

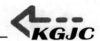

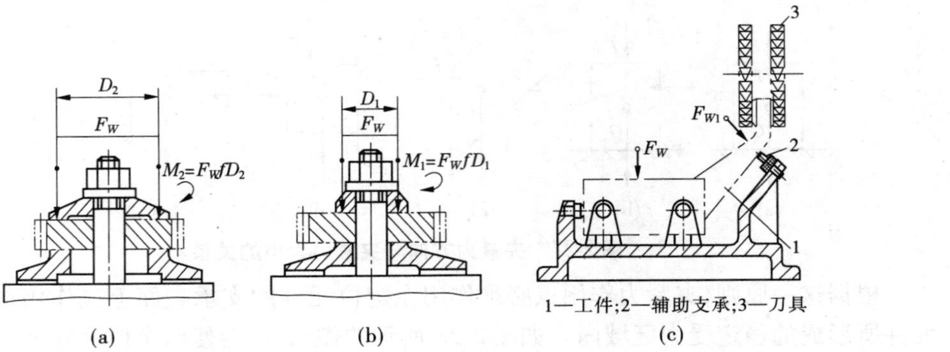

图 2-30　作用点应靠近工件加工部件

杂的过程。

为了简化计算,通常将夹具和工件视为刚性系统,找出在加工过程中对夹紧最不利的瞬时状态。根据该状态下的工件所受的主要外力即切削力和理论夹紧力(大型工件要考虑工件的重力,调整运动下的工件要考虑离心力或惯性力),按静力平衡条件解出所需理论夹紧力,再乘以安全系数获得实际所需夹紧力。用公式表示为

$$F_j = KF \tag{2-1}$$

式中　F_j——实际所需夹紧力,N;

K——安全系数,根据经验一般粗加工时取 2.5 ~3,精加工时取 1.5 ~2;

F——按静力平衡条件解出的所需理论夹紧力,N。

实际所需夹紧力的具体计算方法可参照机床夹具设计手册等资料。

2.4　基本夹紧机构

夹紧机构是夹紧装置的重要组成部分,不论采用何种力源(手动或机动)形式,都必须通过夹紧机构将原动力转化为夹紧力。在各种夹紧机构中,起基本夹紧作用的多为斜楔、螺旋、偏心、杠杆、薄壁弹性元件等夹具元件,而其中以斜楔、螺旋、偏心以及由它们组合而成的夹紧装置应用最为普遍。

2.4.1　斜楔夹紧机构

2.4.1.1　作用原理

图 2-31 为一种斜楔夹紧机构。需要在工件上钻削互相垂直的 $\phi8$ mm 与 $\phi5$ mm 小孔,工件装入夹具,在夹具体上定位后,锤击楔块大头,则楔块对工件产生夹紧力和对夹具体产生正压力,从而把工件楔紧。加工完毕后锤击楔块小头即可松开工件。由此可见,斜楔主要是利用其斜面的移动和所产生的压力来夹紧工件的,即楔紧作用。

2.4.1.2　夹紧力的计算

斜楔夹紧时的受力情况如图 2-32(a)所示,斜楔受外力为 F_Q,产生的夹紧力为 F_W,按

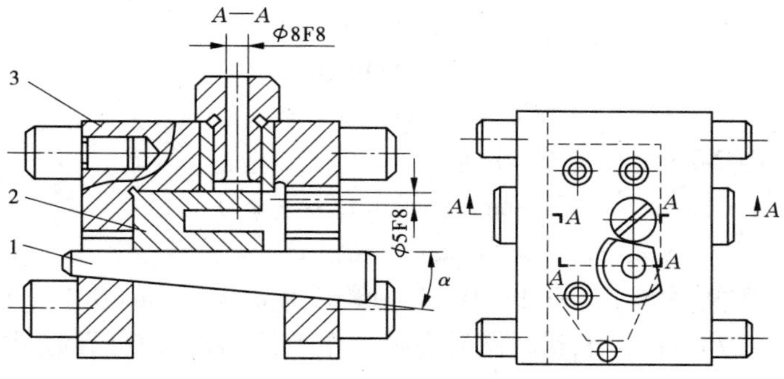

1—斜楔;2—工件;3—夹具体

图 2-31 手动斜楔夹紧机构

斜楔受力的平衡条件,可推导出斜楔夹紧机构的夹紧力计算公式:

$$F_Q = F_W\tan\varphi_1 + F_W\tan(\alpha + \varphi_2) \tag{2-2}$$

$$F_W = \frac{F_Q}{\tan\varphi_1 + \tan(\alpha + \varphi_2)} \tag{2-3}$$

当 α、φ_1、φ_2 均很小且 $\varphi_1 = \varphi_2 = \varphi$ 时,上式可近似地简化为

$$F_W = \frac{F_Q}{\tan(\alpha + 2\varphi)} \tag{2-4}$$

式中 F_W——夹紧力,N;

F_Q——作用力,N;

φ_1、φ_2——斜楔与支承面、工件受压面间的摩擦角,常取 $\varphi_1 = \varphi_2 = 5° \sim 8°$;

α——斜楔的斜角,常取 $\alpha = 6° \sim 10°$。

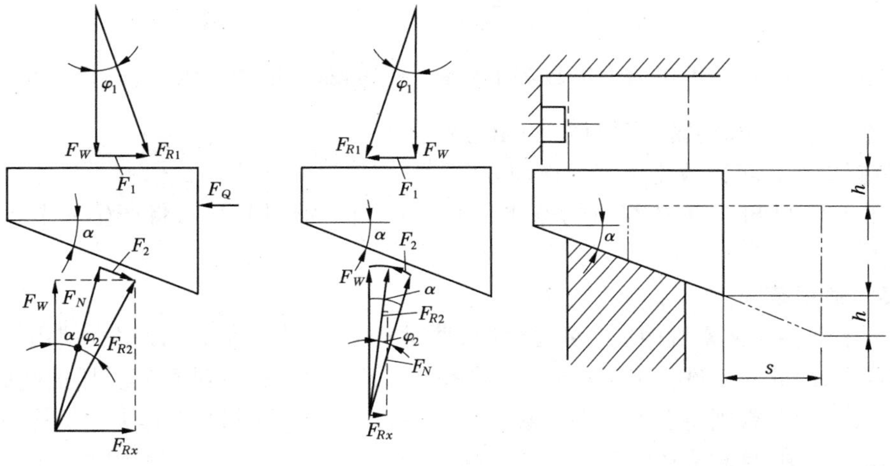

(a)夹紧受力图　　(b)自锁受力图　　(c)夹紧行程

图 2-32 斜楔的受力分析

2.4.1.3 斜楔的自锁条件

如图 2-32(b)所示,当作用力消失后,斜楔仍能夹紧工件而不会自行退出。根据力的平衡条件,可推导出自锁条件:

$$F_1 \geqslant F_{R2}\sin(\alpha - \varphi_2) \tag{2-5}$$

$$F_1 = F_W\tan\varphi_1 \tag{2-6}$$

$$F_W = F_{R2}\cos(\alpha - \varphi_2) \tag{2-7}$$

将式(2-6)、式(2-7)代入式(2-5),得:

$$F_W\tan\varphi_1 \geqslant F_W\tan(\alpha - \varphi_2)$$

$$\alpha \leqslant \varphi_1 + \varphi_2 = 2\varphi \qquad (设\ \varphi_1 = \varphi_2 = \varphi)$$

一般钢铁的摩擦系数 $\mu = 0.1 \sim 0.15$。摩擦角 $\varphi = \arctan(0.1 \sim 0.15) = 5°43' \sim 8°32'$,故 $\alpha \leqslant 11° \sim 17°$。但考虑到斜楔的实际工作条件,为自锁可靠起见,取 $\alpha = 6° \sim 8°$。当 $\alpha = 6°$时,$\tan\alpha \approx 0.1 = \frac{1}{10}$,因此斜楔机构的斜度一般取 1∶10。

2.4.1.4 斜楔机构的结构特点

(1)斜楔机构具有自锁的特性。当斜楔的斜角小于斜楔与工件以及斜楔与夹具体之间的摩擦角之和时,满足斜楔的自锁条件。

(2)斜楔机构具有增力特性。斜楔的夹紧力与原始作用力之比称为增力比 i_F(或称为增力系数),即

$$i_F = \frac{F_W}{F_Q} = \frac{1}{\tan\varphi_1 + \tan(\alpha + \varphi_2)} \tag{2-8}$$

当不考虑摩擦影响时,$i_F = \frac{1}{\tan\alpha}$,此时 α 愈小,增力作用愈大。

(3)斜楔机构的夹紧行程小。工件所要求的夹紧行程 h 与斜楔相应移动的距离 s 之比称为行程比 i_s,即

$$i_s = \frac{h}{s} = \tan\alpha \tag{2-9}$$

因 $i_F = \frac{1}{i_s}$,故斜楔理想增力倍数等于夹紧行程的缩小倍数。因此,选择升角 α 时,必须同时考虑增力比和夹紧行程两方面的问题。

(4)斜楔机构可以改变夹紧力作用方向。

由图 2-32 可知,当对斜楔机构外加一个水平方向的作用力时,将产生一个垂直方向的夹紧力。

2.4.1.5 适用范围

由于手动斜楔夹紧机构在夹紧工件时,费时费力,效率极低,所以很少使用。因其夹紧行程较小,因此对工件的夹紧尺寸(工件承受夹紧力的定位基准至其受压面间的尺寸)的偏差要求很高,否则将会产生夹不着或无法夹紧的状况。因此,斜楔夹紧机构主要用于机动夹紧机构中,且对毛坯的质量要求很高。

2.4.2 螺旋夹紧机构

螺旋夹紧机构由螺钉、螺母、螺栓或螺杆等带有螺旋的结构件与垫圈、压板或压块等组成。它不仅结构简单、制造方便,而且由于缠绕在螺杆上的螺旋线很长,升角小,所以螺旋夹紧机构的自锁性能好,夹紧力和夹紧行程都较大,是目前应用较多的一种夹紧机构。

2.4.2.1　作用原理

螺旋夹紧机构中所用的螺旋线，实际上相当于把斜楔绕在圆柱体上，因此其作用原理与斜楔是一样的，只不过这时通过转动螺旋，使绕在圆柱体上的斜楔高度发生变化，而产生夹紧力来夹紧工件。

2.4.2.2　结构特点

螺旋夹紧机构的结构形式很多，但从夹紧方式来分，可分为单个螺栓夹紧机构和螺旋衬板夹紧机构两种。图 2-33(a)为压板夹紧形式，图 2-33(b)为螺栓直接夹紧形式，在夹紧机构中，螺旋压板的使用是很普遍的。

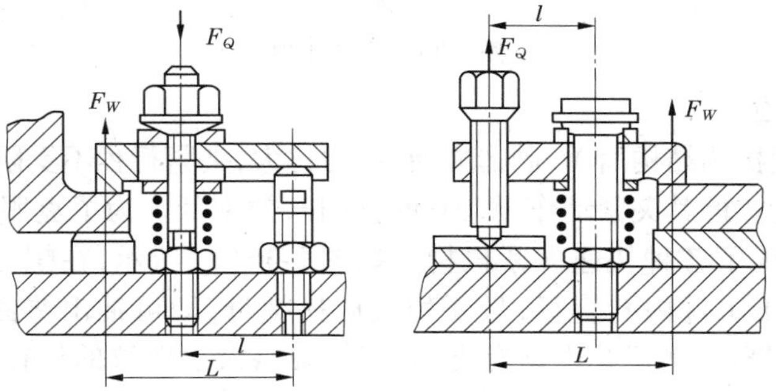

(a)　　　　(b)

图 2-33　典型螺旋压板机构

图 2-34 为最简单的单个螺栓夹紧机构。图 2-34(a)为直接用螺钉压在工件表面，易损伤工件表面；图 2-34(b)为典型的螺栓夹紧机构，在螺栓头部装有摆动压块，可以防止螺钉转动损伤工件表面或带动工件旋转。

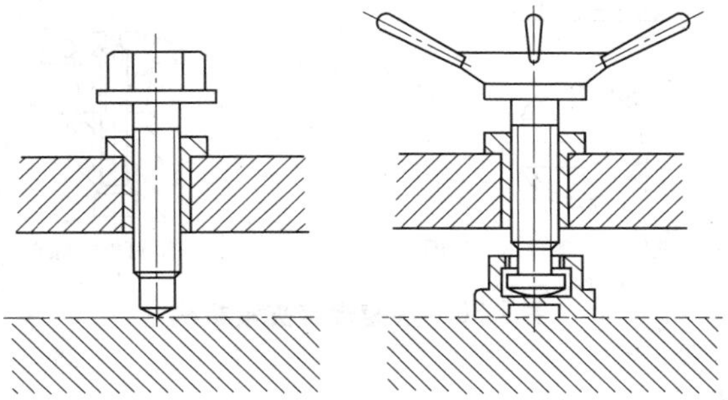

(a)　　　　(b)

图 2-34　单个螺旋夹紧机构

典型压块如图 2-35 所示。图 2-35(a)为光面压块，用于压紧已加工过的表面；图 2-35(b)为槽面压块，用于未加工过的毛坯表面；图 2-35(c)为球面压块，可自动调心。压紧螺钉及压块已标准化，可查阅相关手册。

螺旋夹紧机构中，螺旋升角 $\alpha \leqslant 4°$，因此自锁性能好，能耐振动。由于螺旋相当于长斜楔绕在圆柱体上，所以夹紧行程不受限制，可以任意加大，不会使机构增大。设计螺旋夹紧机构时应根据所需的夹紧力的大小选择合适的螺纹直径。

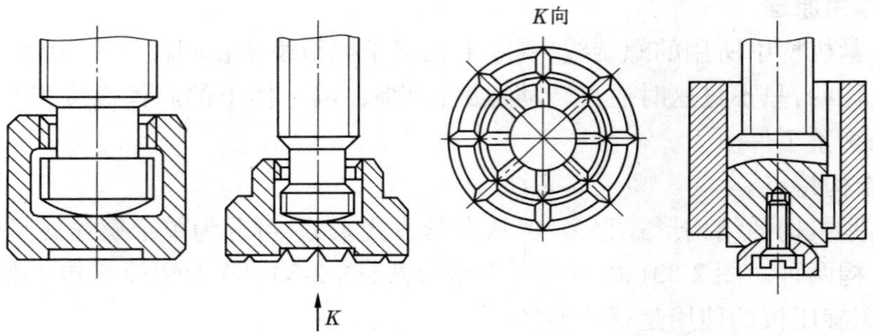

(a)光面压块　　(b)槽面压块　　(c)球面压块

图 2-35　摆动压块

2.4.2.3　适用范围

由于螺旋夹紧机构结构简单、制造方便，增力比大，夹紧行程不受限制，所以在手动夹紧机构中应用广泛。但其夹紧动作慢、辅助时间长，效率低。为了克服螺旋夹紧动作慢、效率低的缺点，出现了各种快速夹紧机构。如图 2-36(a)所示，在螺母一方增加开口垫圈，螺母的外径小于工件内孔直径，只要稍微放松螺母，即可抽出垫圈，工件便可取出。图 2-36(b)为快卸螺母，螺母孔内钻有光孔，其孔径略大于螺纹的外径，螺母斜向沿光孔套入螺杆，然后将螺母摆正，使螺母的螺纹与螺杆啮合，再拧动螺母，便可夹紧工件。但螺母的螺纹部分被切去一部分，因此啮合部分减小，夹紧力不能太大。

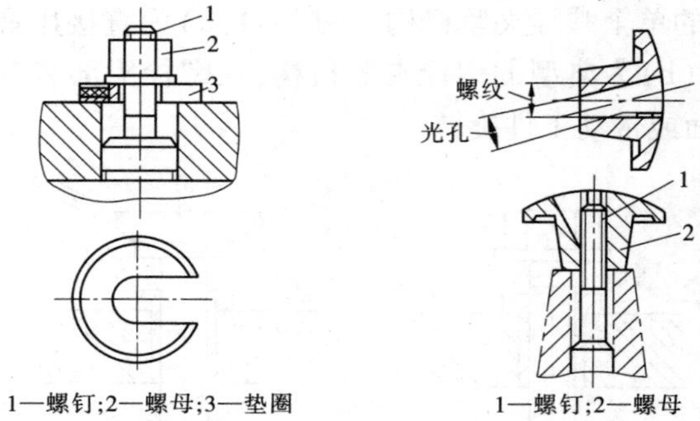

1—螺钉；2—螺母；3—垫圈　　1—螺钉；2—螺母
(a)　　(b)

图 2-36　快速螺旋夹紧机构

2.4.3　偏心夹紧机构

用偏心元件直接夹紧或与其他元件组合来实现对工件夹紧的机构称为偏心夹紧机构，它是利用转动中心与几何中心偏移的圆盘或轴等作为夹紧元件。如图 2-37 所示为常见的偏心夹紧机构，图 2-37(a)是偏心轮和螺栓压板的组合夹紧机构，图 2-37(b)是利用偏心轴夹紧工件的。

2.4.3.1　偏心夹紧的工作特性

如图 2-38(a)所示的圆偏心轮，其直径为 D，偏心距为 e，由于其几何中心 C 和回转中心 O 不重合，当顺时针方向转动手柄时，就相当于一个弧形楔卡紧在转轴和工件受压表面之间而产生夹紧作用。将弧形楔展开，则得到如图 2-38(b)所示的曲线斜楔，曲线上任

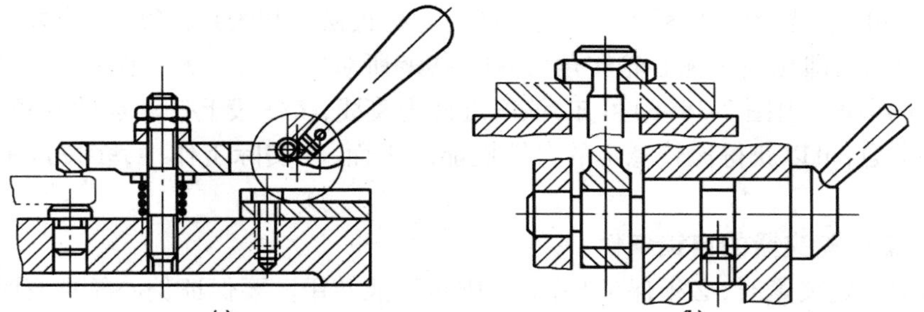

(a) (b)

图 2-37 偏心夹紧机构实例

意一点的切线和水平线的夹角即为该点的升角。设 α_x 为任意夹紧点 x 处的升角，其值可由 $\triangle OxC$ 中求得。

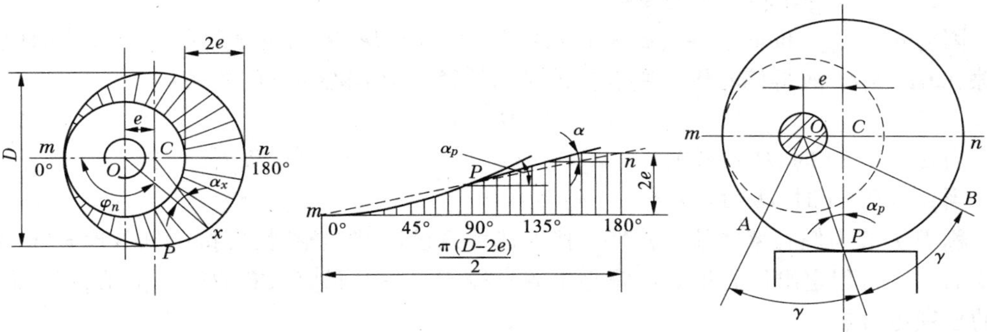

(a) (b) (c)

图 2-38 圆偏心轮特性及工作段

$$\frac{\sin\alpha_x}{e} = \frac{\sin(180° - \varphi_x)}{D/2} \tag{2-10}$$

$$\sin\alpha_x = \frac{2e}{D}\sin\varphi_x \tag{2-11}$$

式中，转角 φ_x 的变化范围为 0° ~ 180°，由上式可知，当 $\varphi_x = 0°$ 时，m 点的升角最小，$\alpha_m = 0°$，随着转角 φ_x 的增大，升角 α_x 也增大，当 $\varphi_x = 90°$ 时（T 点），升角 α 为最大值，此时：

$$\sin\alpha_T = \sin\alpha_{\max} = \frac{2e}{D} \tag{2-12}$$

$$\alpha_T = \alpha_{\max} = \arcsin\frac{2e}{D} \tag{2-13}$$

因 α 很小，故取 $\alpha_{\max} \approx 2e/D$。

当 φ_x 继续增大时，α_x 将随着 φ_x 的增大而减小，$\varphi_x = 180°$，即 n 点处，$\alpha_n = 0°$。

偏心轮的这一特性很重要，因为它与工作段的选择、自锁性能、夹紧力的计算以及主要结构尺寸的确定关系极大。

2.4.3.2 偏心轮工作段的选择

从理论上讲，偏心轮下半部整个轮廓曲线上的任何一点都可以用作夹紧点，相当于偏心轮转过 180°，夹紧的总行程为 $2e$，但实际上为防止松夹和咬死，常取 P 点左右圆周上的 1/6～1/4 圆弧，即相当于偏心轮转角为 60°～90°所对应的圆弧为工作段。如图 2-38(c) 所示的 AB 弧段。由图 2-38(c) 可知，该段近似为直线，工作段上任意点的升角变化不大，几乎近于常数，可以获得比较稳定的自锁性能。因而，在实际工作中，多按这种情况来设计偏心轮。

2.4.3.3　偏心轮夹紧的自锁条件

使用偏心轮夹紧时，必须保证自锁，否则将不能使用。要保证偏心轮夹紧时的自锁性能和前述斜楔夹紧机构相同，应满足下列条件：

$$\alpha_{max} \leqslant \varphi_1 + \varphi_2 \tag{2-14}$$

式中　α_{max}——偏心轮工作段的最大升角；

φ_1——偏心轮与工件之间的摩擦角；

φ_2——偏心轮转角处的摩擦角。

因为 $\alpha_p = \alpha_{max}$，$\tan\alpha_p \leqslant \tan(\varphi_1 + \varphi_2)$，已知 $\tan\alpha_p = 2e/D$，为可靠起见，不考虑转轴处的摩擦，$\tan\varphi_1 = \mu_1$，故得偏心轮夹紧点自锁时的外径 D 和偏心量 e 的关系：

$$2e/D \leqslant \mu_1 \tag{2-15}$$

当 $\mu_1 = 0.10$ 时，$D/e \geqslant 20$；

当 $\mu_1 = 0.15$ 时，$D/e \geqslant 14$。

称 D/e 值为偏心率或偏心特性。按上述关系设计偏心轮时，应按已知的摩擦系数和需要的工作行程定出偏心量 e 及偏心轮的直径 D。一般摩擦系数取较小的值，以使偏心轮的自锁更可靠。

2.4.3.4　适用范围

偏心夹紧机构的特点是结构简单、动作迅速，但它的夹紧行程受偏心距 e 的限制，夹紧力较小，故一般用于工件被夹压表面的尺寸变化较小和切削过程中振动不大的场合，多用于小型工件的夹具中。偏心夹紧机构对于受压面的表面质量有一定的要求，受压面的位置变化也要较小。

2.5　联动夹紧机构

根据工件结构特点和生产率的要求，有些夹具要求对一个工件进行多点夹紧，或者需要同时夹紧多个工件。如果依次对各点或各工件夹紧，不仅费时，也不易保证各夹紧力的一致性。为提高生产率及保证加工质量，可采用各种联动夹紧机构实现联动夹紧。

联动夹紧是指操纵一个手柄或利用一个动力装置，就能对一个工件的同一方向或不同方向的多点进行均匀夹紧，或同时夹紧若干个工件。前者称为多点联动夹紧，后者称为多件联动夹紧。

2.5.1　多点联动夹紧机构

最简单的多点联动夹紧机构是浮动压头，如图 2-39 所示。其特点是具有一个浮动元件 1，当其中的某一点夹压后，浮动元件就会摆动或移动，直到另一点也接触工件，均衡压紧工件。

图 2-40 为两点对向联动夹紧机构，当液压缸中的活塞杆 3 向下移动时，通过双臂铰链使浮动压板 2 相对转动，最后将工件 1 夹紧。

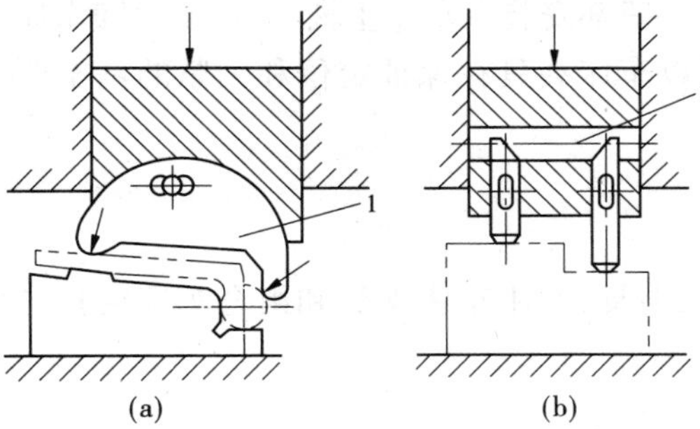

图 2-39　浮动压头示意图

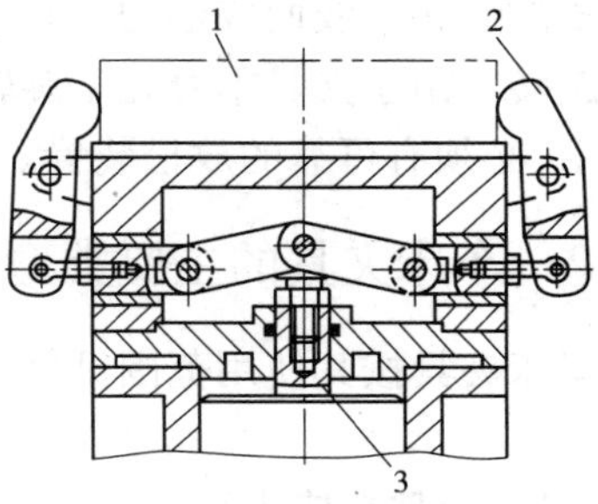

1—工件；2—浮动压板；3—活塞杆

图 2-40　两点对向联动夹紧机构

2.5.2　多件联动夹紧机构

多件联动夹紧机构多用于中小型工件的加工，按其对工件施加力方式的不同，一般可分为平行夹紧、顺序夹紧、对向夹紧及复合夹紧等方式。

图 2-41(a)为浮动压板机构对工件平行夹紧的实例。由于压板 2、摆动压块 3 和球面垫圈 4 可以相对转动，均是浮动件，故旋动螺母 5 即可同时平行夹紧每个工件。图 2-41(b)所示为液性介质联动夹紧机构。密闭腔内的不可压缩液性介质既能传递力，还能起浮动环作用。旋紧螺母 5 时，液性介质推动各个柱塞 7，使它们与工件全部接触并夹紧。

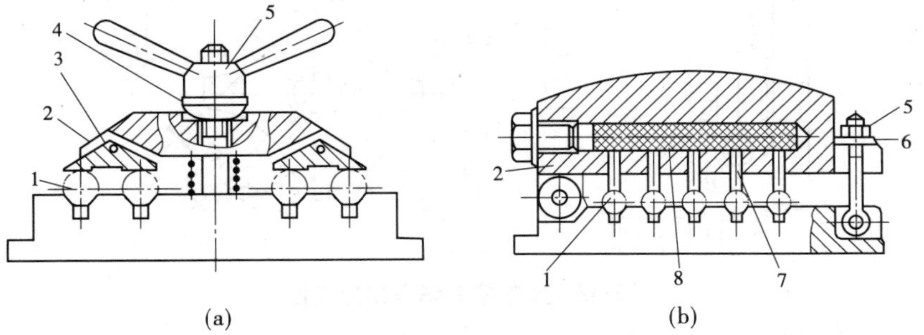

1—工件；2—压板；3—摆动压块；4—球面垫圈；5—螺母；6—垫圈；7—柱塞；8—液性介质

图 2-41　平行式多件联动夹紧机构

2.6　车床夹具

车床夹具主要用于加工零件的内外圆柱面、圆锥面、回转成型面、螺纹及端平面等。在加工过程中，夹具安装在机床主轴上随主轴一起带动工件转动。除常用的顶针、三爪卡盘、四爪卡盘、花盘等万能通用夹具外，有时还要设计一些专用夹具。

2.6.1 车床夹具的特点

车床主要用于加工零件的内圆柱面、圆锥面、螺纹及端平面等。上述表面都是围绕车床主轴的旋转轴线而成形的,因此车床夹具一般都安装在车床主轴上,加工时随车床主轴一起旋转。由于夹具本身处于旋转状态,所以车床夹具在保证定位和夹紧的基本要求的前提下,必须有可靠的放松装置。

2.6.2 车床夹具的主要类型

车床夹具按其使用范围可分为通用车床夹具、专用车床夹具和组合车床夹具三种类型。

2.6.2.1 通用车床夹具

在车床上常用的通用夹具有三爪自定心卡盘、四爪单动卡盘、顶尖、鸡心夹头等。通用夹具的特点是适应性强,操作简单,但效率较低,一般用于单件小批量生产。通用夹具一般作为车床附件供应。

2.6.2.2 专用车床夹具

图 2-42 所示为十字槽轮零件精车圆弧 $\phi23^{+0.023}_{0}$ mm 的工序简图。本工序要求保证四处 $\phi23^{+0.023}_{0}$ mm 圆弧;对角圆弧位置尺寸(18 ± 0.02)mm 及对称度公差 0.02 mm;$\phi23^{+0.023}_{0}$ mm 轴线与 $\phi5.5h6$ 轴线的平行度允差 $\phi0.01$ mm。

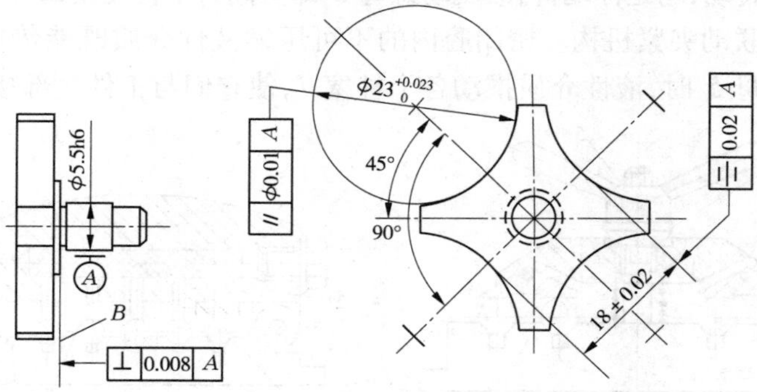

图 2-42 十字槽轮精车工序简图

如图 2-43 所示为加工该工序的车床夹具,工件以 $\phi5.5h6$ 外圆柱面与端面 B、半精车的 $\phi22.5h8$ 圆弧面(精车第二个圆弧面时则用已经车好的 $\phi23^{+0.023}_{0}$ mm 圆弧面)为定位基面,夹具上定位套 1 的内孔表面与端面、定位销 2(安装在定位套 3 中,限位表面尺寸为 $\phi22.5^{0}_{-0.01}$ mm,安装在定位套 4 中,限位表面尺寸为 $\phi23^{0}_{-0.008}$ mm,图中未画出,精车第二个圆弧面时使用)的外圆表面为相应的限位基面。限制工件 6 个自由度,符合基准重合原则。同时加工三件零件,有利于对尺寸的测量。

2.6.2.3 组合车床夹具

角铁式车床夹具的结构特点是具有类似角铁的夹具体。在角铁式车床夹具上加工的工件形状较复杂。它常用于壳体、支座、接头等零件上圆柱面及端面。当被加工工件的主要定位基准是平面,被加工面的轴线与主要定位基准平面保持一定的位置关系(平行或

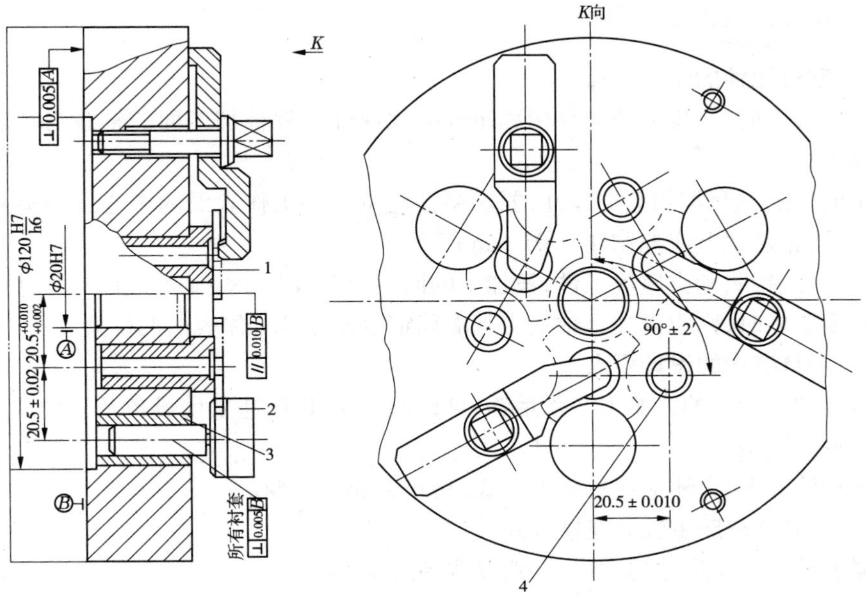

1、3、4—定位套;2—定位销

图 2-43　花盘式车床夹具

成一定的角度)时,相应地,夹具上的平面定位元件设置在与车床主轴轴线相平行或成一定角度的位置上。

图 2-44 为一角铁式车床夹具。工件 6 以两孔在圆柱定位销 2 和削边销 1 上定位;端面直接在夹具体 4 的角铁平面上定位。两螺钉压板分别在两定位销孔旁把工件夹紧。导向套 7 用来引导加工轴孔的刀具。8 是平衡块,用来消除夹具在回转时的不平衡现象。夹具上设置轴向定位基面 3,它与圆柱销保持确定的轴向距离,可以控制刀具的轴向行程。

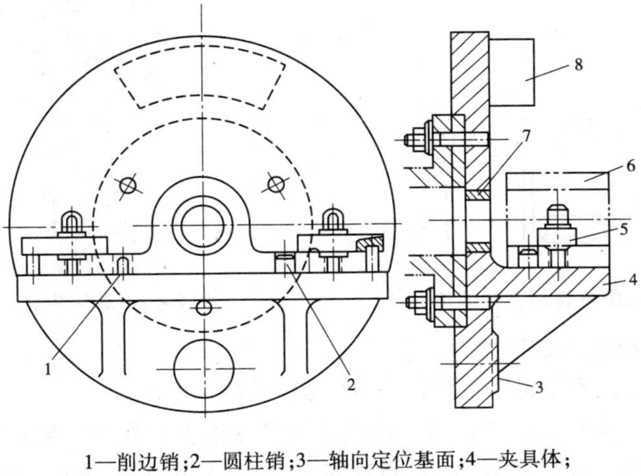

1—削边销;2—圆柱销;3—轴向定位基面;4—夹具体;

5—压板;6—工件;7—导向套;8—平衡块

图 2-44　角铁式车床夹具

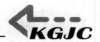

2.6.3　车床夹具的设计要点

2.6.3.1　定位元件的设计要点

加工回转面时,定位元件的结构和布置必须保证工件被加工面的轴线与车床主轴的回转轴线重合。

对于同轴的轴套类和盘类零件,要求夹具定位元件工作表面的中心线与夹具的回转轴线重合,同轴度误差应控制在 0.01 mm 以下。

对于壳体、接头和支座等工件,被加工的回转面轴线与工序基准之间有尺寸联系或相互位置精度要求时,则应以夹具轴线为基准确定定位元件工作表面的位置。

2.6.3.2　夹具装置的设计要点

夹紧机构所产生的夹紧力必须足够,自锁要可靠,以防止发生设备及人身事故。优先采用螺旋夹具结构。

对于角铁式夹具,还应注意施力方式,防止引起夹具变形。

2.6.3.3　夹具与车床主轴的连接方式

根据夹具体径向尺寸的大小,一般有两种连接方法:

(1)对于径向尺寸 $D<140$ mm,或 $D<(2\sim3)d$ 的小型夹具,一般用锥柄安装在主轴的锥孔中,并用螺栓拉紧。这种连接方式安装误差小,定心精度高,如图 2-45 所示。

(2)对于径向尺寸较大的夹具,一般通过过渡盘与车床主轴前端连接。如图 2-46 所示,其连接方式与车床主轴前端的结构形式有关。专用夹具以其定位止口按 H7/h6 或 H7/js6 装配在过渡盘的凸缘上,再用螺钉紧固。为了提高安装精度,在车床上安装夹具时,也可在夹具体外圆上作一个找正圆,按找正圆找正夹具中心与机床主轴轴线的同轴度,此时止口与过渡凸缘的配合间隙应适当加大。

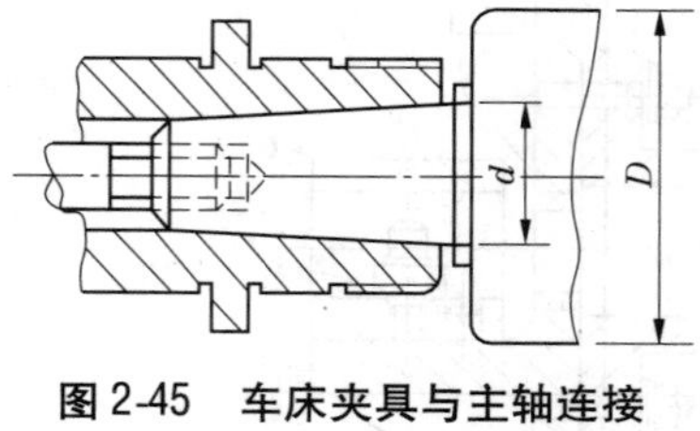

图 2-45　车床夹具与主轴连接

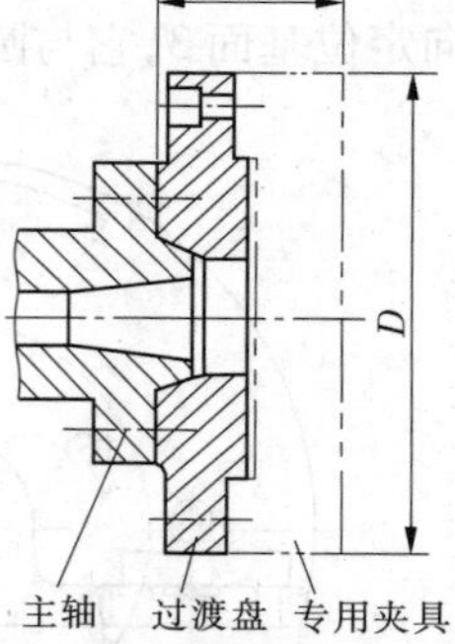

图 2-46　车床夹具与主轴连接

2.6.3.4　夹具的平衡及结构要求

对角铁式、圆盘式等结构不对称的车床夹具,其结构要求如下:

(1)设计时应采用平衡装置以减少由离心力产生的振动及主轴轴承的磨损;

(2)夹具结构应力求简单紧凑、轻便且安全,悬伸长度要尽量小,使重心靠近主轴前支承;

(3)夹具的结构还应便于工件的安装、测量和切屑的顺利排除与清理。

2.7 铣床夹具

2.7.1 铣床夹具概述

铣床夹具主要用于加工零件上的平面、键槽、缺口及成形表面等。由于铣削加工的切削力较大，又是断续切削，加工中易引起振动，因此要求铣床夹具的受力元件要有足够的强度，夹紧力应足够大，且有较好的自锁性。此外，铣床夹具一般通过对刀装置确定刀具与工件的相对位置，其夹具体底面大多设有定向键，通过定向键与铣床工作台 T 形槽的配合来确定夹具在机床上的方位。夹具安装后用螺栓紧固在铣床的工作台上。

铣床夹具一般按工件的进给方式，分成直线进给与圆周进给两种类型。

2.7.1.1 直线进给的铣床夹具

在铣床夹具中，这类夹具用得最多，一般根据工件质量和结构及生产批量，将夹具设计成装夹单件、多件串联或多件并联的结构。铣床夹具也可采用分度等形式。

图 2-47 是铣削轴端方头的夹具，采用平行对向式多件联动夹紧机械，旋转夹紧螺母 6，通过球面垫圈及压板 7 将工件压在 V 形块上。四把三面刃铣刀同时铣完两个侧面后，取下楔块 5，将回转座 4 转过 90°，再用楔块 5 将回转座定位并揳紧，即可铣削工件的另两个侧面。

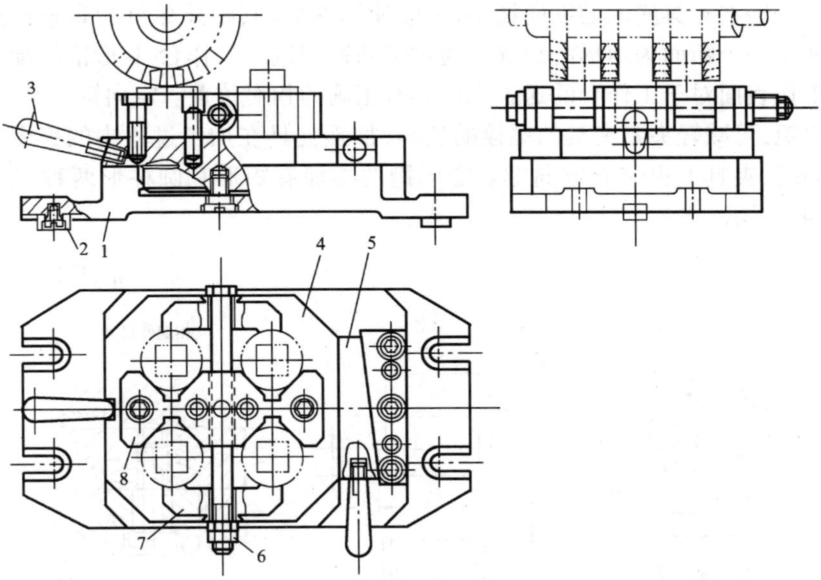

1—夹具体；2—定位键；3—手柄；4—回转座；5—楔块；6—螺母；7—压板；8—V 形块

图 2-47 铣削轴端方头夹具

2.7.1.2 圆周进给的铣床夹具

圆周进给铣削方式在不停车的情况下装卸工件，因此生产率高，适用于大批量生产。

如图 2-48 所示是在立式铣床上圆周进给铣拨叉的夹具。通过电动机、蜗轮副传动机构带动回转工作台 6 回转。夹具上可同时装夹 12 个工件。工件以一端的孔、端面及侧面在夹具的定位板、定位销 2 及挡销 4 上定位。由液压缸 5 驱动拉杆 1，通过开口垫圈 3 夹紧工件。图中 *AB* 是加工区段，*CD* 为工件的装卸区段。

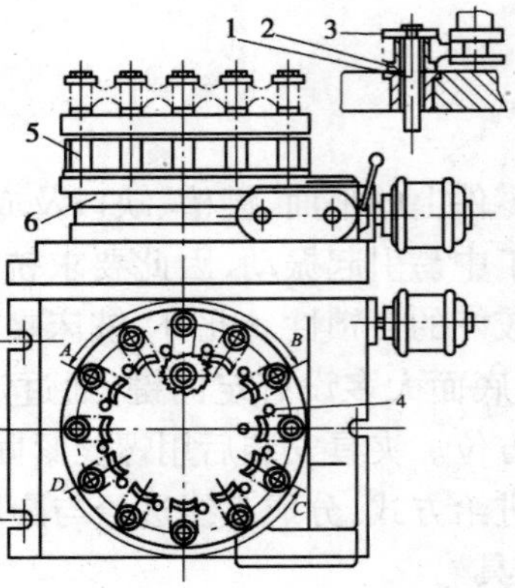

1—拉杆；2—定位销；3—开口垫圈；4—挡销；5—液压缸；6—工作台

图 2-48　圆周进给铣床夹具

2.7.2　铣床夹具的设计要点

定向键和对刀装置是铣床夹具的特殊元件。

2.7.2.1　定向键

定向键安装在夹具底面的纵向槽中，一般使用两个，其距离尽可能布置得远些，小型夹具也可使用一个断面为矩形的长键。通过定向键与铣床工作台 T 形槽的配合，使夹具上元件的工作表面对于工作台的送进方向具有正确的相对位置。定向键可承受铣削时产生的扭转力矩，可减轻夹紧夹具的螺栓的负荷，加强夹具在加工过程中的稳固性。因此，在铣削平面时，夹具上也装有定向键。定向键的断面有矩形和圆柱形两种，常用的为矩形，如图 2-49 所示。

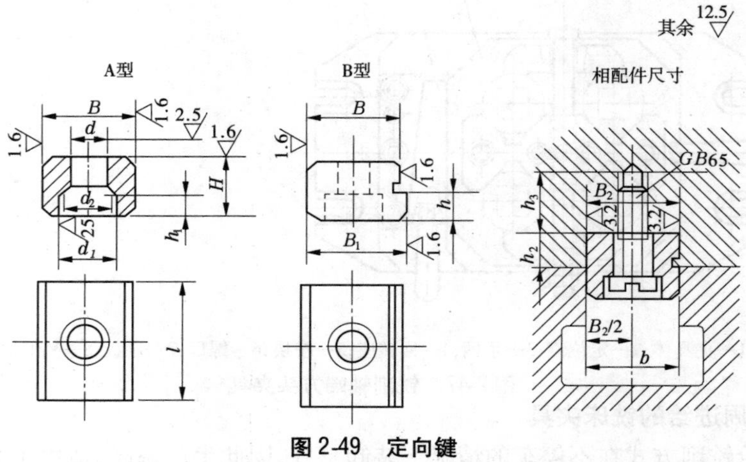

图 2-49　定向键

定向精度要求高的夹具和重型夹具，不宜采用定向键，而是在夹具体上加工出一窄长平面作为找正基面，来校正夹具的安装位置。

2.7.2.2　对刀装置

对刀装置由对刀块和塞尺组成，用以确定夹具和刀具的相对位置。对刀装置的形式根据加工表面的情况而定，图 2-50 为几种常见的对刀块：图 2-50(a)为圆形对刀块，用于加工平面；图 2-50(b)为方形对刀块，用于调整组合铣刀的位置；图 2-50(c)为直角对刀块，用于加工两相互垂直面或铣槽时的对刀；图 2-50(d)为侧装对刀块，亦用于加工两相互垂直面或铣槽时的对刀。这些标准对刀块的结构参数均可从有关手册中查取。对刀调整工作通过塞尺(平面型或圆柱型)进行，这样可以避免损坏刀具和对刀块的工作表面。塞尺的厚度或直径一般为 3 ~ 5 mm，按国家标准 h6 的公差制造，在夹具总图上应注明塞尺的尺寸。

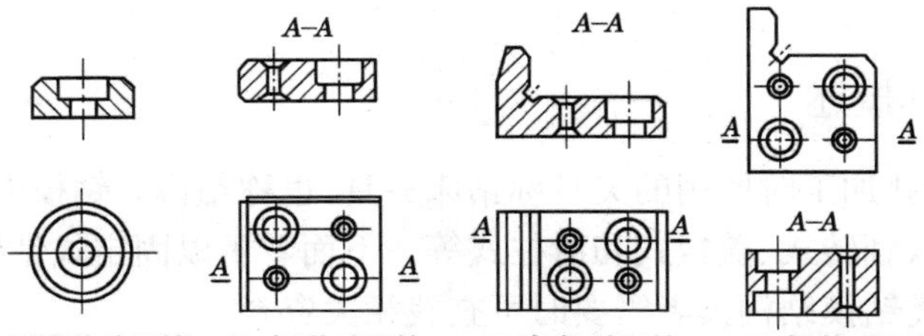

(a) 圆形对刀块　(b) 方形对刀块　(c) 直角对刀块　(d) 侧装对刀块

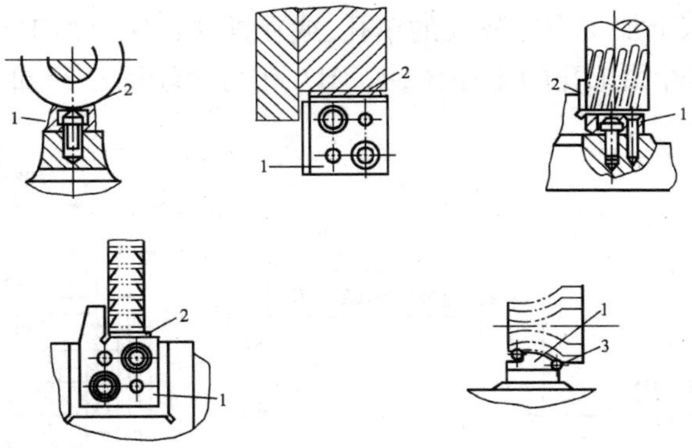

(e) 对刀块

1—对刀块；2—对刀平塞尺；3—对刀圆柱塞尺

图 2-50　标准对刀块及对刀装置

采用标准对刀块和塞尺进行对刀调整时，加工精度不超过 IT8 级公差。当对刀调整要求较高或不便于设置对刀块时，可以采用试切法、标准件对刀法，或用百分表来校正定位元件相对于刀具的位置，而不设置对刀装置。

2.7.2.3　夹具体

为提高铣床夹具在机床上安装的稳固性，除要求夹具体有足够的强度和刚度外，还应使被加工表面尽量靠近工作台面，以降低夹具的重心。因此，夹具体的高宽比限制在 $H/B \leqslant 1 \sim 1.25$，如图 2-51 所示。铣床夹具与工作台的连接部分应设计耳座，因连接要牢固稳定，故夹具上耳座两边的表面要加工平整。

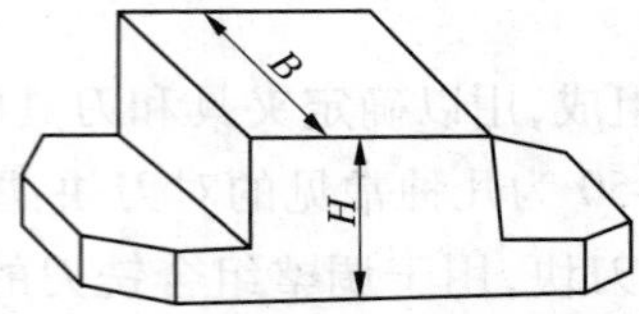

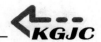

图 2-51 铣床夹具的本体

铣削加工时会产生大量切屑,因此夹具应有足够的排屑空间,并注意切屑的流向,以方便清理切屑。对于重型的铣床夹具,在夹具体上要设置吊环,以便于搬运。

2.8 钻床夹具

2.8.1 钻床夹具概述

在钻床上进行孔加工时所用的夹具称钻床夹具,也称钻模。钻模的类型很多,有固定式、回转式、移动式、翻转式、盖板式和滑柱式等。下面着重以固定式钻模为例介绍钻模的结构特点,其他几类钻模结构读者需要时可查找相关资料。

在使用的过程中,固定式钻模在机床上位置是固定不动的。这类钻模加工精度较高,主要用于在立式钻床上加工直径较大的单孔,或在摇臂钻床上加工平行孔系。

图 2-52(a)是零件加工孔的工序图,ϕ68H7 孔与两端面已经加工完成。本工序需加

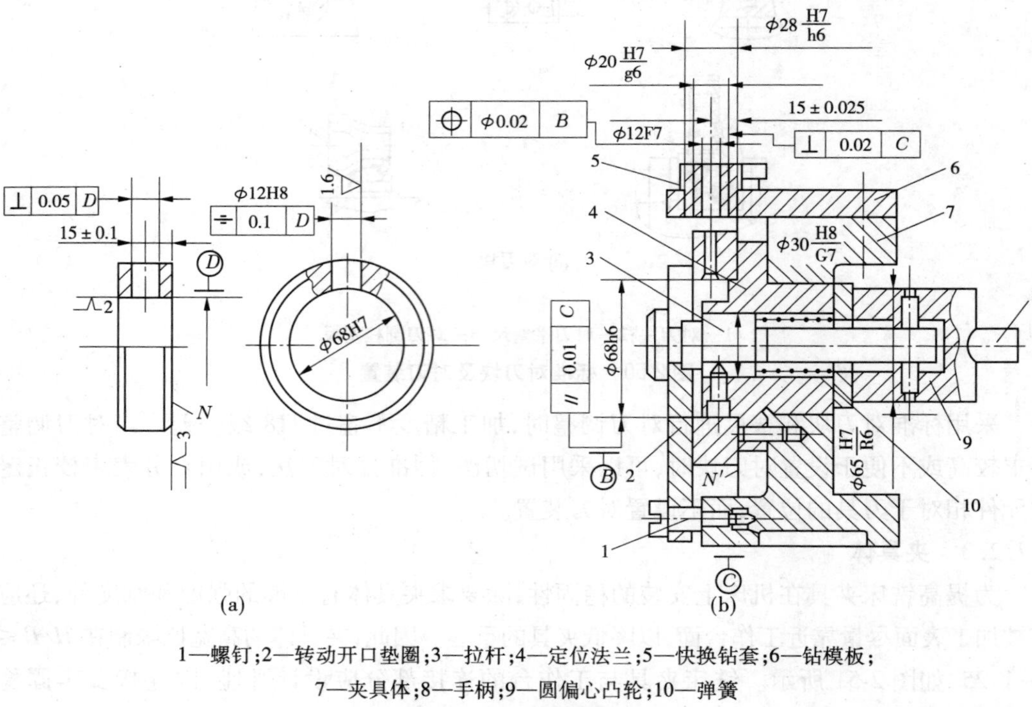

1—螺钉;2—转动开口垫圈;3—拉杆;4—定位法兰;5—快换钻套;6—钻模板;
7—夹具体;8—手柄;9—圆偏心凸轮;10—弹簧

图 2-52 固定式钻模

工 ϕ12H8 孔，要求孔中心至 N 面为(15 ± 0.1) mm，与 ϕ68H7 孔轴线的垂直度公差为 0.05 mm，对称度公差为 0.1 mm。据此，采用了如图 2-52(b)所示的固定式钻模来加工工件。加工时选定工件以端面 N 和 ϕ68H7 内圆表面为定位基面，分别在定位法兰 4 ϕ68h6 短外圆柱面和端面 N' 上定位，限制了工件 5 个自由度。工件安装后扳动手柄 8 借助圆偏心凸轮 9 的作用，通过拉杆 3 与转动开口垫圈 2 夹紧工件。反方向扳动手柄 8，拉杆 3 在弹簧 10 的作用下松开工件。

2.8.2　钻床夹具设计要点

2.8.2.1　钻模类型的选择

在设计钻模时，需根据工件的尺寸、形状、质量和加工要求，以及生产批量、工厂的具体条件来考虑夹具的结构类型。设计时注意以下几点：

(1)工件上被钻孔的直径大于 10 mm 时(特别是钢件)，钻床夹具应固定在工作台上，以保证操作安全。

(2)翻转式钻模和自由移动式钻模适用于中小型工件的孔加工。夹具和工件的总质量不宜超过 10 kg，以减轻操作工人的劳动强度。

(3)当加工多个不在同一圆周上的平行孔系时，如夹具和工件的总质量超过 15 kg，宜采用固定式钻模在摇臂钻床上加工，若生产批量大，可以在立式钻床或组合机床上采用多轴传动头进行加工。

(4)对于孔与端面精度要求不高的小型工件，可采用滑柱式钻模，以缩短夹具的设计与制造周期。但对于垂直度公差小于 0.1 mm、孔距精度小于 ±0.15 mm 的工件，则不宜采用滑柱式钻模。

(5)钻模板与夹具体的连接不宜采用焊接的方法。因焊接应力不能彻底消除，影响夹具制造精度的长期保持性。

(6)当孔的位置尺寸精度要求较高(其公差小于 0.05 mm)时，则宜采用固定式钻模板和固定式钻套的结构形式。

2.8.2.2　钻模板的结构

用于安装钻套的钻模板，按其与夹具体连接的方式可分为固定式、铰链式、分离式等。

(1)固定式钻模板。固定在夹具体上的钻模板称为固定式钻模板。这种钻模板简单，钻孔精度高。

(2)铰链式钻模板。当钻模板妨碍工件装卸或钻孔后需要攻螺纹时，可采用铰链式钻模板。

(3)分离式钻模板。工件在夹具中每装卸一次，钻模板也要装卸一次。这种钻模板加工的工件精度高，但装卸工件效率低。

2.8.2.3　钻套的选择和设计

钻套装配在钻模板或夹具体上，钻套的作用是确定被加工工件上孔的位置，引导钻头、扩孔钻或铰刀，并防止其在加工过程中发生偏斜。按钻套的结构和使用情况，可分为以下四种类型。

1. 固定钻套

图 2-53(a)、(b)是固定钻套的两种形式。钻套外圆以 H7/n6 或 H7/r6 配合直接压入钻模板或夹具体的孔中。如果在使用过程中不需更换钻套,则用固定钻套较为经济,钻孔的位置也较高。它适用于单一钻孔工序和小批生产。

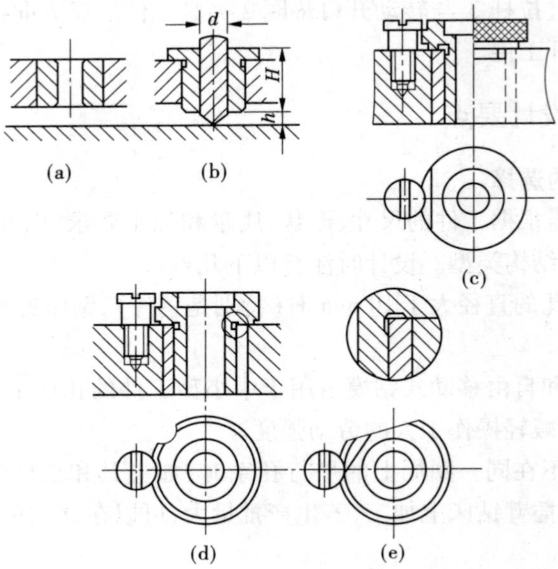

图 2-53 标准钻套

2. 可换钻套

图 2-53(c)为可换钻套。当生产量较大,需要更换磨损后的钻套时,使用这种钻套较为方便。为了避免钻模板的磨损,在可换钻套与钻模板之间按 H7/r6 的配合压入衬套。可换钻套的外圆与衬套的内孔一般采用 H7/g6 或 H7/h6 的配合,并用螺钉加以固定,防止在加工过程中因钻头与钻套内孔的摩擦使钻套发生转动,或退刀时随刀具升起。

3. 快换钻套

当加工孔需要依次进行钻、扩、铰时,由于刀具的直径逐渐增大,需要使用外径相同、孔径不同的钻套来引导刀具。这时使用如图 2-53(d)、(e)所示的快换钻套可以减少更换钻套的时间。它和衬套的配合与可换钻套相同,但其锁紧螺钉的突肩比钻套上凹面略高,故不需拧下锁紧螺钉,只需将钻套转过一定的角度,使半圆缺口或削边正对螺钉头部即可取出钻套。但是削边或缺口的位置应考虑刀具与孔壁间摩擦力矩的方向,以免退刀时钻套随刀具自动拔出。

以上三类钻套已标准化,其规格可参阅有关夹具手册。

4. 特殊钻套

由于工件形状或被加工孔位置的特殊性,需要设计特殊结构的钻套。图 2-54 为几种特殊钻套的结构。

当钻模板或夹具体不能靠近加工表面时,使用如图 2-54(a)所示的加长钻套,使其下端与工件加工表面有较短的距离。扩大钻套孔的上端是为了减小引导部分的长度,减少

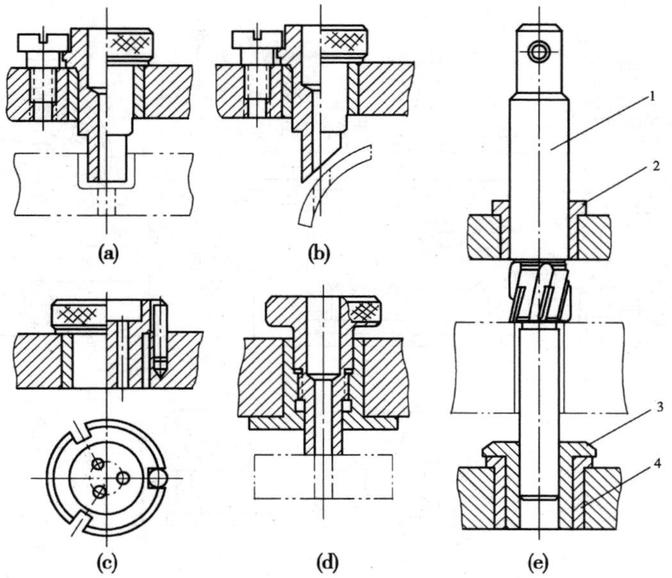

1—刀具;2、3—导向套;4—钻套

图2-54 特殊钻套

因摩擦使钻头过热和磨损。图2-54(b)用于斜面或圆弧面上钻孔,防止钻头切入时引偏甚至折断。图2-54(c)是当孔距很近时使用的,便于制造在一个钻套上加工出几个近距离的孔。图2-54(d)是当需借助钻套作为辅助性夹紧时使用的。图2-54(e)为使用上下钻套引导刀具的情况。当加工孔较长或与定位基准有较严格的平行度、垂直度要求时,只在上面设置一个导向套2,很难保证孔的位置精度。对于安置在下方的钻套4,要注意防止切屑落入刀杆与钻套之间。因此,刀杆与钻套选用较紧的配合(H7/h6)。

2.9 镗床夹具

镗模是用在镗床上的一种精密夹具。它主要用来加工箱体类零件上的精密孔系。

镗模和钻模一样,是依靠专门的导引元件——镗套来导引镗杆的,从而保证所镗的孔具有很高的位置精度。由此可知,采用镗模后,镗孔的精度便可不受机床精度的影响。镗模广泛应用于高效率的专用组合镗床(又称联动镗床)和一般普通镗床。即使缺乏上述专门的镗孔设备的中小工厂,也可以利用镗模来加工精密孔系。

2.9.1 镗模的组成

图2-55是加工车床尾架孔用的镗模。镗模的两个支承分别设置在刀具的前方和后方,镗刀杆9和主轴浮动连接。工件以底面槽及侧面在定位板3、4及可调支承钉7上定位,采用联动夹紧机构,拧紧夹紧螺钉6,压板5、8同时将工件夹紧。镗模支架1上用回转镗套2来支承和引导镗杆。镗模以底面*A*安装在机床工作台上,其位置用*B*面找正。

由图可知,镗模一般由定位元件、夹紧装置、引导元件(镗套)和夹具体(镗模支架和

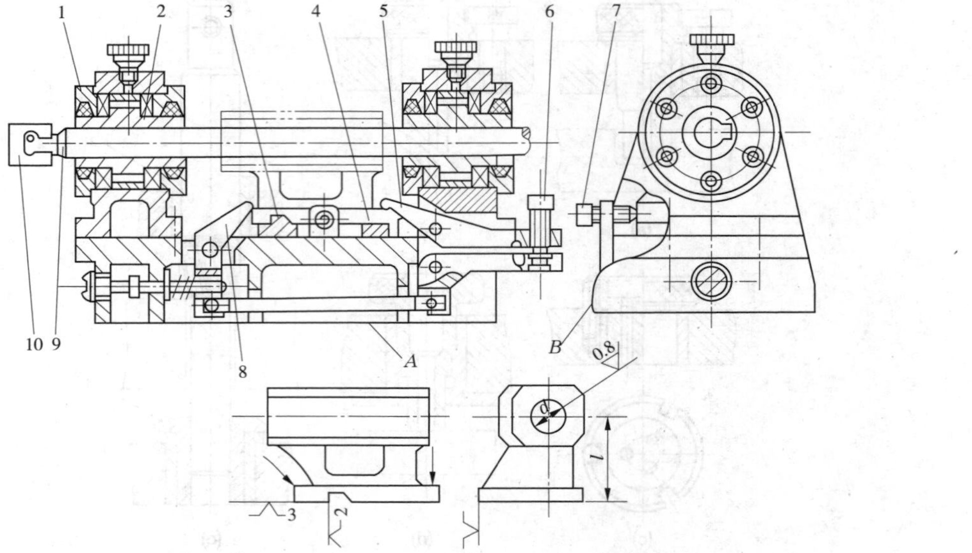

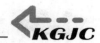

1—支架;2—镗套;3、4—定位板;5、8—压板;6—夹紧螺钉;
7—可调支承钉;9—镗刀杆;10—浮动接头

图 2-55　镗车床尾架孔镗模

镗模底座)等部分组成。

2.9.2　镗套

镗套结构与被镗孔的几何形状、尺寸精度以及表面粗糙度有很大关系。因为镗套的结构决定了镗套位置的准确度和稳定性。镗套的结构形式一般分为固定式镗套和回转式镗套两类。

2.9.2.1　固定式镗套

固定式镗套的结构,和前面介绍的一般钻套的结构基本相似。它固定在镗模支架上,而不能随镗杆一起转动,因此镗杆与镗套之间有相对运动,存在摩擦。

固定式镗套具有外形尺寸小,结构紧凑,制造简单,容易保证镗套中心位置的准确等优点。但是固定式镗套只适用于低速加工,否则镗杆与镗套间容易因相对运动发热过高而"咬死",或者造成镗杆迅速磨损。

固定式镗套结构已标准化,设计时可参阅国家标准相关手册。

2.9.2.2　回转式镗套

回转式镗套在镗孔过程中是随镗杆一起转动的,所以镗杆与镗套之间无相对转动,只有相对移动。在高速镗孔时,这样便能避免镗杆与镗套发热咬死,而且改善了镗杆磨损情况。特别是在立式镗模中,若采用上下镗套双面导向,为了避免因切屑落入下镗套内而使镗杆卡住,故而下镗套应该采用回转式镗套。

由于回转式镗套要随镗杆一起回转,所以镗套要有轴承支承,按轴承不同分为滑动镗套和滚动镗套。

1. 滑动镗套

图 2-56 为滑动镗套，由滑动轴承来支承。滑动镗套具有以下特点：

(1) 与滚动镗套相比，径向尺寸小，因而适用于孔中心距较小而孔径却很大的孔系加工。

(2) 减振性较好，有利于降低被镗孔的粗糙度值。

(3) 承载能力比滚动镗套大。

(4) 若润滑不够充分，或镗杆的径向切削负荷不均衡，则易使镗套和轴承"咬死"。

(5) 工作速度不能过高。

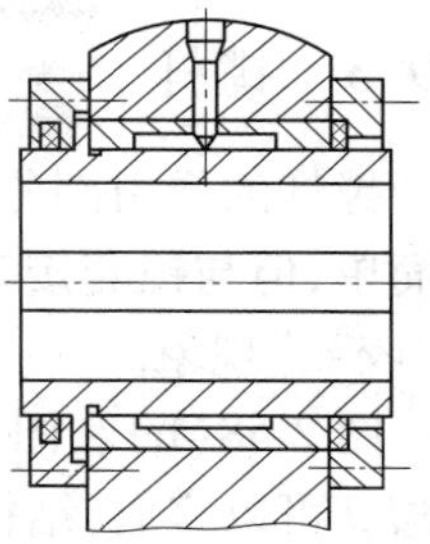

图 2-56　滑动镗套

2. 滚动镗套

图 2-57(a) 为外滚式镗套，由滚动轴承来支承。滚动镗套具有以下特点：

(1) 采用滚动轴承(标准件)，使设计、制造、维修都简单方便。

(2) 采用滚动轴承，润滑要求比滑动镗套低。可在润滑不充分时，取代滑动镗套。

(3) 采用向心推力球轴承，可按需要调整径向和轴向间隙，还可采用使轴承预加载荷的方法来提高轴承刚度。因而可以在镗杆径向切削负荷不平衡情况下使用。

(4) 结构尺寸较大，不适用于孔心距很小的镗模。

(5) 镗杆转速可以很高，但其回转精度受滚动轴承本身精度的限制，一般比滑动模套要略低一些。

图 2-57(b) 为内滚式镗套。这种镗套的回转部分是安装在镗杆上的。

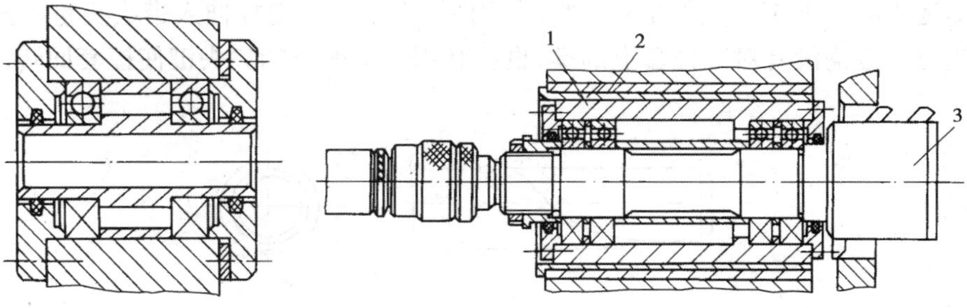

(a) 外滚式镗套　(b) 内滚式镗套

图 2-57　滚动镗套

图 2-57(b) 件 1 就是内滚式镗套。镗杆 3 在轴承内环孔中一起相对外环回转；固定支承套 2 起导引作用，但它和内滚式镗套只有相对移动，而没有回转运动。

内滚式镗套，因镗杆上装了轴承，其结构尺寸很大，这是不利的。但这种结构可使刀具顺利通过内滚式镗套的固定支承套，无需引刀槽或其他引刀结构。所以，在前后双导引的镗套结构中，常在前镗套采用外滚式镗套，后镗套采用内滚式镗套。

标准镗套的材料与主要技术条件可参阅有关设计资料。

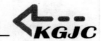

2.9.3　镗杆

镗杆的导引部分结构如图 2-58 所示。图 2-58(a)是开有油槽的圆柱导杆,这种结构最简单,但与镗套接触面大,润滑不好,加工时又很难避免切屑进入导引部分,常常容易产生"咬死"现象。

图 2-58(b)和图 2-58(c)是开有直槽和螺旋槽的导引结构。它与镗套的接触面积小,沟槽又可以容屑,结构比图 2-58(a)要好。但一般切削速度仍不宜超过 20 m/min。

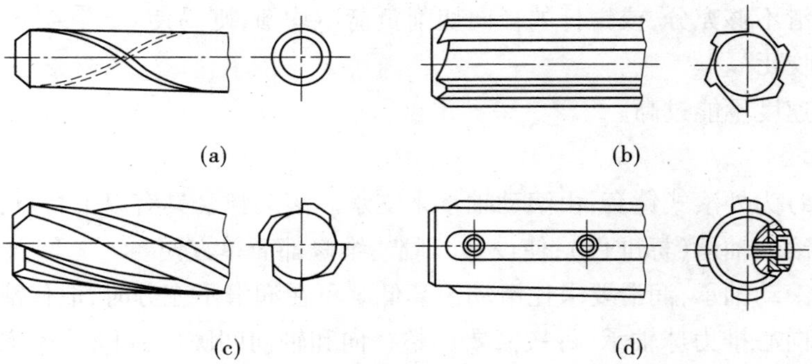

图 2-58　镗杆导引部分结构

图 2-58(d)是镶滑块的导引结构。由于它与导套接触面积小,而且用铜块时的摩擦较小,其使用可较高一些,但滑块磨损较快。采用钢滑块比铜滑块磨损小,但与镗套的摩擦却增加了。滑块磨损后,可在滑块下加垫,再将外圆修磨。

当采用带尖头键的外滚式镗套时,镗杆导引端部应做成图 2-59 所示的带螺旋导引结构,其螺旋角应小于 45°。端部有了螺旋导引后,当不转的镗杆伸入带尖头键的滚动镗套时,即使镗杆键槽没有对准镗套上的键,也可利用螺旋面镗动尖头键使镗套回转而进入键槽。

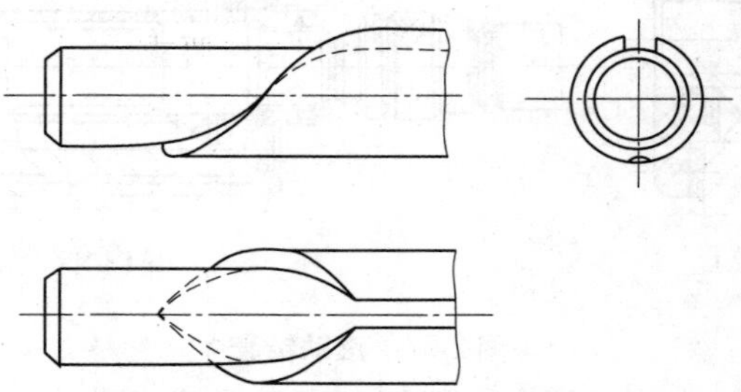

图 2-59　镗杆端部带螺旋导引结构

若回转镗套上开键槽,则镗杆应带键,一般键都是弹性的,能受压缩后伸入镗套,在回转中自动对键槽。同时,当镗套发生卡死时,还可打滑起保护作用。

镗杆上的装刀孔应错开布置,以免过分削弱镗杆的强度与刚度,并尽可能考虑到各切削刃切削负荷的相互平衡,以减少镗杆变形,改善镗杆与镗套的磨损情况。

镗杆要求表面硬度高而内部有较好的韧性。因此,采用 20 钢、20Cr 钢等渗碳钢,渗碳淬火硬度 HRC61 ~ 63。要求较高时,可采用氮化钢 38CrMoAlA,但热处理工艺复杂。

大直径的镗杆也可用45钢、40Cr钢或65Mn钢。

2.9.4 浮动接头

在双镗套导向时，镗杆与机床主轴都是浮动连接，采用浮动接头。图2-60是一种普通的浮动接头结构。浮动接头能补偿镗杆轴线和机床主轴的同轴度误差。

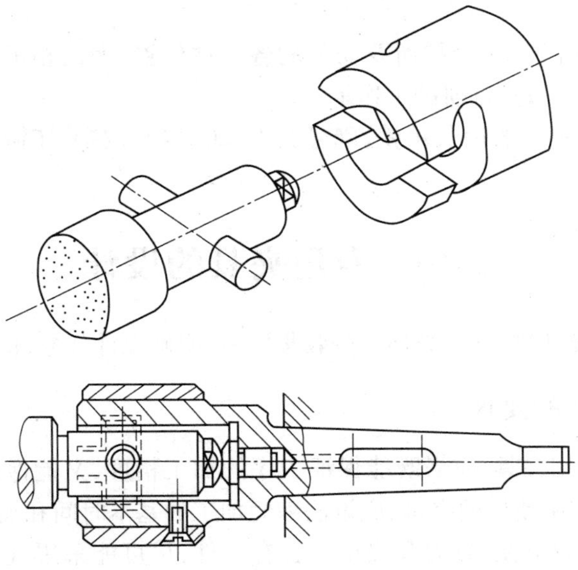

图2-60 浮动接头结构

2.9.5 镗模支架

镗模支架是组成镗模的重要零件之一。它是供安装镗套和承受切削力用的，因此它必须具有足够的刚度和稳定性。为了满足上述功用与要求，防止镗模支架受力振动和变形，在结构上应考虑有较大的安装基面和设置必要的加强筋。

镗模支架上不允许安装夹紧机构或承受夹紧反力。前面图2-55所示的镗模结构，就是遵守这一准则的例子。图中为了不使镗模支架因受夹紧反力作用而发生变形，所以特别在支架上开孔使螺钉6穿过。如果在支架上加工出螺孔，而使螺钉6直接拧在此螺孔中去顶紧工件，则这时支架必然受到螺钉所产生的夹紧反力的作用而引起支架变形，从而影响支架上镗套的位置精度，进而影响镗孔精度。

镗模支架与镗模底座的连接，一般仍沿用销钉定位、螺钉紧固的形式。镗模支架的材料，一般采用灰铸铁。

2.9.6 镗模底座

镗模底座要承受包括工件、镗杆、镗套、镗模支架、定位元件和夹紧装置等在内的全部重量以及加工过程中的切削力，因此底座的刚性要好，变形要小。通常，镗模底座的壁厚较厚,而且底座内腔设有十字形加强筋。

设计时,还须注意下面几点:

(1)在镗模上应设置供安装找正用的找正基面。找正基面与镗套中心线的平行度应在300 mm∶0.01 mm内。

(2)镗模一般都很重,为便于吊装,应在底座上设置供起吊用的吊环螺钉或起重螺栓。

(3)镗模底座的上平面,应按所要安装的各元件位置,做出相配合的凸台表面,其凸出高度为3~5 mm,以减少刮研的工作量。

(4)镗模底座材料一般用灰铸铁,牌号为HT20-40。在毛坯铸造和粗加工后,都需要进行时效处理。

2.10 专用夹具的设计

在专用夹具的设计过程中,必须充分收集资料,明确设计任务,优选设计方案。

2.10.1 夹具设计的要求

(1)所设计的专用夹具,应当既能保证工序的加工精度,又能保证工序的生产节拍。特别对于大批量生产中使用的夹具,应设法缩短加工的基本时间和辅助时间。

(2)夹具的操作要方便、省力和安全。若有条件,尽可能采用气动、液压以及其他机械化、自动化的夹紧机构,以减轻劳动强度。同时,为保证操作安全,必要时可设计和配备安全防护装置。

(3)保证夹具一定的使用寿命和较低的制造成本。夹具的复杂程度应与工件的生产批量相适应,在大批量生产中应采用气动、液压等高效夹紧机构;而在小批量生产中,则宜采用较简单的夹具结构。

(4)适当提高夹具元件的通用化和标准化程度。选用标准化元件,特别应选用商品化的标准元件,以缩短夹具的制造周期,降低夹具成本。

(5)应具有良好的结构工艺性,以便于夹具的制造和维修。

以上要求有时是相互矛盾的,故应在全面考虑的基础上,处理好主要矛盾,使之达到较好的效果。

2.10.2 夹具的设计方法和步骤

2.10.2.1 设计准备

根据设计任务书,明确本工序的加工技术要求和任务,熟悉加工工艺规程、零件图、毛坯图和有关的装配图,了解零件的作用、形状、结构特点和材料,以及定位基准、加工余量、切削用量和生产纲领等。

收集所用机床、刀具、量具、辅助工具和生产车间等资料和情况。

收集夹具的国家标准、行业标准、企业标准等有关资料及典型夹具资料。

2.10.2.2 夹具结构方案设计

这是夹具设计的重要阶段。首先确定夹具的类型、工件的定位方案,选择合适的定位元件;再确定工件的夹紧方式,选择合适的夹紧机构、对刀元件、导向元件等其他元件;最后确定夹具总体布局、夹具体的结构形式和夹具与机床的连接方式,绘制出总体草图。对于夹具的总体结构,最好设计几个方案,以便进行分析、比较和优选。

2.10.2.3 绘制夹具总图

总图的绘制,是在夹具结构方案草图经过讨论审定之后进行的。总图的比例一般取 1:1,但若工件过大或过小,可按制图比例缩小或放大。夹具总图应有良好的直观性,因此总图上的主视图,应尽量选取正对操作者的工作位置。在完整地表示出夹具工作原理的基础上,总图上的视图数量要尽量少。

总图的绘制顺序如下:先用黑色双点划线画出工件的外形轮廓、定位基准面、夹紧表面和被加工表面,被加工表面的加工余量可用网纹线表示。必须指出:总图上的工件是一个假想的透明体,因此它不影响夹具各元件的绘制。此后,围绕工件的几个视图依次绘出定位元件、对刀(或导向)元件、夹紧机构、力源装置等的夹具体结构。最后绘制夹具体,标注有关尺寸、形位公差和其他技术要求及零件编号,编写主标题栏和零件明细表。

夹具的设计方法可用图 2-61 表示。

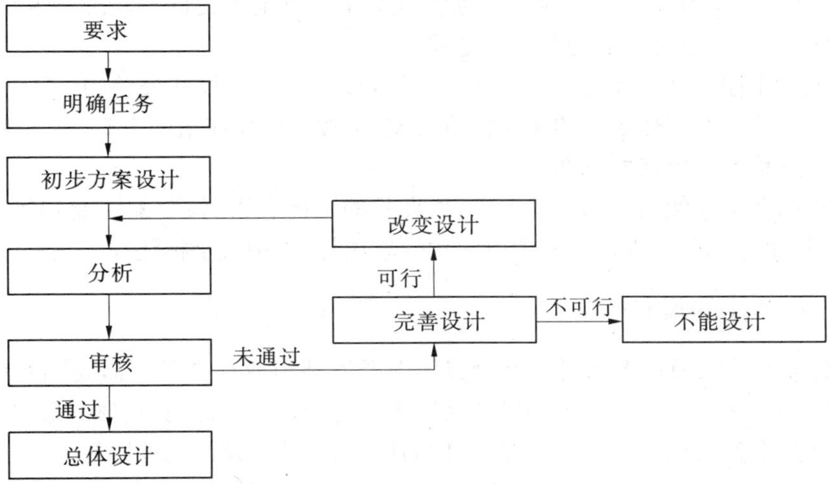

图 2-61 夹具的设计方法

2.10.3 夹具总图的主要尺寸和技术条件

2.10.3.1 夹具总图上应标注的主要尺寸

1. 外形轮廓尺寸

外形轮廓尺寸是指夹具的最大轮廓尺寸,以表示夹具在机床上所占据的空间尺寸和可能活动的范围。

2. 工件与定位元件之间的联系尺寸

如工件定位基面与定位元件工作面的配合尺寸、夹具定位面的平直度、定位元件的等高性、圆柱定位销工作部分的配合尺寸公差等都属于这类尺寸，用于控制工件的定位精度。

3. 对刀或导向元件与定位元件之间的联系尺寸

这类尺寸主要是指对刀块的对刀面至定位元件之间的尺寸、塞尺的尺寸、钻套导向孔尺寸和钻套孔距尺寸等。

4. 与夹具安装有关的尺寸

这类尺寸用以确定夹具体的安装基面相对于定位元件的正确位置。如铣床夹具定向键与机床工作台上 T 形槽的配合尺寸车、磨夹具与机床主轴端的连接尺寸，以及安装表面至定位表面之间的距离尺寸和公差。

5. 其他配合尺寸

主要是指夹具内部各组成元件之间的配合性质和位置关系。如定位元件和夹具体之间、钻套外径与衬套之间、分度转盘与轴承之间等的尺寸和公差配合。

2.10.3.2 夹具总图上应标注的位置精度

通常应标注以下三种位置精度：

(1)定位元件之间的位置精度。

(2)连接元件(含夹具体基面)与定位元件之间的位置精度。

(3)对刀或导向元件的位置精度。通常这类精度以定位元件为基准。为了使夹具的工艺基准统一，也可取夹具体的基面为基准。

夹具上与工序尺寸有关的位置公差，一般可按工件相应尺寸公差的 1/2 ~ 1/5 估算。其角度尺寸的公差及工作表面的相互位置公差，可按工件相应值的 1/2 ~ 1/3 确定。

2.10.3.3 夹具的其他技术条件

夹具在制造上和使用上的其他要求，如夹具的平衡和密封、装配性能和要求、磨损范围和极限、打印标记和编号及使用中应注意的事项等，要用文字标注在夹具总图上。

2.10.4 夹具体的设计

夹具体是整个夹具的基础件。在夹具体上要安装组成该夹具所需要的各种元件、机构、装置等，并且必须便于装卸工件以及在机床上的固定。因此，夹具体的形状和尺寸，主要取决于夹具上各组成元件分布情况，工件的形状、尺寸以及加工性质等。

设计夹具体时，有以下一些基本要求。

2.10.4.1 应有足够的强度和刚度

以保证加工过程在夹紧力、切削力等外力作用下，不致产生不允许的变形和振动。为此，夹具体应具有足够的壁厚，在刚度不足处可设置一些加强筋，一般加强筋厚度取壁厚的 7/10 ~ 9/10，筋的高度不大于壁厚的 5 倍。近年来有些工厂采用框形结构的夹具体，可进一步提高强度及刚度，而重量却能减轻。

2.10.4.2 力求结构简单，装卸工件方便

要防止无法制造和难以装卸的现象发生。在保证强度和刚度的前提下，尽可能体积小，重量轻，特别对手动、移动或翻转夹具，要求夹具总重量不超过 100 N(相当于 10 kg)，以便于操作。

2.10.4.3　有良好的结构工艺性和使用性

夹具体上有三部分表面是影响夹具装配后精度的关键,即夹具体的安装基面(与机床连接的表面)、安装定位元件的表面、安装对刀或导向装置的表面。其中,往往以夹具体的安装基面作为加工其他表面的定位基准,因此在考虑夹具体结构时,应达到这些表面的加工与要求。对于夹具体上供安装各元件的表面,一般应铸出 3 ~5 mm 高的凸台,以减小加工面积。夹具体上不加工的毛面与工件表面之间应保证有一定的空隙,以免安装时产生干涉,空隙大小可按以下经验数据选取,以便于制造、装配和使用:

(1)夹具体是毛面,工件也是毛面时,取 8 ~15 mm;

(2)夹具体是毛面,而工件是光面时,取 4 ~10 mm。

2.10.4.4　夹具体的尺寸要稳定

夹具体经制造加工后,应防止其日久变形。为此,对于铸造夹具体,要进行时效处理;对于焊接夹具体,则要进行退火处理。铸造夹具体的壁厚变化要和缓、均匀,以免产生过大内应力。

2.10.4.5　排屑要方便

为了防止加工中切屑聚积在定位元件工作表面上或其他装置中,而影响工件的正确定位和夹具的正常工作,因此在设计夹具体时,要考虑切屑的排除问题。当加工所产生的切屑不多时,可适当加大定位元件工作表面与夹具体之间的距离或增设容屑沟,以增加容屑空间,如图 2-62 所示。

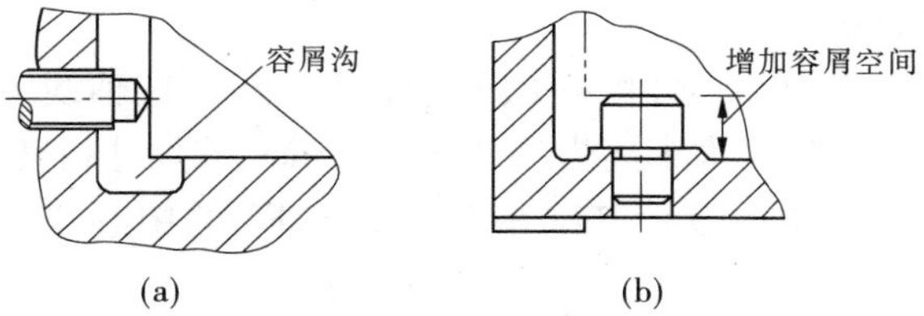

图 2-62　容屑空间

2.10.4.6　夹具在机床上安装要稳定、可靠

对于固定在机床上的夹具应使其重心尽量低;对于不固定在机床上的夹具,则夹具的重心和切削力作用点,应落在夹具体在机床上的支承面范围内,夹具越高则支承面积应越大。为了使接触面稳定、可靠,夹具体底面中部一般应挖空。对于旋转类的夹具体,要求尽量无凸出部分或装上安全罩。在加工中要翻转或移动的夹具体,通常要在夹具体上设置手柄或手扶部位以便于操作。对于大型夹具,为考虑便于吊运,在夹具体上应设置吊环螺栓或起重孔。

2.10.5　夹具体的毛坯制造方法

在选择夹具体的毛坯制造方法时,应以下面因素作为考虑依据,即工艺性、结构合理性、制造周期、经济性、标准化可能性以及工厂的具体条件等。生产中常用的夹具体毛坯制造方法有以下四种。

2.10.5.1　铸造夹具体

铸造夹具体工艺性好,可以铸出各种复杂的外形,且抗压强度、刚度和抗振性都较好。

但生产周期长，为消除内应力，铸件需经时效处理，故成本较高。

铸造夹具体的材料大多采用灰铸铁 HT150 ~ HT330 或 HT200 ~ HT400；当要求强度高时，也可采用铸钢件；要求重量轻时，在条件允许下也可采用铸铝件。

2.10.5.2　焊接夹具体

焊接夹具体与铸造夹具体相比，其优点是易于制造，生产周期短，成本低，重量轻。缺点是焊接过程中产生的热变形和残余应力对精度影响较大，故焊接后需经退火处理。此外，焊接夹具体较难获得复杂的外形。

2.10.5.3　锻造夹具体

锻造夹具体只适用于形状简单、尺寸不大的场合，一般情况下较少使用。

2.10.5.4　装配夹具体

装配夹具体是很有发展前途的一种制造方法，即选用标准毛坯件或标准零件组装成所需夹具体结构，这样不仅可大大缩短夹具体的制造周期，而且可组织专门工厂进行专业成批生产，有利于提高经济效益，进一步降低成本。当然要推广这种方法，必须实现夹具的结构标准化和系列化。

2.10.6　专用夹具设计实例

设计任务书：设计在成批生产条件下，在 Z525 立式钻床上钻削图 2-63 所示拨叉零件上的螺纹底孔 $\phi8.4$ mm 的钻床夹具。

2.10.6.1　设计任务分析

(1)孔 $\phi8.4$ mm 为自由尺寸，可一次钻削保证，该孔在轴线方向的设计基准是槽 $14.2^{+0.1}_{0}$ mm 的对称中心线，要求距离为(3.1 ± 0.1)mm，该尺寸精度通过钻模完全可以保证，孔 $\phi8.4$ mm 在径向方向的设计基准是孔 $\phi15.81$F8 的中心线，其对称度要求为 0.2 mm，可用夹具保证。

(2)孔 $\phi15.81$ F8、槽 $14.2^{+0.1}_{0}$ mm 和拨叉口 $51^{+0.1}_{0}$mm 是前工序已完成的尺寸，本工序的后续工序是以 $\phi8.4$ mm 孔为底孔攻螺纹 M10。

(3)立钻 Z525 的最大钻孔直径为 $\phi25$ mm，主轴端面到工作台的最大距离 H 为 700 mm；工作台面尺寸为 375 mm × 500 mm，其空间尺寸完全能满足夹具的布置和加工范围的要求。

(4)本工序为单一孔加工，夹具可采用固定式。

2.10.6.2　设计方案确定

(1)确定所须限制的自由度数、选择定位基准并确定各基准面上支承点的分布。

为保证所钻 $\phi8.4$ mm 孔与 $\phi15.81$F8 中心线对称并垂直，需限制工件的 $\vec{x}$、$\overset{\frown}{x}$、$\overset{\frown}{z}$ 三个自由度；为保证所钻 $\phi8.4$ mm 孔处于拨叉的对称面(Z 面)内且不发生扭斜，应当限制 $\overset{\frown}{y}$ 自由度；为保证孔对槽的位置尺寸(3.1 ± 0.1)mm，还需限制 $\vec{y}$ 自由度。由于所钻孔 $\phi8.4$ mm 为通孔，孔深度方向的自由度 z 轴方向移动可以不加限制，因此本夹具应当限制除 Z 轴方向移动外的其余五个自由度。

定位基准的选择应尽可能遵循基准重合原则，并尽量选用精基准定位。工件上的孔 $\phi15.81$ F8 是已加工好的孔，且又是本工序要加工的孔 $\phi8.4$ mm 的设计基准，按照基准重

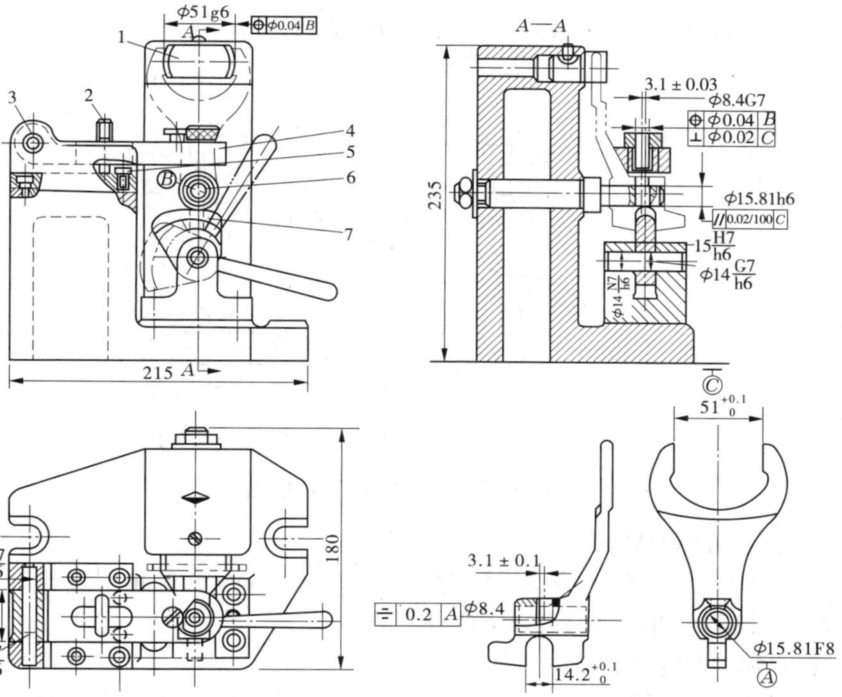

1—扁销；2—紧定螺钉；3—销轴；4—钻模板；5—支承钉；6—定位轴；7—偏心轮

图 2-63　拨叉钻孔夹具

合原则选择它作为主要定位基准，设置四个定位支承点限制工件的 $\vec{x}$、$\vec{z}$、$\widehat{x}$、$\widehat{z}$ 四个自由度，以保证所钻孔与基准孔的对称度和垂直度要求；以加工过的拨叉槽口 $51^{+0.1}_{0}$ 为定位基准，设置一点，限制 $\widehat{y}$ 自由度，由于它离 $\phi15.81$F8 距离较远，故定位准确且稳定可靠。所以，$14.2^{+0.1}_{0}$ mm 槽两侧或端面 D 作为止推定位基准，设置一点，限制 $\vec{y}$ 自由度。

(2)选择定位元件结构。

$\phi15.81$F8 孔采用长圆柱销定位，其配合选为 15.81F8/h7。

$51^{+0.1}_{0}$ mm 槽面的定位可采用两种方案：如图 2-64(a)所示，一种方案是在其中一个槽面上布置一个防转销；另一方案是利用槽两侧面布置一个大削边销，与长销构成两销定位，如图 2-64(b)所示，其尺寸采用 $51^{+0.1}_{0}$ mm。

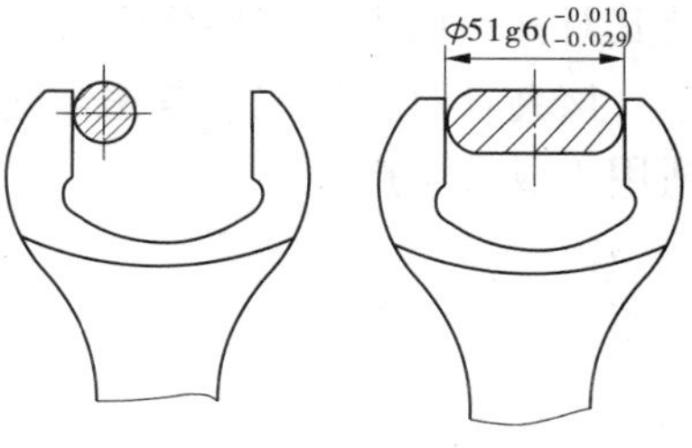

(a)　　(b)

图 2-64　防转定位方案分析

从定位稳定性及有利于夹紧等方面比较这两种方案，后一方案较好。

工件沿 Y 轴的位置可采用如图 2-65 所示的圆弧偏心轮定位夹紧装置，实现 $14.2^{+0.1}_{0}$ mm 槽两侧面的对称面定位。为了引导钻头，钻套在夹具中的布置如图 2-65 所示。

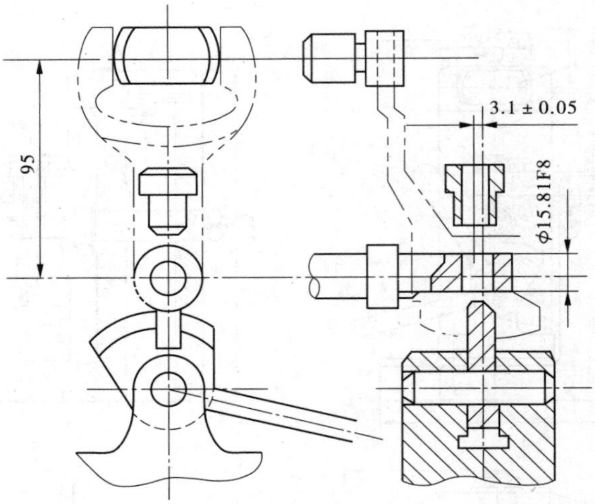

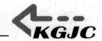

图 2-65 定位夹紧元件的布置

2.10.6.3 **夹紧机构的确定**

当定位心轴水平放置时,在 Z525 立钻机上钻 ϕ8.4 mm 孔的钻削力和扭矩均由定位心轴来承担。这时工件的夹紧有以下两种方案:

(1)在心轴轴向施加轴向力夹紧。

在心轴端部采用螺旋夹紧机构,夹紧力与切削力处于垂直状态。这种结构虽然简单,但装卸工件却比较麻烦。

(2)在槽 14.2 mm 中采用带对称斜面的偏心轮定位件夹紧。

当偏心轮转动时,对称斜面揳入槽中,斜面上的向上分力迫使工件孔 ϕ15.81F8 与定位心轴的下母线紧贴,而轴向分力又使斜面与槽紧贴,使工件在轴向被偏心轮固定,起到了既定位又夹紧的作用。

显然,后一方案具有操作方便的优点。

如图 2-65 所示,偏心轮装在其支座中,安装调整夹具时,偏心轮的对称斜面的中心与夹具钻套孔中心线保持(3.1 ±0.05) mm 的要求。夹紧时,通过手柄顺时针转动偏心轮,使其对称斜面揳入工件槽内,在定位的同时将工件夹紧。由于切削力不大,故工作可靠。

该夹具对工件定位考虑合理,且采用偏心轮使工件既定位又夹紧,简化了夹具结构,适用于成批生产。

习 题

一、简答题

2-1 工件在夹具中定位、夹紧的任务是什么?

2-2 一批工件在夹具中定位的目的是什么?它与一个工件在加工时的定位有何不同?

2-3 辅助支承起什么作用？使用应注意什么问题？

2-4 选择定位基准时，应遵循哪些原则？

2-5 夹紧装置设计的基本要求是什么？确定夹紧力的方向和作用点的原则有哪些？

2-6 何谓联动夹紧机构？设计联动夹紧机构时应注意哪些问题？

二、定位分析题

根据工件的加工要求，确定工件在夹具中定位时应限制的自由度。

2-7 如图2-66所示，镗ϕD孔。其余表面已加工。

2-8 如图2-67所示，加工尺寸为41 ±0.05 mm、角度为45° ±10′的斜面，其余尺寸均已加工。

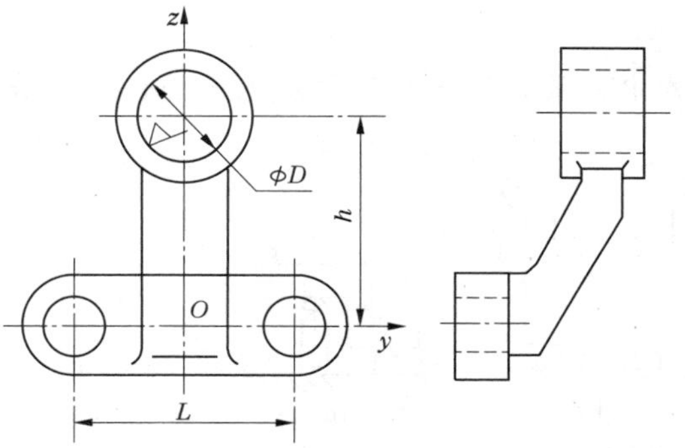

图2-66

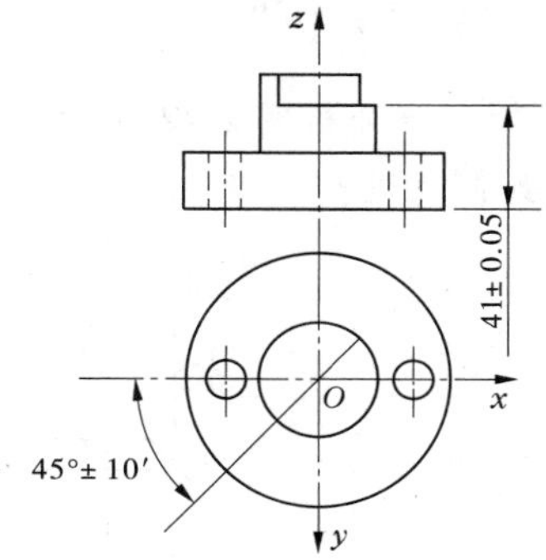

图2-67

2-9 如图2-68所示，同时钻2 – ϕd孔，A面、ϕD均已加工。

2-10 如图2-69所示，钻ϕd孔，A面、ϕD均已加工。

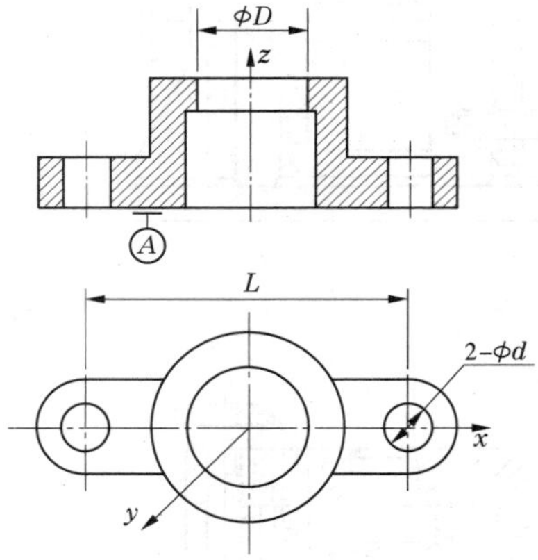

图2-68

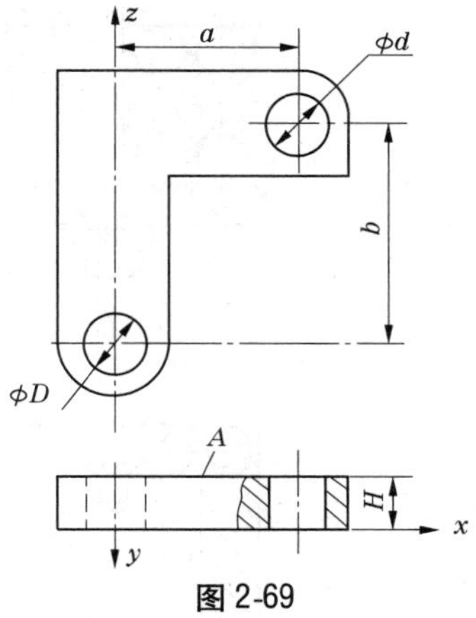

图2-69

2-11 如图2-70所示，在一个夹具上钻、铰ϕ8H7及ϕ6H7孔，其余表面均已加工。

2-12 如图2-71所示，加工$\phi 8^{+0.05}_{0}$ mm孔，其余表面均已加工。

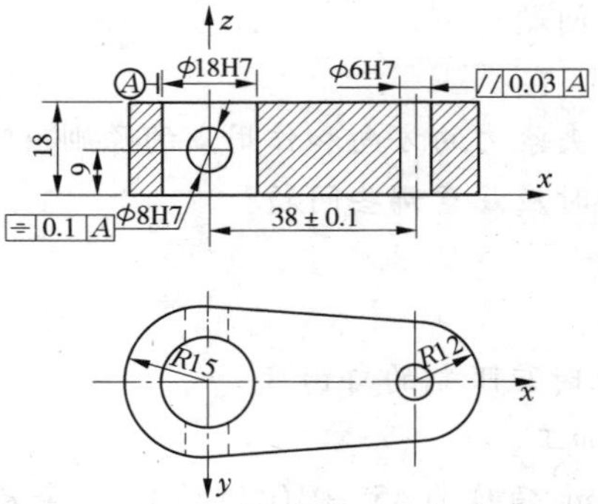

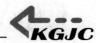

图 2-70

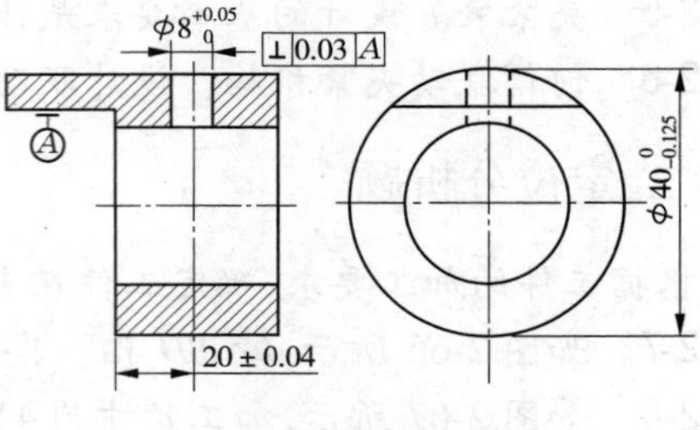

图 2-71

三、夹紧分析题

2-13　试分析图 2-72 所示各夹紧机构中夹紧力的方向和作用点是否合理。若不合理，应如何改进？

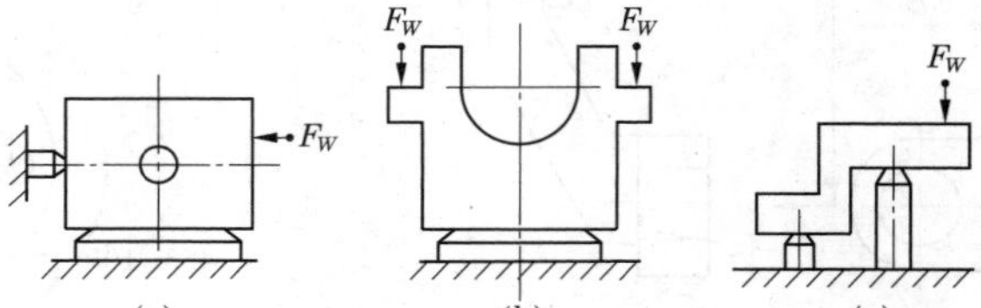

图 2-72

2-14　试分析图 2-73 所示各夹紧机构是否合理。若不合理，怎样改进？

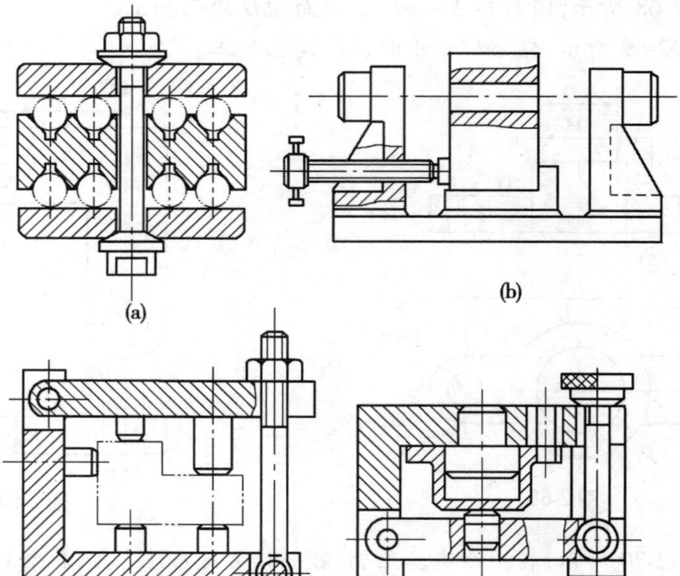

图 2-73

第 3 章　机械加工质量分析与控制

教学目标

- 了解机械加工过程中工艺系统各环节存在的原始误差；
- 理解加工质量、零件表面质量的含义；
- 掌握影响加工质量、零件表面质量的因素分析控制方法；
- 会根据生产加工条件制定提高加工质量、零件表面质量的工艺措施。

观察与思考

如图 3-0 所示为同一机床上，当使用不同的刀具或采用不同的切削用量时加工出来的同一个零件，但最终得到的这些零件的加工精度、表面质量各不相同。这其中的变化有什么规律？应如何利用这些规律来保证加工精度和表面质量，提高切削效率，降低生产成本？

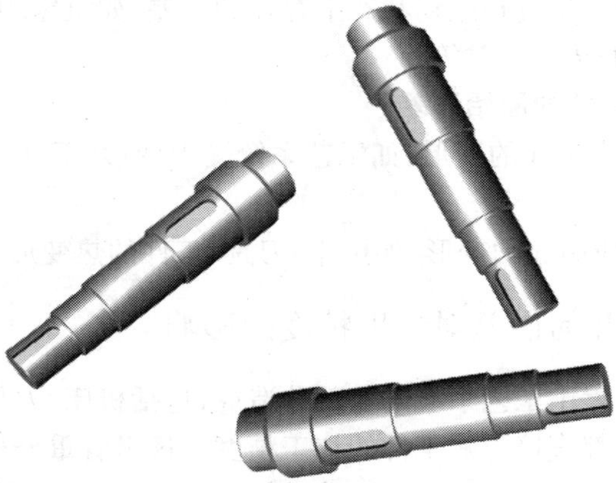

图 3-0　不同精度的零件

3.1　机械加工精度

机械加工精度是指零件加工后的实际几何参数（尺寸、形状和位置）与理想几何参数的相符合程度。它们之间的差异称为加工误差。加工误差越小，符合程度越高，加工精度就越高；加工误差越大，符合程度越低，加工精度越低。加工精度与加工误差是一个问题的两种提法。所以，加工误差的大小反映了加工精度的高低。研究加工精度的目的，就是要分析影响加工精度的各种因素及其存在的规律，从而找出减小加工误差、提高加工精度的有效途径。

加工精度包括以下三个方面：

(1)尺寸精度：指加工后零件的实际尺寸与零件尺寸的公差带中心的相符合程度。

(2)形状精度：指加工后的零件表面的实际几何形状与理想几何形状的相符合程度。

(3)位置精度：指加工后零件有关表面之间的实际位置与理想位置的相符合程度。

3.1.1　加工误差的产生

在机械加工中，机床、夹具、工件和刀具构成了一个完整的系统，称为工艺系统。由于工艺系统本身的结构和状态、操作过程以及加工过程中的物理力学现象，刀具和工件之间的相对位置关系发生偏移所产生的误差称为原始误差。它可以如实、放大或缩小地反映给工件，使工件产生加工误差而影响零件加工精度。一部分原始误差与工艺系统本身的初始状态有关；另一部分原始误差与切削过程有关。这两部分误差又受环境条件、操作者技术水平等因素的影响。

3.1.1.1　与工艺系统本身初始状态有关的原始误差

(1)原理误差。即加工方法原理上存在的误差。

(2)工艺系统几何误差。它可归纳为以下两类：

①工件与刀具的相对位置在静止状态下已存在的误差，如刀具和夹具制造误差、调整误差以及安装误差。

②工件与刀具的相对位置在运动状态下存在的误差，如机床的主轴回转运动误差、导轨的导向误差、传动链的传动误差等。

3.1.1.2　与切削过程有关的原始误差

(1)工艺系统力效应引起的变形，如工艺系统受力变形、工件内应力的产生和消失而引起的变形等造成的误差。

(2)工艺系统热效应引起的变形，如机床、刀具、工件的热变形等造成的误差。

3.1.2　工艺系统的几何误差对加工精度的影响

影响加工精度的因素由工艺系统的各部分造成，包括机床、刀具、夹具的制造误差、安装误差及使用中的磨损都直接影响工件的加工精度。这里着重分析对工件加工精度影响较大的主轴回转运动误差、导轨导向误差、传动链传动误差和刀具、夹具的制造误差及磨损等。

3.1.2.1　主轴回转运动误差

1. 主轴回转精度的概念

在理想状态下，主轴回转时，主轴回转轴线在空间的位置应是稳定不变的，但是，由于主轴、轴承、箱体的制造和装配误差以及受静力、动力作用引起的变形、温升热变形等，主轴回转轴线瞬时都在变化(漂移)。通常以各瞬时回转轴线的平均位置作为平均轴线来代替理想轴线。主轴回转精度是指主轴的实际回转轴线与平均回转轴线的相符合程度，它们的差异就称为主轴回转运动误差。主轴回转运动误差可分解为三种形式：纯轴向窜动、纯径向跳动和纯角度摆动，如图 3-1 所示。

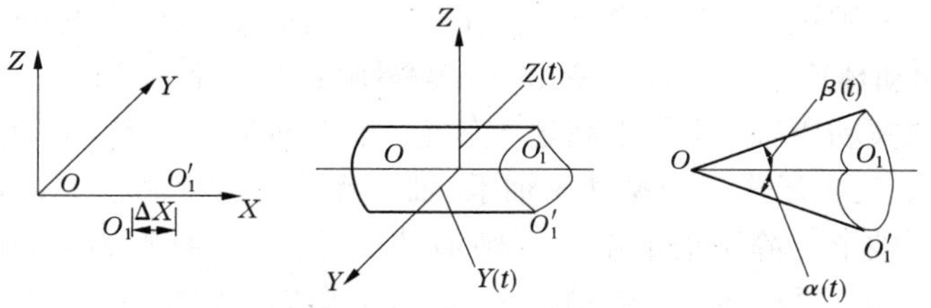

(a)纯轴向窜动　　(b)纯径向跳动　　(c)纯角度摆动

图 3-1　主轴回转精度误差

2. 影响主轴回转运动误差的主要因素

实践和理论分析表明,影响主轴回转精度的主要因素有主轴的误差、轴承的误差、床头箱体主轴孔的误差以及与轴承配合零件的误差等。当采用滑动轴承时,影响主轴回转精度的因素有主轴轴颈和轴瓦内孔的圆度误差以及轴颈和轴瓦内孔的配合精度。对于车床类机床,轴瓦内孔的圆度误差对加工误差影响很小。因为切削力方向不变,回转的主轴轴颈总是与轴瓦内孔的某固定部分接触,因而轴瓦内孔的圆度误差对主轴回转运动误差的影响几乎为零,如图 3-2(a)所示。

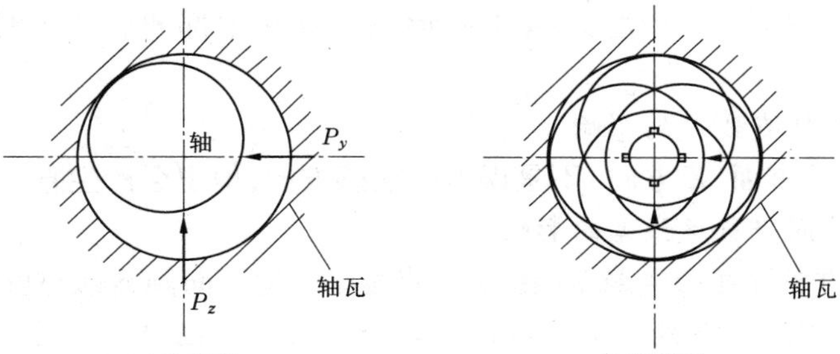

(a)车床类　　(b)镗床类

图 3-2　滑动轴承对主轴回转精度的影响

对于镗床类机床,因为切削力方向是变化的,轴瓦内孔总是与主轴轴颈的某一固定部分接触,因而轴瓦内孔的圆度误差对主轴回转精度的影响较大,主轴轴颈的圆度误差对主轴回转精度的影响较小,如图 3-2(b)所示。

采用滚动轴承的主轴部分影响主轴回转精度的因素很多,如内圈与主轴轴颈的配合精度,外圈与箱体孔的配合精度,外圈、内圈滚道的圆度误差,内圈孔与滚道的同轴度,以及滚动体的形状精度和尺寸精度。

床头箱体的轴承孔不圆,使外圈滚道变形;主轴轴颈不圆,使轴承内圈滚道变形,都会产生主轴回转误差。主轴前后轴颈之间、床头箱体的前后轴承孔之间存在同轴度误差,会使滚动轴承内外圈相对倾斜,主轴产生径向跳动和端面跳动。此外,主轴上的定位轴套、锁紧螺母端面的跳动等也会影响主轴的回转精度。

3. 提高主轴回转精度的措施

(1)提高主轴、箱体的制造精度。主轴回转精度只有 20% 取决于轴承精度,而 80% 取决于主轴和箱体的精度与装配质量。

(2)高速主轴部件要进行动平衡,以消除激振力。

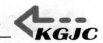

(3)滚动轴承采用预紧。轴向施加适当的预加载荷(为径向载荷的 20% ~30%),消除轴承间隙,使滚动体产生微量弹性变形,可提高刚度、回转精度和使用寿命。

(4)采用多油楔动压轴承(限于高速主轴)。上海机床厂生产的 MGB1432 高精度半自动外圆磨床采用三块瓦式三油楔动压轴承,轴心漂移量可控制在 1 μm 以下。

(5)采用静压轴承。静压轴承由于是纯液体摩擦,摩擦系数为 0.000 5,因此摩擦阻力较小,可以均化主轴颈与轴瓦的制造误差,具有很高的回转精度。

(6)采用固定顶尖结构。如果磨床前顶尖固定,不随主轴回转,则工件圆度只与一对顶尖及工件顶尖孔的精度有关,而与主轴回转精度关系很小。主轴回转只起传递动力、带动工件转动的作用。

3.1.2.2 机床导轨误差

导轨在机床中起导向和承载作用。它既是确定机床主要部件相对位置的基准,也是运动的基准。导轨的各项误差直接影响工件的加工质量。

1. 水平面内导轨直线度的影响

由于车床的误差敏感方向在水平面(Y 方向),所以这项误差对加工精度影响极大。导轨误差为 ΔY,引起尺寸误差 $\Delta d = 2\Delta Y$。当导轨形状有误差时,造成圆柱度误差,如当导轨中部向前凸出时,工件产生鞍形(中凹形);当导轨中部向后凸出时,工件产生鼓形(中凸形)。

2. 垂直面内导轨直线度的影响

对车床来说,垂直面(Z 方向)不是误差的敏感方向,但也会产生直径方向误差。

3. 机床导轨面间平行度误差的影响

车床两导轨的平行度产生误差(扭曲),使鞍座产生横向倾斜,刀具产生位移,因而引起工件形状误差。由图 3-3 所示关系可知,其误差值 $\Delta Y = H\Delta / B$。

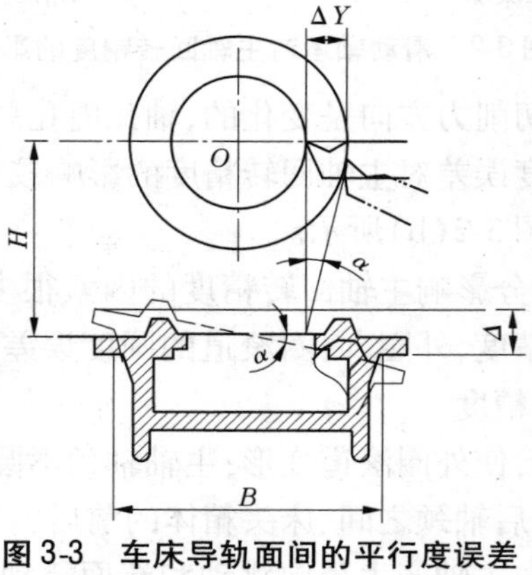

图 3-3 车床导轨面间的平行度误差

3.1.2.3 机床的传动链传动误差

在切削过程中,工件表面的成形运动,是通过一系列的传动机构来实现的。传动机构的传动元件有齿轮、丝杆、螺母、蜗轮及蜗杆等。这些传动元件由于其加工、装配和使用过程中受到磨损而产生误差,这些误差就构成了传动链的传动误差。传动机构越多,传动路线越长,则传动误差越大。为了减小这一误差,除提高传动机构的制造精度和安装精度外，还可缩短传动路线或采用附加校正装置。

3.1.2.4 工艺系统的其他几何误差

(1)一般刀具(如车刀、镗刀及铣刀等)的制造误差，对加工精度没有直接的影响。

(2)定尺寸刀具(如钻头、铰刀、拉刀及槽铣刀等)的尺寸误差，直接影响被加工零件的尺寸精度。同时刀具的工作条件，如机床主轴的跳动或因刀具安装不当引起径向或端面跳动等，都会影响加工面的尺寸。

(3)成形刀(成形铣刀以及齿轮滚刀等)的误差，主要影响被加工面的形状精度。

(4)夹具的制造误差一般指定位元件、导向元件及夹具体等零件的加工和装配误差。这些误差对被加工零件的精度影响较大，所以在设计和制造夹具时，凡影响零件加工精度的尺寸都控制较严。

(5)刀具的磨损会直接影响刀具相对被加工表面的位置，造成被加工零件的尺寸误差；夹具的磨损会引起工件的定位误差。所以，在加工过程中，上述两种磨损均应引起足够的重视。

3.1.3 工艺系统的受力变形引起的加工误差

由机床、夹具、工件、刀具所组成的工艺系统是一个弹性系统，在加工过程中由于切削力、传动力、惯性力、夹紧力以及重力的作用，会产生弹性变形，产生相应的变形和振动，从而会破坏刀具和工件之间的成形运动的位置关系和速度关系，影响切削运动的稳定性，从而产生各种加工误差和表面粗糙度。图3-4所示为车削细长轴时受力变形产生的加工误差。

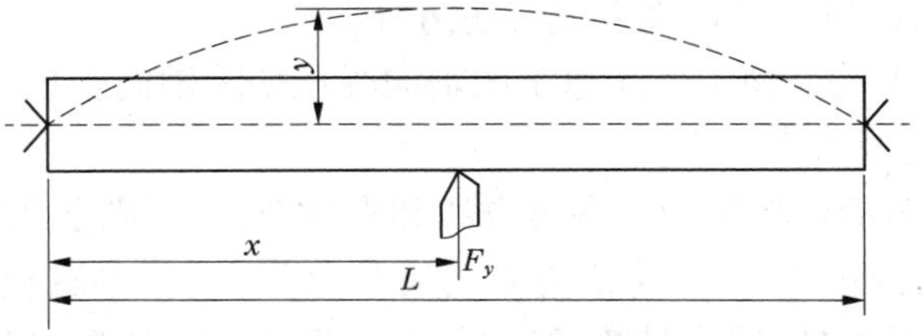

图3-4 车削细长轴时受力变形产生的加工误差

3.1.3.1 切削过程中受力点位置变化引起的加工误差

切削过程中，工艺系统的刚度随切削力着力点位置的变化而变化，引起系统变形的差异，使零件产生加工误差。

(1)在两顶尖间车削粗而短的光轴时，由于工件刚度较大，在切削力作用下的变形，相对机床、夹具和刀具的变形要小得多，故可忽略不计。此时，工艺系统的总变形完全取决于机床头、尾架(包括顶尖)和刀架(包括刀具)的变形。工件产生的误差为双曲线圆柱度误差。

(2)在两顶尖间车削细长轴时，由于工件细长，刚度小，在切削力作用下，其变形大大超过机床、夹具和刀具的受力变形，因此机床、夹具和刀具承受力变形可忽略不计，工艺系统的变形完全取决于工件的变形。加工中当车刀处于如图3-4所示的位置时，工件的轴线将会产生弯曲变形，根据材料力学的计算公式可得其变形量为 $y = F_y/3EI = (L-x)^2x^2/L$。

由式中可以看出，车刀车至 $x = L/2$ 处时工件产生的变形最大，工件呈中间粗、两头细的腰鼓形。

3.1.3.2 切削力大小变化引起的加工误差——误差复映

工件的毛坯外形虽然具有粗略的零件形状，但它在尺寸、形状以及表面层材料硬度上都有较大的误差。毛坯的这些误差在加工时使切削深度不断发生变化，从而导致切削力的变化，进而引起工艺系统产生相应的变形，使得零件在加工后还保留与毛坯表面类似的形状或尺寸误差。当然工件表面残留的误差比毛坯表面误差要小得多。这种现象称为误差复映规律，所引起的加工误差称为复映误差。

除切削力外，传动力、惯性重力、夹紧力等其他作用力也会使工艺系统的变形发生变化，从而引起加工误差，影响加工质量。

3.1.3.3 减小工艺系统受力变形的措施

减小工艺系统受力变形，不仅可以提高零件的加工精度，而且有利于提高生产率。因此，生产中必须采取有力措施来减小工艺系统受力变形。

1. 提高工艺系统各部分的刚度

1）提高工件加工时的刚度

有些工件因其自身刚度很差，加工中将产生变形而引起加工误差，因此必须设法提高工件自身刚度。

例如车削细长轴时，为提高细长轴刚度，可采用如下措施：

（1）减小工件支承长度 l。为此常采用跟刀架或中心架及其他支承架。

（2）减小工件所受法向切削力 F_y。通常可采取增大前角 γ_0、主偏角 k_γ 选为 90°以及适当减小进给量 f 和切削深度 a_p 等措施来减小 F_y。

（3）采用反向走刀法。使工件从原来的轴向受压变为轴向受拉。

2）提高工件安装时的夹紧刚度

对薄壁件，夹紧时应选择适当的夹紧方法和夹紧部位，否则会产生很大的形状误差。

如图 3-5 所示的薄板工件，由于工件本身有形状误差，用电磁吸盘吸紧时，工件产生弹性变形，磨削后松开工件，因弹性恢复工件表面仍有形状误差（翘曲）。解决办法是在工件和电磁吸盘之间垫入一薄橡皮（厚 0.5 mm 以下）。当吸紧时，橡皮被压缩，工件变形减小，经几次反复磨削逐渐修正工件的翘曲，将工件磨平。

3）提高机床部件的刚度

机床部件的刚度在工艺系统中占有很大的比重，在机械加工时常用一些辅助装置提高其刚度。如图 3-6（a）所示为六角车床上用于提高刀架刚度的装置。该装置的导向加强杆与辅助支承导套或装在主轴孔内的导套配合，从而使刀架刚度大大提高，如图 3-6（b）所示。

2. 提高接触刚度

由于部件的接触刚度远远低于实体零件本身的刚度，因此提高接触刚度是提高工艺系统刚度的关键。常用的方法有：

（1）改善工艺系统主要零件接触面的配合质量。如机床导轨副、锥体与锥孔、顶尖与顶尖等配合面采用刮研与研磨，以提高配合表面的形状精度，降低表面粗糙度。

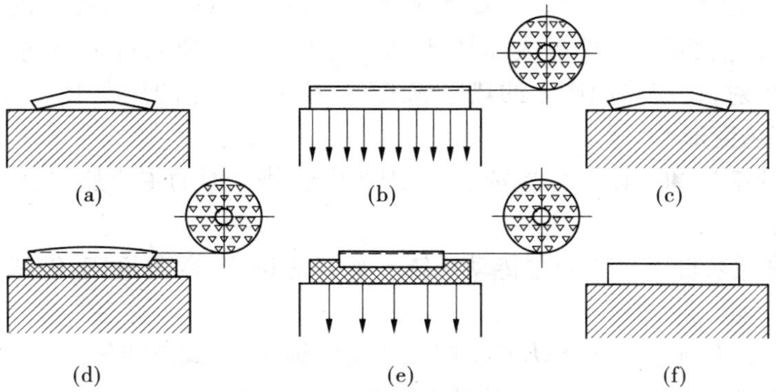

图 3-5　薄板零件的磨削

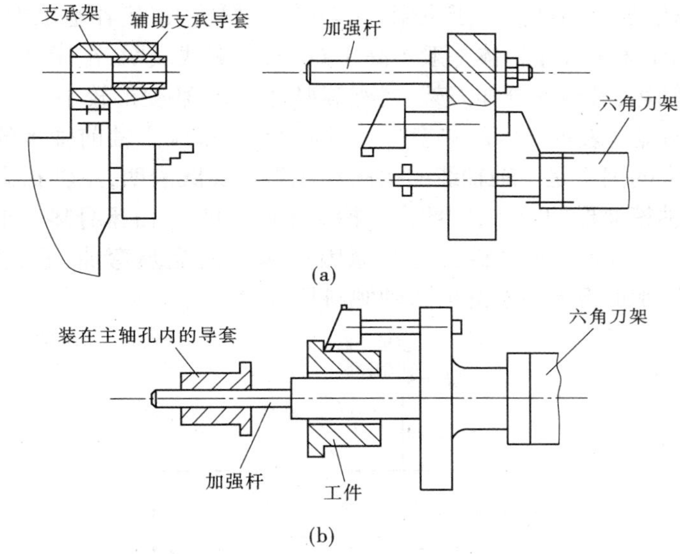

图 3-6　提高刀架刚度的装置

(2)预加载荷。由于配合表面的接触刚度随所受载荷的增大而不断增大，所以对机床部件的各配合表面施加预紧载荷不仅可以消除配合间隙，而且可以使接触表面之间产生预变形，从而大大提高了连接表面的接触刚度。例如为了提高主轴部件的刚度，常常对机床主轴轴承进行预紧等。

3.1.4　工艺系统受热变形引起的加工误差

机械加工中，工艺系统在各种热源的作用下产生一定的热变形。由于工艺系统热源分布的不均匀性及各环节结构、材料的不同，使工艺系统各部分的变形产生差异，从而破坏了刀具与工件的准确位置及运动关系，产生加工误差。尤其对于精密加工，热变形引起的加工误差占总加工误差的一半以上。因此，在近代精密自动化加工中，控制热变形对加工精密的影响已成为一项重要的任务和研究课题。

加工过程中，工艺系统的热源主要有内部热源和外部热源两大类。内部热源来自于切削过程，主要包括切削热、摩擦热、派生热源。外部热源主要来自于外部环境，主要包括环境温度和热辐射，这些热源产生的热造成工件、刀具和机床的热变形。

3.1.4.1 机床热变形

由于机床的结构和工作条件差别很大，因此引起热变形的主要热源也不大相同，大致分为以下三种：

(1)主要热源来自于机床的主传动系统。如普通机床、六角机床、铣床、卧式镗床、坐标镗床等。

(2)主要热源来自于机床导轨的摩擦。如龙门刨床、立式车床等。

(3)主要热源来自液压系统，如各种液压机床。

热源的热量，一部分传给周围介质，另一部分传给热源近处的机床零部件和刀具，以致产生热变形，影响加工精度。由于机床各部分的体积较大，热容量也大，因而机床热变形进行得缓慢，如车床主轴箱箱体一般不高于 60 ℃。实践表明，车床部件中受热最多而变形最大的是主轴箱，其他部分如刀架、尾座等温升不高，热变形较小。

图 3-7 所示的虚线表示车床的热变形。可以看出，车床主轴前轴承的温升最高。对加工精度影响最大的因素是主轴轴线的抬高和倾斜。实践表明，主轴抬高是主轴轴承温度升高而引起主轴箱变形的结果，它约占总抬高量的 70%。由床身热变形所引起的抬高量一般小于 30%。影响主轴倾斜的主要原因是床身的受热弯曲，它约占总倾斜量的 75%。主轴前后轴承的温差所引起的主轴倾斜只占 25%。

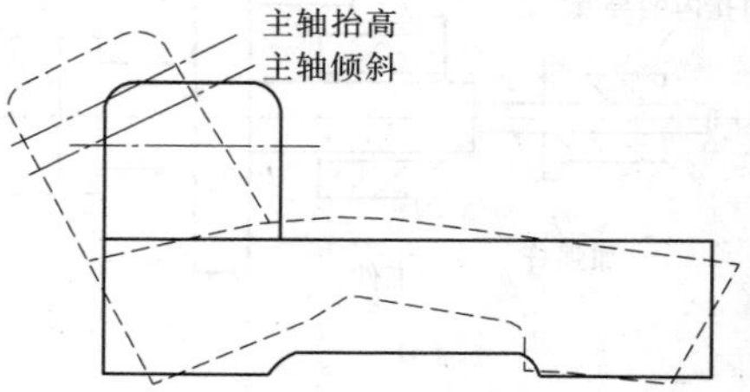

图 3-7 车床的热变形

3.1.4.2 刀具热变形

切削过程中，一部分切削热传给刀具，尽管这部分热量很少(高速车削时只占 1% ~ 2%)，但由于刀体较小，热容量较小，因此刀具的温度仍然很高，高速钢车刀的工作表面温度可达 700 ~ 800 ℃。刀具受热伸长量一般情况下可达到 0.03 ~ 0.05 mm，从而产生加工误差，影响加工精度。

当刀具连续工作时，如车削长轴或在立式车床上车大端面，传给刀具的切削热随时间不断增加，刀具产生热变形而逐渐伸长，工件产生圆度误差或平面度误差。

刀具间歇工作时，例如当采用调整法加工一批短轴零件时，由于每个工件切削时间较短，刀具的受热与冷却间歇进行，故刀具的热伸长比较缓慢。

总的来说，刀具能够迅速达到热平衡，刀具的磨损又能对刀具的受热伸长进行部分的补偿，故刀具热变形对加工质量影响并不显著。

3.1.4.3 工件热变形

1. 工件均匀受热

当加工比较简单的轴、套、盘类零件的内外圆表面时，切削热比较均匀地传给工件，工件产生均匀热变形。

加工盘类零件或较短的轴套类零件时，由于加工行程较短，可以近似认为沿工件轴向方向的温升相等。因此，加工出的工件只产生径向尺寸误差，而不产生形位误差。若工件精度要求不高，则可忽略热变形的影响。对于较长工件（如长轴）的加工，开始走刀时，工件温度较低，变形较小。随着切削的进行，工件温度逐渐升高，直径逐渐增大，因此工件表面被切去的金属层厚度越来越大，冷却后不仅会产生径向尺寸误差，而且会产生圆柱度误差。若该长轴（尤其是细长轴）工件用两顶尖装夹，且后顶尖固定锁紧，则加工中工件的轴向热伸长使工件产生弯曲并可能引起切削不稳。因此，加工细长轴时，工人经常车一刀后转一下后顶尖，再车下一刀，或后顶尖改用弹簧顶尖，目的是消除工件热应力和弯曲变形。

对于轴向精度要求较高的工件（如精密丝杠），其热变形引起的轴向伸长将产生螺距误差。因此，加工精密丝杠时必须采用有效冷却措施，减小工件的热伸长。

2. 工件不均匀受热

当工件进行铣、刨、磨等平面的加工时，工件单侧受热，上下表面温升不等，从而导致工件向上凸起，中间切去的材料较多。冷却后被加工表面呈凹形。这种现象对于加工薄片类零件尤为突出。

为了减小工件不均匀变形对加工精度的影响，应采取有效的冷却措施，减小切削表面温升。

3. 控制温度变化，均恒温度场

由于工艺系统温度变化，引起工艺系统热变形变化，从而产生加工误差，并且具有随机性，因而必须采取措施控制工艺系统温度变化，保持温度稳定，使热变形产生的加工误差具有规律性，便于采取相应措施给予补偿。

对于床身较长的导轨磨床，为了均恒导轨面的热伸长，可利用机床润滑系统回油的余热来提高床身下部的温度，使床身上下表面的温差减小，变形均匀。

3.1.5 加工过程中的其他原始误差

3.1.5.1 加工原理误差

加工原理误差是由于采用了近似的加工运动方式或者近似的刀具轮廓而产生的误差。因为它在加工原理上存在误差，故称之为原理误差。原理误差在允许范围内是可行的。

1. 采用近似的加工运动造成的误差

在许多场合，为了得到要求的工件表面，必须在工件或刀具的运动之间建立一定的联系。从理论上讲，应采用完全准确的运动联系。但是，采用理论上完全准确的加工原理有时使机床或夹具极为复杂，致使制造困难，反而难以达到较高的加工精度，有时甚至是不可能做到的。如在车削或磨削模数螺纹时，由于其导程 $p=\pi m$，式中有 π 这个无理因子，在用配换齿轮来得到导程数值时，就存在原理误差。

2. 采用近似的刀具轮廓造成的误差

用成形刀具加工复杂的曲面时，要使刀具刃口做得完全符合理论曲线的轮廓，有时非常困难，往往采用圆弧、直线等简单近似的线型代替理论曲线。当用滚刀滚切渐开线齿轮时，为了滚刀的制造方便，多用阿基米德基本蜗杆或法向直廓基本蜗杆来代替渐开线基本蜗杆，从而产生了加工原理误差。

3.1.5.2　调整误差

在零件加工的每一个工序中，为了获得被加工表面的形状、尺寸和位置精度，总要对机床、夹具、刀具进行调整，任何调整工作必然会带来一些原始误差，这种原始误差即调整误差。

调整误差与调整方法有关。

1. 试切法调整

试切法调整，就是对被加工零件进行“试切—测量—调整—再试切”，直至达到要求的精度。其调整误差主要来源于测量误差，以及微量进给时机构灵敏度引起的误差、最小切削深度引起的误差。

2. 用定程机构调整

在半自动机床、自动机床和自动生产线上，广泛应用行程挡块、靠模及凸轮机构来保证加工精度。这些机构的制造精度和刚度，以及与其配合使用的离合器、控制阀等的灵敏度就成了影响调整误差的主要因素。

3. 用样板或样件调整

在各种仿形机床、多刀机床和专用机床中，常采用专门的样件或样板来调整刀具、机床与工件之间的相对位置，以此保证零件的加工精度。在这种情况下，样板或样件本身的制造误差、安装误差、对刀误差就成了影响调整误差的主要因素。

3.1.5.3　工件残余应力引起的误差

残余应力也称内应力，是指当外部载荷去掉以后仍存留在工件内部的应力。残余应力是由于金属内部组织发生了不均匀的体积变化而产生的。其外界因素来自于热加工和冷加工。具有残余应力的零件处在一种不稳定状态，一旦其内应力的平衡条件被打破，内应力的分布就会发生变化，从而引起新的变形，影响加工精度。

1. 残余应力产生的原因

(1)毛坯制造中产生的残余应力。在铸、锻、焊及热处理等加工过程中，工件各部分热胀冷缩不均匀以及金相组织转变时的体积变化，使毛坯内部产生了相当大的残余应力。毛坯的结构愈复杂，各部分壁厚愈不均匀，散热条件差别愈大，毛坯内部产生的残余应力也愈大。具有残余应力的毛坯在短时间内还看不出有什么变化，残余应力暂时处于相对平衡的状态，但当切去一层金属后，就打破了这种平衡，残余应力重新分布，工件就明显地出现了变形。

(2)冷校直产生的残余应力。一些刚度较差、容易变形的工件(如丝杠等)，通常采用冷校直的办法修正其变形。如图 3-8(a)所示，当工件中部受到载荷 F 作用时，工件内部产生应力，其轴心线以上产生压应力，轴心线以下产生拉应力，如图 3-8(b)所示。而且两条虚线之间为弹性变形区,虚线之外为塑性变形区。当去掉外力后,工件的弹性恢复,受到塑性变形区的阻碍,致使残余应力重新分布,如图 3-8(c)所示。由此可见,工件经冷校直后内部产生残余应力,处于不稳定状态,若再进行切削加工,工件将重新发生弯曲。

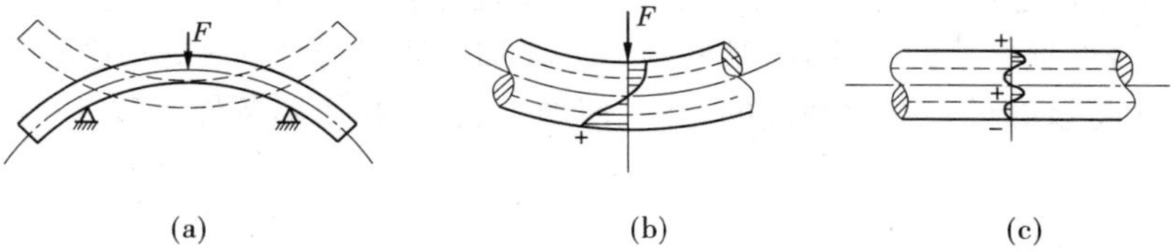

图 3-8　冷校直引起的残余应力

(3)切削加工中产生的残余应力。工件切削加工时,在各种力和热的作用下,其各部分将产生不同程度的塑性变形及金相组织变化,从而产生残余应力,引起工件变形。

实践证明,在加工过程中切去表面一层金属后所引起的残余应力的重新分布,变形最为强烈。因此,粗加工后,应将被夹紧的工件松开使之有时间使残余应力重新分布;否则,在继续加工时,工件处于弹性应力状态,而在加工完成后,必然要逐渐产生变形,致使破坏最终工序所得到的精度。因而,机械加工中常采用分开进行精加工的方法,以消除残余应力对加工精度的影响。

2. 减少或消除残余应力的措施

(1)采用适当的热处理工序。对于铸、锻、焊接件,常进行退火、正火或人工时效处理,然后再进行机械加工。对重要零件,在粗加工和半精加工后还要进行时效处理,以消除机械加工中的内应力。

(2)给工件足够的变形时间。对于精密零件,粗、精加工分开;对于大型零件,由于粗、精加工一般安排在一个工序内进行,故粗加工后先将工件松开,使其自由变形,再以较小的夹紧力夹紧工件进行精加工。

(3)合理设计零件结构。设计零件结构时,应注意简化零件结构,提高其刚度,减小壁厚差,如果是焊接结构,则应使焊缝均匀,以减小残余应力。

3.1.6　提高加工精度的工艺措施

保证和提高加工精度的方法,大致可概括为以下几种:减小误差法、误差补偿法、误差分组法、误差转移法、"就地加工"法以及误差平均法等。

3.1.6.1　减小误差法

这种方法是生产中应用较广的一种方法,它是在查明产生加工误差的主要因素之后,设法消除或减少。例如细长轴的车削,现在采用了"大走刀反向车削法",基本消除了轴向切削力引起的弯曲变形。若辅之以弹簧顶尖,则可进一步消除热变形引起的加工误差。又如在加工薄壁套筒内孔时,采用过渡圆环以使夹紧力均匀分布,避免夹紧变形所引起的加工误差。

3.1.6.2　误差补偿法或误差抵消法

误差补偿法,是人为地造出一种新的误差,去抵消原来工艺系统中固有的原始误差,或者是利用一种原始误差去抵消另一种原始误差，从而达到提高加工精度的目的。

例如，用预加载荷法精加工磨床床身导轨，借以补偿装配后受部件自重影响而产生的变形。磨床床身是一个狭长结构，刚性比较差。虽然在加工时床身导轨的各项精度都能达到，但装上横向进给机构、操纵箱以后，往往发现导轨精度超差。这是因为这些部件的自重引起床身变形的缘故。为此，某些磨床厂在加工床身导轨时采取用“配重”代替部件重量，或者先将该部件装好再磨削的办法，使加工、装配和使用条件一致，以保持导轨高的精度。

3.1.6.3　误差分组法

在加工中，由于上道工序毛坯误差的存在，造成了本工序的加工误差。毛坯误差的变化，对本工序的影响主要有两种情况：复映误差和定位误差。如果上述误差太大，不能保证加工精度，而且通过提高毛坯精度或上一道工序加工精度是不经济的。这时可采用误差分组法，即把毛坯或上道工序尺寸按误差大小分成 n 组，每组毛坯误差范围就缩小为原来的 $1/n$。然后按各组分别调整刀具与工件的相对位置或调整定位元件，就可大大地缩小整批工件的尺寸分散范围。

3.1.6.4　误差转移法

误差转移法实质上是转移工艺系统的几何误差、受力变形和热变形等。

误差转移的实例很多。如当机床精度达不到零件加工要求时，常常不是只提高机床精度，而是在工艺上或夹具上想办法，创造条件，使机床的几何误差转移到不影响加工精度的方面去。如磨削主轴锥孔保证其和轴颈的同轴度，不是靠机床主轴的回转精度来保证，而是靠夹具来保证。当机床主轴与工件主轴之间用浮动连接以后，机床主轴的原始误差就被转移掉了。

在箱体的孔系加工中，介绍过用坐标法在普通镗床上保证孔系的加工精度。其要点就是采用了精密量棒、内径千分尺和百分表等进行精密定位。这样，镗床上因丝杠、刻度盘和刻线尺而产生的误差就不会反映到工件的定位精度上去了。

3.1.6.5　“就地加工”法

在加工和装配中有些精度问题，牵扯到零、部件间的相互关系，相当复杂，如果一味地提高零、部件本身精度，有时不仅困难，甚至不可能。若采用“就地加工”的方法，就可以很方便地解决看起来非常困难的精度问题。

例如，在转塔车床制造中，转塔上六个安装刀架的大孔，其轴心线必须保证和主轴旋转中心线重合，而六个面又必须和主轴中心线垂直。如果把转塔作为单独零件，加工出这些表面后再装配，要想达到上述两项要求是很困难的，因其包含了很复杂的尺寸链关系。因而，实际生产中采用了“就地加工”法。这些表面在装配前不进行精加工，等它装配到机床上以后，再加工六个大孔及端面。

3.1.6.6　误差平均法

对配合精度要求很高的轴和孔，常采用研磨方法来达到。研具本身并不要求具有高精度，但它却能在和工件相对运动过程中对工件进行微量切削，最终达到很高的精度。这种工件和研具表面间的相对摩擦和磨损的过程也是误差不断减小的过程，此即称为误差平均法。如内燃机进排气阀门与阀座配合的最终加工，船用气、液阀座间配合的最终加工,常用误差平均法消除配合间隙。

利用误差平均法制造精密零件,在机械行业中由来已久,在没有精密机床的时代,用三块平板合研的误差平均法刮研制造出号称原始平面的精密平板,平面度达几个微米。像平板一类的基准工具,如直尺、角度规、多棱体、分度盘及标准丝杠等高精度量具和工具,如今还采用误差平均法来制造。

3.2 机械加工表面质量

3.2.1 表面质量的基本概念

机器零件的加工质量,除加工精度外,还包括零件在加工后的表面质量。表面质量的好坏对零件的使用性能和寿命影响很大。机械加工表面质量包括以下两个方面的内容。

3.2.1.1 表面层的几何形状特性

(1)表面粗糙度。它是指加工表面的微观几何形状误差,在图3-9(a)中 Ra 表示轮廓算术平均偏差。表面粗糙度通常是由机械加工中切削刀具的运动轨迹所形成的。

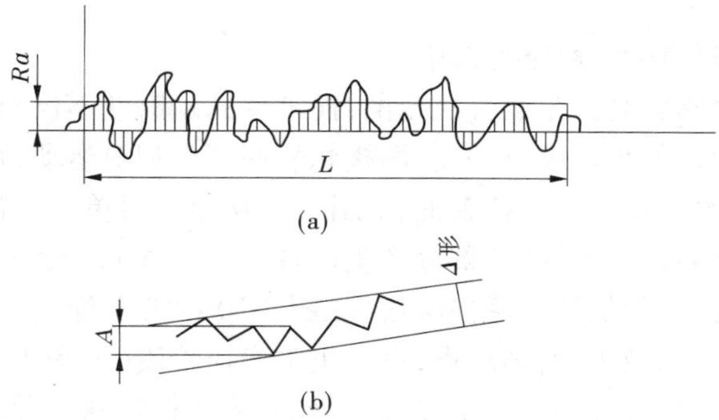

$\Delta_{形}$——几何形状误差

图3-9 表面粗糙度与波度

(2)表面波度。它是介于宏观几何形状误差与微观几何形状误差之间的周期性几何形状误差。图3-9(b)中,A 表示波度的高度。表面波度通常是由于加工过程中工艺系统的低频振动所造成的。

3.2.1.2 表面层物理机械性能

表面层物理机械性能主要是指下列三个方面:

(1)表面层冷作硬化。表面层冷作硬化是由于机械加工时,工件表面层金属受到切削力的作用,产生强烈的塑性变形,使金属的晶格被拉长、扭曲,甚至破坏而引起的。其结果引起材料的强化,表面硬度提高,塑性降低,物理机械性能发生变化。另外,机械加工中产生的切削热在一定条件下会使金属在塑性变形中产生回复现象(已强化的金属回复到正常状态),使金属失去冷作硬化中所得到的物理机械性能,因此机械加工表面层的冷硬是强化作用与回复作用的综合结果。

(2)表面层金相组织的变化。对于一般的切削加工,切削热大部分被切屑带走,加工表面温升不高,故对工件表面层的金相组织的影响不甚严重。而磨削时,磨粒在高速(一般是35 m/s)运转下以很大的负前角切削薄层金属,在工件表面引起很大的摩擦和塑性变形,其单位切削功率消耗远远大于一般切削加工。由于消耗的功率大部分转化为磨削热,其中约80%的热量将传给工件,所以磨削是一种典型的容易产生加工表面金相组织变化(磨削烧伤)的加工方法。

磨削烧伤分为回火烧伤、淬火烧伤和退火烧伤,它们的特征是在工件表面呈现烧伤色,不同的烧伤色表明表面层具有不同的温度与不同的烧伤深度。

表面层烧伤将使零件的物理机械性能大为降低,使用寿命也可能成倍下降,因此工艺上必须采取措施,避免烧伤的出现。

(3)表面层残余应力。表面层残余应力是指工件经机械加工后,由于表面层发生形状或组织变化,在表面层与基体材料的交界处产生互相平衡的内部应力。表面残余压应力可提高工件表面的耐磨性和疲劳强度,而残余拉应力则降低工件表面的耐磨性和疲劳强度,且当拉应力值超过工件材料的疲劳强度极限值时,会使工件表面产生裂纹,加速工件损坏。

3.2.2　表面质量对零件使用性能的影响

3.2.2.1　表面质量对零件耐磨性的影响

零件的使用寿命常常是由耐磨性决定的,而零件的耐磨性不仅与材料及热处理有关,而且还与零件接触表面的粗糙度有关,若两接触表面产生相对运动,则最初只在部分凸峰处接触,因此实际接触面积比理论接触面积小得多,从而使得单位面积上的压力很大。当其超过材料的屈服点时,就会使凸峰部分产生塑性变形甚至被折断或因接触面的滑移而迅速磨损,这就是零件表面的初期磨损阶段(见图3-10中第Ⅰ阶段)。以后随接触面积的增大,单位面积上的压力减小,磨损减慢,进入正常磨损阶段(见图3-10中第Ⅱ阶段)。此阶段零件的耐磨性最好,持续的时间也较长。最后,由于凸峰被磨平,粗糙度值变得非常小,不利于润滑油的储存,且使接触表面之间的分子亲和力增大,甚至发生分子黏合,使摩擦阻力增大,从而进入急剧磨损阶段(见图3-10中第Ⅲ阶段)。零件表面层的冷作硬化或经淬硬,可提高零件的耐磨性。

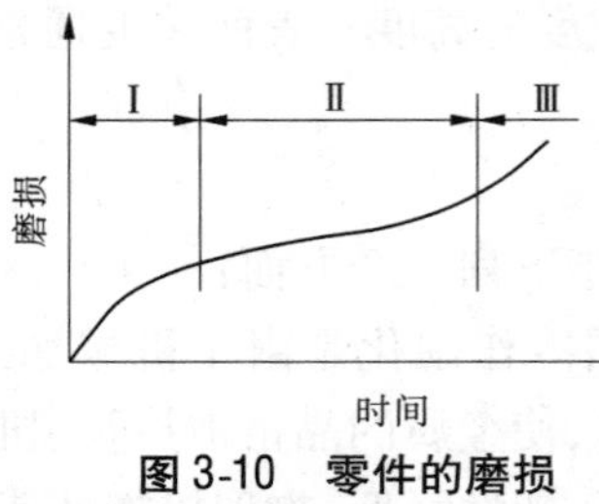

图3-10　零件的磨损

3.2.2.2　表面质量对零件疲劳强度的影响

零件由于疲劳而破坏都是从表面开始的,因此表面层的粗糙度对零件的疲劳强度影响很大。在交变载荷作用下,由于表面上微观不平的凹谷处,容易形成应力集中,产生和加剧疲劳裂纹以致疲劳损坏。实验证明,表面粗糙度值从0.02 μm增到0.2 μm,其疲劳强度下降约为25%。

零件表面的冷硬层,有助于提高疲劳强度。因为强化过的表面冷硬层具有阻碍裂纹继续扩大和新裂纹产生的能力。此外,当表面层具有残余压应力时,能使疲劳强度提高;当表面层具有残余拉应力时,则使疲劳强度进一步降低。

3.2.2.3　表面质量对零件耐腐蚀性的影响

零件的耐腐蚀性在很大程度上取决于表面粗糙度。表面粗糙度值越大,越容易积聚腐蚀性物质,凹谷越深,渗透与腐蚀作用越强烈。因此,减小表面粗糙度值,可提高零件的耐腐蚀性。此外,残余压应力使零件表面紧密,从而使腐蚀性物质不易进入,可增强零件的耐腐蚀性。

3.2.2.4　表面质量对配合性质的影响

在间隙配合中,如果配合表面粗糙,则在初期磨损阶段由于配合表面迅速磨损,使配合间隙增大,改变了配合性质。在过盈配合中,如果配合表面粗糙,则装配后表面的凸峰将被挤压,而使有效过盈量减少,降低了配合强度。

3.3　影响表面粗糙度的因素及改善措施

机械加工时,表面粗糙度形成原因大致归纳为两个方面:一是刀刃与工件相对运动轨迹所形成的表面粗糙度——几何因素;二是与被加工材料性质及切削机理有关的因素——物理因素。

3.3.1　切削加工中影响表面粗糙度的因素

3.3.1.1　几何因素

切削加工时,由于刀具切削刃的形状和进给量的影响,不可能把余量完全切除,而在工作表面上留下一定的残余面积,残留面积高度愈大,表面愈粗糙。残留面积高度与进给量、刀具主偏角等有关。

3.3.1.2　物理因素

切削加工时,影响表面粗糙度的物理因素主要表现为以下几点。

1. 积屑瘤

用中等或较低的切削速度(一般 $v<80$ m/min)切削塑性材料时,易于产生积屑瘤。合理选择切削量,采用润滑性能优良的切削液,都能抑制积屑瘤产生,降低表面粗糙度。

2. 刀具表面对工件表面的挤压与摩擦

在切削过程中,刀具切削刃总有一定的钝圆半径,因此在整个切削厚度内会有一薄层金属无法切去,这层金属与刀刃接触的瞬间,先受到剧烈的挤压而变形,当通过刀刃后又立即恢复弹性与后刀面强烈摩擦,再次受到一次拉伸变形,这样往往在已加工表面上形成鳞片状的细裂纹(称为鳞刺)而使表面粗糙度值增大。降低刀具前、后刀面的表面粗糙度,保持刀具锋利及充分施加润滑液,可减小摩擦,有利于降低工件表面粗糙度。

3. 工件材料性质

切削脆性金属材料时,往往出现微粒崩碎现象,在加工表面上留下麻点,使表面粗糙度值增大。降低切削用量并使用切削液,有利于降低表面粗糙度。切削塑性材料时,往往因挤压变形而产生金属撕裂和积屑瘤现象,增大了表面粗糙度。此外,被加工材料的金相组织对加工表面粗糙度也有较大的影响。实验证明,在低速切削时,片状珠光体组织较粒状珠光体能获得较低的表面粗糙度;在中速切削时,粒状珠光体组织则比片状珠光体好;在高速切削时,工件材料性能对表面粗糙度的影响较小。加工前如对工件材料调质处理,降低材料的塑性,也有利于降低表面粗糙度。

3.3.2 磨削加工中影响表面粗糙度的因素

磨削加工是由砂轮的微刃切削形成的加工表面,单位面积上刻痕越多,且刻痕细密均匀,则表面粗糙度越细。磨削加工中影响表面粗糙度的因素有以下几点。

3.3.2.1 磨削用量

砂轮速度 v_s 对表面粗糙度的影响较大,v_s 大时,参与切削的磨粒数增多,可以增加工件单位面积上的刻痕数,同时高速磨削时工件表面塑性变形不充分,因而提高 v_s 有利于降低表面粗糙度。

磨削深度与进给速度增大时,将使工件表面塑性变形加剧,因而使表面粗糙度值增大。为了提高磨削效率,通常在开始磨削时采用较大的磨削深度,而后采用小的磨削深度或光磨,以减小表面粗糙度值。

3.3.2.2 砂轮

砂轮的粒度愈细,单位面积上的磨粒数多,使加工表面刻痕磨粒数多,从而使加工表面刻痕细密,则表面粗糙度值愈小。但粒度过细,容易堵塞砂轮而使工件表面塑性变形增加,影响表面粗糙度。砂轮硬度应适宜,使磨粒在磨钝后及时脱落,露出新的磨粒来继续切削,即具有良好的自砺性,工件就能获得较细的表面。

砂轮应及时修整,以去除已钝化的磨粒,保证砂轮具有等高微刃,砂轮上的切削微刃越多,其等高性越好,磨出的表面越细。

3.3.2.3 工件材料

工件材料的硬度、塑性、韧性和导热性能等对表面粗糙度有显著影响,工件材料太硬时,磨粒易钝化,太软时容易堵塞;韧性大和导热性差的材料,使磨粒早期崩落而破坏了微刃的等高性,因此均使表面粗糙度值增大。

3.3.2.4 冷却润滑液

磨削冷却润滑液对减少磨削力、温度及砂轮磨损等都有良好的效果。正确选用冷却液有利于减小表面粗糙度值。

3.3.3 影响表面层物理机械性能的因素

3.3.3.1 影响表面层冷作硬化的因素

1. 切削用量

(1)切削速度 v。随着切削速度的增大,被加工金属塑性变形减小,同时由于切削温度上升,回复作用加强,因此冷硬程度下降。当切削速度高于 100 m/min 时,由于切削热的作用时间减小,回复作用降低,故冷硬程度反而有所增加。

(2)进给量 f。进给量增大使切削厚度增大、切削力增大、工件表面层金属的塑性变化增大,故冷硬程度增加。

2. 刀具

(1)刀具刃口圆弧半径 r_ε。刀具刃口圆弧半径增大,表面层金属的塑性变形加剧,导致冷硬程度增大。

(2)刀具后刀面磨损宽度 VB。一般地说,随后刀面磨损宽度 VB 的增大,刀具后刀面与工件表面摩擦加剧,塑性变形增大,导致表面层冷硬程度增大。但当磨损宽度超过一定值时,摩擦热急剧增大,从而使得硬化的表面得以回复,所以显微硬度并不继续随 VB 的增大而增大。

(3)前角 γ_0。前角增大,可减小加工表面的变形,故冷硬程度减小。实验表明,当前角在 $\pm 15°$ 范围内变化时,对表面冷硬程度的影响很小;当前角小于 $-20°$ 时,表面层的冷硬程度将急剧增大。

刀具后角 α_0、主偏角 k_r、副偏角 k_r' 及刀尖圆角半径 r_ε 等对表面层冷硬程度影响不大。

3. 工件材料

工件材料的塑性越大,加工表面层的冷硬程度越严重。碳钢中含碳量越高,强度越高,其冷硬程度越小。

有色金属熔点较低,容易回复,故冷硬程度要比结构钢小得多。

3.3.3.2　加工表面的金相组织变化

加工表面的金相组织变化主要发生在磨削加工中,故以下讨论影响磨削表面金相组织变化的因素。

1. 磨削用量

(1)磨削深度 a_p。当磨削深度增加时,无论是工件表面温度,还是表面层下不同深度的温度,都随之升高,故烧伤的可能性增大。

(2)纵向进给量 f_a。纵向进给量增大,热作用时间减少,使金相组织来不及变化,磨削烧伤减轻。但 f_a 增大时,加工表面的粗糙度增大,一般可采用宽砂轮来弥补。

(3)工件线速度 v_w。工件速度增大,虽使发热量增大,但热作用时间减少,故对磨削烧伤影响不大。提高工件速度会导致工件表面更为粗糙。为了弥补这一缺陷而又能保持高的生产率,一般可提高砂轮速度。

2. 砂轮的选择

若砂轮的粒度越细、硬度越高、自砺性越差,则磨削温度也越高。砂轮组织太紧密时磨屑堵塞砂轮,易出现烧伤。

砂轮结合剂最好采用具有一定弹性的材料,磨削力增大时,砂轮磨粒能产生一定的弹性退让,使切削深度减小,避免烧伤。

3. 工件材料

工件材料对磨削区温度的影响主要取决于它的硬度、强度、韧性和导热系数。

工件的强度、硬度越高或韧性越大,磨削时磨削力越大,功率消耗也越大,造成表面层温度增高,因而容易造成磨削烧伤。

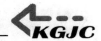

导热性能较差的材料，如轴承钢、高速钢以及镍铬钢等，受热后更易磨削烧伤。

4. 冷却润滑

采用切削液带走磨削区热量可以避免烧伤。但是磨削时，由于砂轮转速较高，在其周围表面会产生一层强气流，用一般冷却方法，切削液很难进入磨削区。目前采用的比较有效的冷却方法有内冷却法、喷射法等。

3.3.3.3　影响加工表面的残余应力的因素

切削加工的残余应力与冷作硬化及热塑性变形密切相关。凡是影响冷作硬化及热塑性变形的因素，如工件材料、刀具几何参数、切削用量等都将影响表面残余应力，其中影响最大的是刀具前角和切削速度。

习　题

3-1　加工精度、加工误差、公差的概念是什么？它们之间有什么区别？零件的加工精度包括哪三个方面？它们之间的联系和区别是什么？

3-2　表面质量包括哪几方面的含义？

3-3　工艺系统受力变形对加工精度有何影响？

3-4　工艺系统受热变形对加工精度有何影响？

3-5　表面质量对产品使用性能有何影响？

3-6　什么叫表面硬化？什么是磨削烧伤？采取什么措施可以减少或避免这些问题？

3-7　什么是主轴回转精度？为什么外圆磨床头架中的顶尖不随工件一起回转，而车床主轴箱中的顶尖则是随工件一起回转的？

3-8　在镗床上镗孔时（刀具作旋转主运动，工件作进给运动），试分析加工表面产生椭圆形误差的原因。

3-9　为什么卧式车床床身导轨在水平面内的直线度要求高于垂直面内的直线度要求？

3-10　在三台车床上分别加工三批工件的外圆表面，加工后经测量，三批工件分别产生了如图3-11所示的形状误差，试分析产生上述形状误差的主要原因。分别采取何种工艺措施可以减小或消除误差？

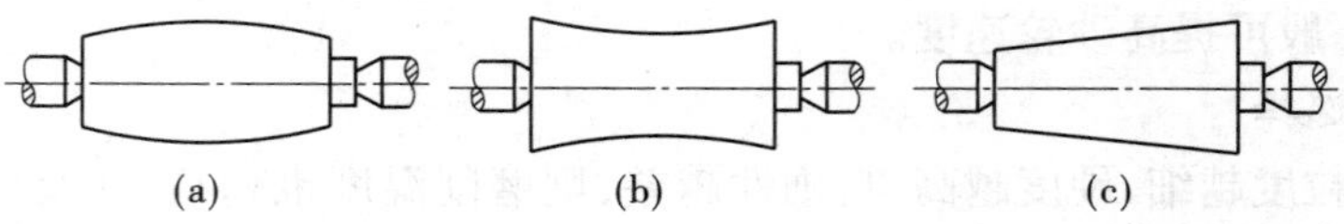

图 3-11

3-11　在外圆磨床上磨削如图3-12所示轴类工件的外圆 ϕ，若机床几何精度良好，试分析磨外圆后 *A*—*A* 截面的形状误差，要求画出 *A*—*A* 截面的形状，并提出减小上述误差的措施。

3-12　按图3-13(a)所示的装夹方式在外圆磨床上磨削薄壁套筒 *A*，卸下工件后发现

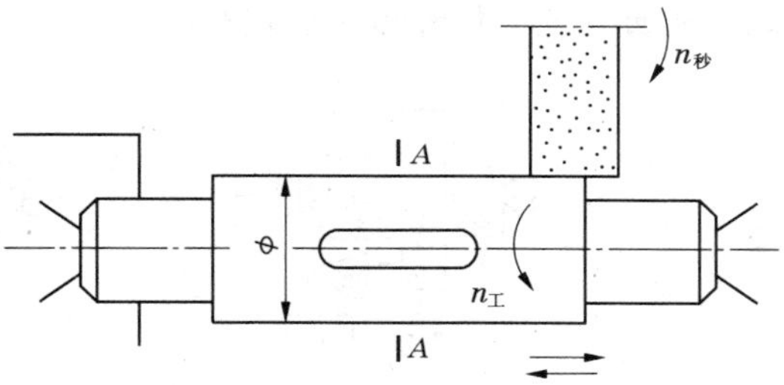

图3-12

工件呈鞍形(见图3-13(b)),试分析产生该形状误差的原因。

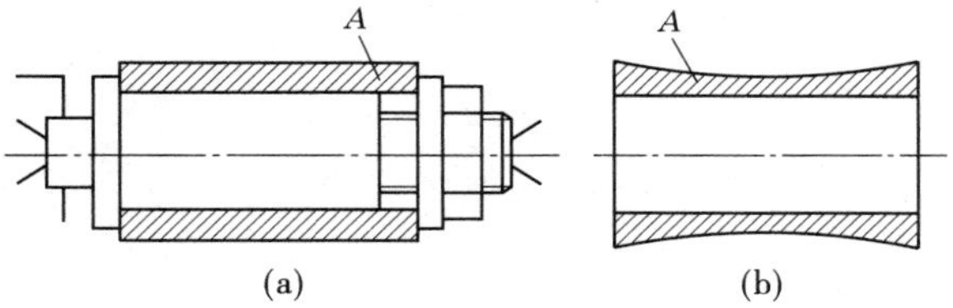

图3-13

3-13　何谓复映误差?复映误差系数的大小与哪些因素有关?

3-14　为什么提高工艺系统刚度首先要从提高薄弱环节的刚度入手才有效?试举一实例说明。

3-15　如果卧式车床床身铸件顶部和底部残留有压应力,床身中间残留有拉应力,试用简图画出粗刨床身顶面后床身顶面的纵向截面形状,并分析其原因。

3-16　图3-14所示的板状框架铸件的壁3薄、壁1和壁2厚,用直径为D的立铣刀铣断壁3后,毛坯中的内应力要重新分布,问断口尺寸D将会变大还是变小?为什么?

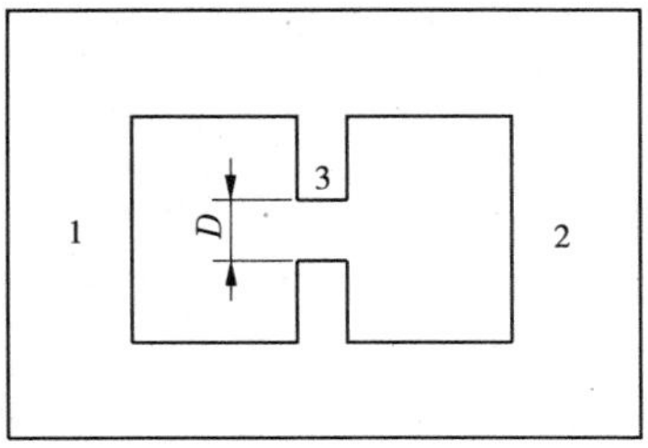

图3-14

3-17　为什么机器零件一般都是从表面层开始破坏的?

3-18　试以磨削为例,说明磨削用量对磨削表面粗糙度的影响。

3-19　加工后,零件表面层为什么会产生加工硬化和残余应力?

3-20　什么是回火烧伤?什么是淬火烧伤?什么是退火烧伤?为什么磨削加工容易产生烧伤?

3-21　试分析图3-15所示的三种加工情况,假设工件的刚度很大,且车床床头刚度大于尾座刚度，加工后工件表面会产生何种形状误差？

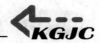

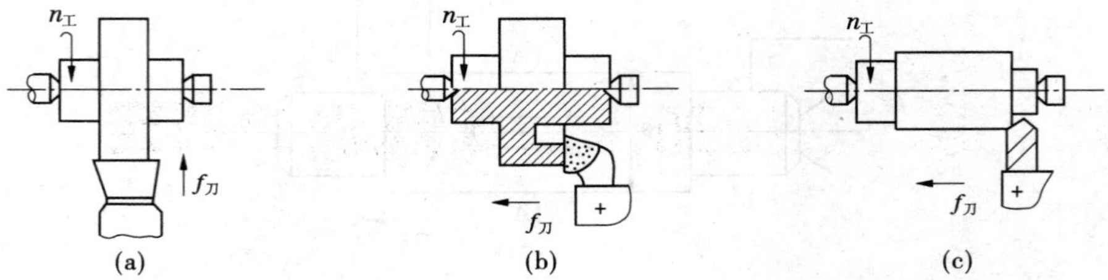

图 3-15

第4章 机械加工工艺规程的制定

教学目标

- 了解机械加工工艺规程的概念及作用，了解工艺文件的格式及应用；
- 理解定位基准、工艺尺寸链的概念；
- 掌握毛坯的选择、工艺路线的拟定、加工余量确定的方法和工序尺寸及公差的计算方法；
- 会根据零件的加工要求，合理划分零件的加工工序并制定加工工艺路线。

观察与思考

如图4-0所示为一阶梯轴零件，针对该零件，当生产类型不同时，其加工工艺过程有什么不同？

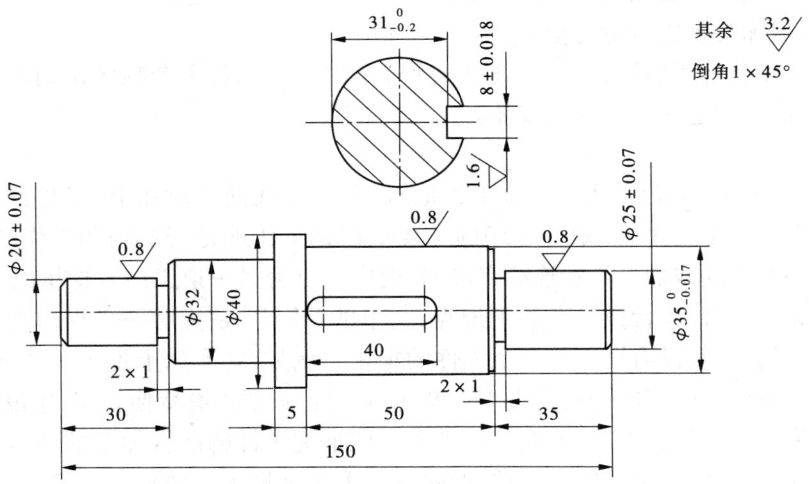

图4-0 阶梯轴

4.1 机械加工概述

用工艺文件规定的机械加工工艺过程称为机械加工工艺规程。机械加工工艺规程是规定产品或零部件机械加工工艺过程和操作方法等的工艺文件。生产规模的大小、工艺水平的高低以及解决各种工艺问题的方法和手段都要通过机械加工工艺规程来体现。因此,机械加工工艺规程设计是一项极为重要的工作。它要求设计者必须具备丰富的生产实践经验和广博的机械制造工艺基础理论知识。

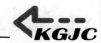

4.1.1　基本概念

4.1.1.1　机械产品生产过程

在机械产品制造时,将原材料(或半成品)转变为成品的整个过程,称为生产过程。对机械制造而言,它包括生产和技术准备、原材料等的运输保管、毛坯的制造、零件的机械加工和热处理、表面处理、产品的装配、调整、检验以及油漆和包装等过程。

在现代生产中,为了便于组织生产,提高生产率和降低成本,有利于产品的标准化和专业化生产,一种产品生产往往由许多工厂联合起来协作完成。例如,汽车的生产过程就是由发动机、底盘、电器设备、仪表、轮胎、总装等协作制造工厂(或车间)的生产过程所组成的。

4.1.1.2　机械加工工艺过程

工艺是指使各种原材料(或半成品)成为成品的方法。工艺过程就是指改变生产对象的形状、尺寸、相对位置和性质等,使其成为成品或半成品的过程。

机械加工工艺过程是指利用机械加工的方法,直接改变毛坯的形状、尺寸和表面质量,使其成为成品或半成品的过程。本章主要讨论机械加工工艺过程。

4.1.1.3　机械加工工艺过程的组成

机械加工工艺过程(以下简称为工艺过程)是由一个或若干个顺序排列的工序所组成的,毛坯依次通过这些工序变为成品。

1. 工序

工序是一个(或一组)工人在一个工作地对同一个(或同时对几个)工件进行加工所连续完成的那部分工艺过程,划分工序的主要依据是工作地是否变动和工作是否连续。如果其中之一有变动或加工不是连续完成的,则应划分为另一道工序。这里的"工作地"是指一台机床、一个钳工台或一个装配地点,这里的"连续"是指对一个具体的工件的加工是连续进行的,中间没有插入另一个工件的加工。例如,在车床上加工一个轴类零件,尽管在加工过程中可能多次调头装夹工件及变换刀具,只要没有变换机床,也没有在加工过程中插入另一个工件的加工,则在此车床上对该轴类零件的所有加工的内容都属于同一工序。再如,先车好一批工件的一端,然后调头再车这批工件的另一端,这时对每个工件来说,两端的加工已不连续,所以即使在同一台车床上加工也是两道工序。

现在以图 4-1 所示的阶梯轴的加工为例来说明。若阶梯轴的精度和表面粗糙度要求不高,单件小批生产时,其工艺过程见表 4-1;大批大量生产时,其工艺过程见表 4-2。

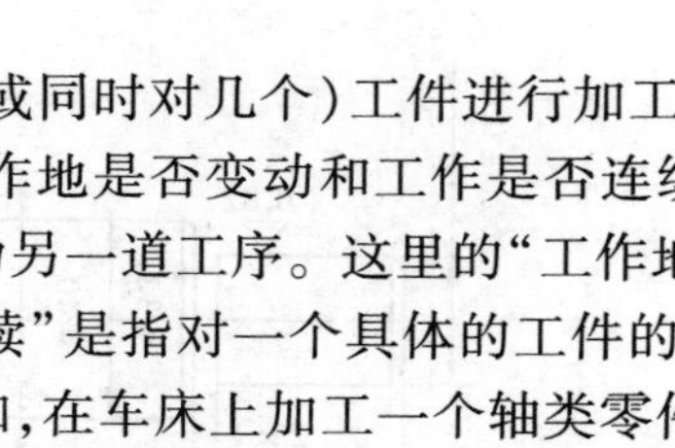

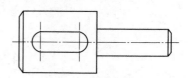

图 4-1　阶梯轴

从表中可以看出,生产规模不同,工序的划分及每个工序所包含的加工内容是不同的。

表4-1 单件小批生产的工艺过程

工序号	工序内容	设备
1	车端面,钻中心孔;调头车端面,钻中心孔	车床
2	车大外圆及倒角;调头车小外圆及倒角	车床
3	铣键槽;去毛刺	铣床

表4-2 大批大量生产的工艺过程

工序号	工序内容	设备
1	车一端面,钻中心孔	车床
2	车大外圆及倒角	车床
3	车小外圆及倒角	车床
4	铣键槽	铣床
5	去毛刺	钳工台

工序是组成工艺过程的基本单元,也是生产计划的基本单元。每个工序又可分为若干个安装、工位、工步和走刀。

2. 安装

工件加工前,使其在机床或夹具中占据一正确而固定位置的过程称为安装。在一个工序中,工件可能安装一次,也可能安装几次。在表4-1中的工序1和2都是两次安装,而工序3以及表4-2中的各道工序都是一次安装。工件加工中应尽可能减少安装次数,以免影响加工精度和增加辅助时间。

3. 工位

在工件的一次安装中,有时通过分度(或移位)装置使工件相对于机床床身变换加工位置,我们把工件在机床上占据的每一个加工位置所完成的工艺过程称为工位。

图4-2所示为一种利用回转工作台在一次安装中顺次完成装卸工件、钻孔、扩孔和铰孔四个工位加工的实例。

4. 工步

在一个工位中加工表面、切削刀具、切削速度和进给量都不变的条件下,所连续完成的那一部分工艺过程,称为一个工步。

一道工序可能包括几个工步,也可能只有一个工步。如表4-1中工序1包括四个工步:两次车端面,两次钻中心孔;工序2也包括四个工步;而表4-2中工序4只有一个工步。

为了简化工艺文件,对于在一次安装中连续进行的若干相同的工步,常看作一个工步(可称为合并工步)。如用一把钻头连续钻削几个相同尺寸的孔,就认为是一个工步,而不看作是几个工步。

为了提高生产率,采用复合刀具或多刀加工的工步称为复合工步,如图4-3所示。在工艺文件上,复合工步应看作一个工步。

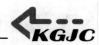

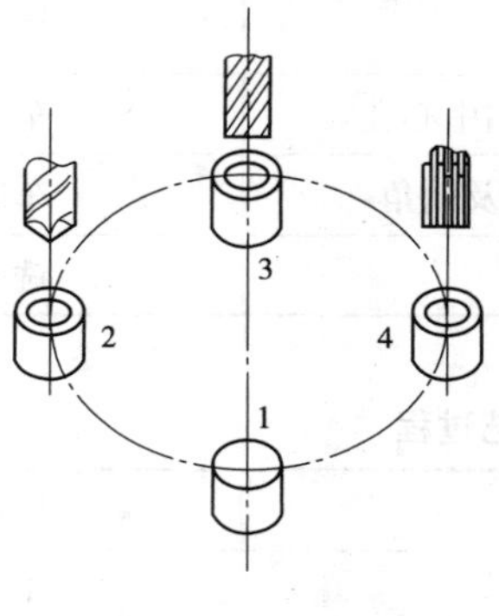

图 4-2 多工位加工

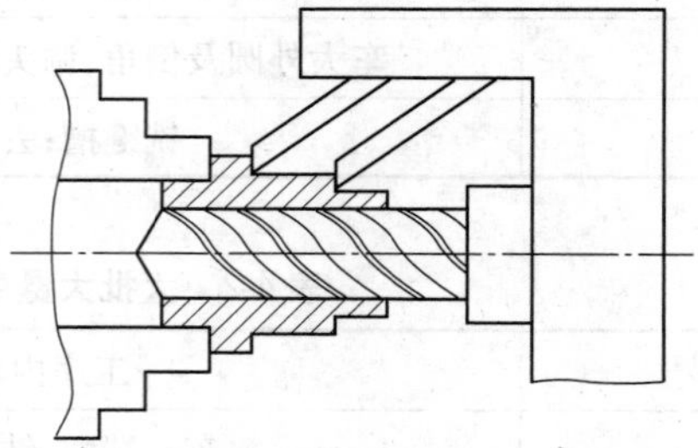

图 4-3 复合工步

5. 走刀

切削工具在加工表面上切削一次所完成的工步内容,称为一次走刀。在一个工步中,可以包括一次或几次走刀。当加工表面上需要切除的材料较厚,对无法一次全部切除掉时,需分多次走刀切除。走刀是构成切削工艺过程的最小单元。

4.1.2 生产纲领和生产类型

4.1.2.1 生产纲领

生产纲领是指企业在计划期内应当生产的产品产量和进度计划,因计划期常常定为1年,所以也称之为年产量。

零件的生产纲领要记入备品和废品的数量,可按下式计算:

$$N = Qn(1 + a\% + b\%) \tag{4-1}$$

式中 N——零件的年产量,件/年;

Q——产品的年产量,台/年;

n——每台产品中该零件的数量,件/台;

$a\%$——备品率;

$b\%$——废品率。

4.1.2.2 生产类型

生产类型是指企业(或车间、工段、班组、工作地)生产专业化程度的分类,一般分为单件生产、成批生产和大量生产三种类型。

1. 单件生产

单件生产的基本特点是生产的产品种类很多,每种产品制造一个或少数几个,而且很少重复生产。

2. 成批生产

成批生产是指一年中分批轮流生产几种不同的产品,每种产品均有一定的数量,生产呈周期性重复。每次投入或产出的同一产品的数量称为批量。根据批量的大小,成批生产可分为小批、中批和大批三种。小批生产和单件生产相似,常合称为单件小批生产;大批生产和大量生产相似,常合称为大批大量生产。

3. 大量生产

大量生产是指同一产品的生产数量很大，通常在一工作地点长期进行同一零件某一工序的生产。

按生产纲领划分生产类型，两者的关系如表4-3所示。

表4-3　生产类型与生产纲领的关系

生产类型	生产纲领(台/年)		
	轻型机械	中型机械	重型机械
单件生产	≤100	≤10	≤5
小批生产	100～500	10～150	5～100
中批生产	500～5 000	150～500	100～300
大批生产	5 000～50 000	500～5 000	300～1 000
大量生产	≥50 000	≥5 000	≥1 000

为了获得最佳的经济效益，对于不同的生产类型，其生产组织、生产管理、车间管理、毛坯选择、设备工装、加工方法和操作者的技术等级要求均有所不同，具有不同的工艺特点。各种生产类型的工艺特征见表4-4。

表4-4　各种生产类型的工艺特征

工艺特点	生产类型		
	单件小批生产	中批生产	大批大量生产
加工对象	经常改变	周期性改变	固定不变
毛坯及余量	木模手工造型或自由锻，毛坯精度底，加工余量大	部分采用金属模或模锻，毛坯精度及加工余量中等	广泛采用金属模和模锻造型，毛坯精度高，加工余量小
机床设备和布置	采用通用机床，按“机群式”排列布置	部分采用专用机床，机床设备按加工零件类别分“工段”排列布置	广泛采用专用机床，按流水线形式排列布置
工艺装备	采用通用工艺装备，必要时采用专用夹具	广泛采用专用夹具、可调夹具，部分采用专用刀具和量具	广泛采用高效工艺装备
工件装夹	采用通用夹具装夹和划线找正	广泛采用专用夹具装夹，部分划线找正	全部采用专用夹具装夹
操作者技术水平要求	高	中	低
工艺文件	有简单的工艺过程卡片	有较详细的工艺规程，对重要零件需编制工序卡片	有详细编制的工艺文件
生产率	低	中	高
单件加工成本	高	中	低

随着技术的进步和市场需求的变化，生产类型的划分也发生着变化，传统的大批大量生产往往不能适应产品及时更新换代的需要，而单件小批生产的生产能力又跟不上市场的需求，因此各种生产类型都朝着生产过程柔性化的方向发展。

4.2　机械加工工艺规程的制定

机械加工工艺规程是规定产品或零部件制造工艺过程和操作方法等的工艺文件之一。它是在具体的生产条件下，将合理的工艺过程和加工规范，按照规定的形式书写成工艺文件，经审批后用来指导生产。机械加工工艺规程一般包括零件加工的工艺路线、各工序的具体内容及所用的加工设备和工艺装备、零件的检验项目及检验方法、切削用量、时间定额等内容。

4.2.1　工艺规程的作用

(1)工艺规程是指导生产的主要技术文件。按照工艺规程进行生产，可以保证产品质量和提高生产效率。

(2)工艺规程是生产组织和管理工作的基本依据。在新产品投入生产以前，必须根据工艺规程进行原材料和毛坯的供应、机床负荷的调整、专用工艺装备的设计和制造、生产作业计划的编排、劳动力的组织以及生产成本的核算等。

(3)工艺规程是新建或扩建工厂或车间的基本技术文件。根据生产纲领和工艺规程可以确定生产所需机床的种类、规格和数量，工厂或车间的面积，机床的平面布置，生产工人的工种、等级及数量，投资预算及各辅助部门的安排等。

(4)工艺规程是进行技术交流的重要文件。已有的工艺规程可起到交流和推广先进经验的作用，能指导同类产品的生产，缩短工厂摸索和试制的过程。

4.2.2　制定工艺规程的原则

制定工艺规程的原则是优质、高产和低成本，即在保证产品质量的前提下，争取最好的经济效益。

4.2.2.1　技术上的先进性

在制定工艺规程时，要了解国内外本行业工艺技术的发展水平，通过必要的工艺试验，积极采用先进的工艺和工艺装备。

4.2.2.2　经济上的合理性

在一定的生产条件下，可能会出现几种保证零件技术要求的工艺方案，此时应通过核算或相互对比，选择经济上最合理的方案，使产品的能源、材料消耗和生产成本最低。

4.2.2.3　良好的劳动条件

在制定工艺规程时，要注意保证工人操作时有良好而安全的劳动条件。因此，在工艺方案上要注意采用机械化或自动化措施，以减轻工人繁杂的体力劳动。

4.2.3　制定工艺规程的原始资料

(1)产品的成套装配图和零件工作图。

(2)产品验收的质量标准。

(3)产品的生产纲领和生产类型。

(4)现有生产条件和资料。主要包括毛坯的生产条件、工艺装备及专用设备的制造能力,有关机械加工车间的设备和工艺装备的条件。

(5)国内外同类产品的有关工艺资料等。

4.2.4　制定工艺规程的步骤

(1)分析零件图和产品装配图。

(2)对零件图和装配图进行工艺审查。

(3)根据生产纲领研究零件生产类型。

(4)确定毛坯。

(5)拟定工艺路线。

(6)确定各工序所用机床设备和工艺装备(含刀具、夹具、量具、辅具等),对需要改装或重新设计的专用工艺装备要提出设计任务书。

(7)确定各工序的加工余量、计算工序尺寸及公差。

(8)确定各工序的技术要求及检验方法。

(9)确定各工序的切削用量和工时定额。

(10)编制工艺文件。

4.2.5　工艺文件的格式

零件的机械加工工艺规程制定好以后,必须将工艺规程的内容填入一定格式的卡片,成为工艺文件。目前,工艺文件还没有统一的格式。各厂都是根据具体情况自行确定的。最常用的工艺文件的基本格式如下。

4.2.5.1　**机械加工工艺过程卡片**

机械加工工艺过程卡片是以工序单位简要说明零件机械加工过程的一种工艺文件,主要用于单件小批量生产和中批生产,大批大量生产可酌情自定。该卡片是生产管理方面的工艺文件。机械加工工艺过程卡片格式见表4-5。

4.2.5.2　**机械加工工序卡片**

机械加工工序卡片是在工艺过程卡片的基础上,按每道工序所编制的一种工艺文件,其主要内容包括工序简图,该工序中每个工步的加工内容、工艺参数、操作要求以及所用的设备和工艺装备等。工序卡片主要用于大量生产中所用零件、中批生产中复杂产品的关键零件以及小批量生产中的关键工序。机械加工工序卡片格式见表4-6。

表 4-5　机械加工工艺过程卡片格式

<table>
<tr><td rowspan="4">工厂名</td><td rowspan="4">机械加工工艺过程卡片</td><td colspan="2">产品名称及型号</td><td></td><td colspan="2">零件名称</td><td colspan="2"></td><td colspan="3">零件图号</td><td colspan="2"></td></tr>
<tr><td rowspan="3">材料</td><td>名称</td><td></td><td rowspan="2">毛坯</td><td>种类</td><td colspan="2"></td><td colspan="2" rowspan="2">零件质量</td><td>毛重</td><td></td><td>第　页</td></tr>
<tr><td>牌号</td><td></td><td>尺寸</td><td colspan="2"></td><td>净重</td><td></td><td>共　页</td></tr>
<tr><td>性能</td><td></td><td colspan="2">每料件数</td><td colspan="2"></td><td colspan="2">每台件数</td><td></td><td>每批件数</td><td></td></tr>
<tr><td rowspan="2">工序号</td><td colspan="3" rowspan="2">工序内容</td><td rowspan="2">加工车间</td><td colspan="2" rowspan="2">设备名称及编号</td><td colspan="4">工艺装备名称及编号</td><td rowspan="2">技术等级</td><td colspan="2">时间定额(min)</td></tr>
<tr><td>夹具</td><td colspan="2">刀具</td><td>量具</td><td>单件</td><td>准备—终结</td></tr>
<tr><td></td><td colspan="3"></td><td></td><td colspan="2"></td><td colspan="4"></td><td></td><td></td><td></td></tr>
<tr><td rowspan="3">更改内容</td><td colspan="13"></td></tr>
<tr><td colspan="13"></td></tr>
<tr><td colspan="13"></td></tr>
<tr><td>编制</td><td></td><td>抄写</td><td></td><td>校对</td><td colspan="2"></td><td colspan="2">审核</td><td colspan="2"></td><td>批准</td><td colspan="2"></td></tr>
</table>

表 4-6　机械加工工序卡片

<table>
<tr><td rowspan="2">工厂名</td><td rowspan="2">机械加工工序卡片</td><td>产品名称及型号</td><td>零件名称</td><td>零件图号</td><td>工序名称</td><td>工序号</td><td>第　页</td></tr>
<tr><td></td><td></td><td></td><td></td><td></td><td>共　页</td></tr>
<tr><td colspan="3" rowspan="9">画工序简图处</td><td>车间</td><td>工段</td><td>材料名称</td><td>材料牌号</td><td>力学性能</td></tr>
<tr><td></td><td></td><td></td><td></td><td></td></tr>
<tr><td>同时加工件数</td><td>每料件数</td><td>技术等级</td><td>单件时间(min)</td><td>准备—终结时间(min)</td></tr>
<tr><td></td><td></td><td></td><td></td><td></td></tr>
<tr><td>设备名称</td><td>设备型号</td><td>夹具名称</td><td>夹具编号</td><td>切削液</td></tr>
<tr><td></td><td></td><td></td><td></td><td></td></tr>
<tr><td rowspan="3">更改内容</td><td colspan="4"></td></tr>
<tr><td colspan="4"></td></tr>
<tr><td colspan="4"></td></tr>
</table>

续表 4-6

工步号	工步内容	计算数据(mm)			走刀次数	切削用量			工时定额(min)		刀具、量具及辅助工具				
		直径或长度	进给长度	单边余量		背吃刀量(mm)	进给量(r/min)	切削速度(m/min)	基本时间	辅助时间	工步	名称	规格	编号	数量

编制		抄写		校对		审核		批准	

4.2.6　机械加工工艺规程的设计

4.2.6.1　机械加工工艺规程的设计原则

(1)应以保证零件加工质量达到设计图纸规定的各项技术要求为前提。

(2)在保证加工质量的基础上,应使工艺过程有较高的生产效率和较低的成本。

(3)应充分考虑和利用现有的生产条件,尽可能做到平衡生产。

(4)尽量减轻工人的劳动强度,保证安全生产,创造良好、文明劳动条件。

(5)积极采用先进的技术和工艺,力争减少材料和能源消耗,并应符合环境保护要求。

4.2.6.2　加工工艺规程的设计步骤

(1)分析零件工作图和产品装配图。阅读零件工作图和产品装配图,以了解产品的用途、性能及工作条件,明确零件在产品中的位置、功用及其主要的技术要求。

(2)工艺审查。主要审查零件图上的视图、尺寸和技术要求是否完整、正确;分析各项技术要求制定的依据,找出其中的主要技术要求和关键技术问题,以便在设计工艺规程时采取措施予以保证;审查零件的结构工艺性。

(3)确定毛坯的种类及其制造方法。常用的机械零件的毛坯有铸件、锻件、焊接件、型材、冲压件以及粉末冶金、成型轧制件等。零件的毛坯种类有的已在图纸上明确,如焊接件。有的随着零件材料的选定而确定,如选用铸铁、铸钢、青铜、铸铝等,此时毛坯必为铸件,且除形状简单的小尺寸零件选用铸造型材外,均选用单件造型铸件。对于材料为结构钢的零件,除重要零件如曲轴、连杆明确是锻件外,大多数只规定了材料及其热处理要求,这就需要工艺规程设计人员根据零件的作用、尺寸和结构形状来确定毛坯种类。如一般的阶梯轴,若各阶梯的直径差较小,则可直接以圆棒料作毛坯;重要的轴或直径差大的阶梯轴,为了减少材料消耗和切削加工量,则宜采用锻件毛坯。

(4)拟定机械加工工艺路线。这是机械加工工艺规程设计的核心部分,其主要内容有:选择定位基准;确定加工方法;安排加工顺序以及安排热处理、检验和其他工序等。

(5)确定各工序所需的机床和工艺装备。工艺装备包括夹具、刀具、量具、辅具等。机床和工艺装备的选择应在满足零件加工工艺的需要和可靠地保证零件加工质量的前提下,与生产批量和生产节拍相适应,并应优先考虑采用标准化的工艺装备和充分利用现有条件,以降低生产准备费用。对必须改装或重新设计的专用机床、专用或成组工艺装备,应在进行经济性分析和论证的基础上提出设计任务书。

(6)确定各工序的加工余量,计算工序尺寸和公差。

(7)确定切削用量。

(8)确定各工序工时定额。

(9)评价工艺路线。对所制定的工艺方案应进行技术经济分析,并应对多种工艺方案进行比较,或采用优化方法,以确定出最优工艺方案。

(10)填写或打印工艺文件。

4.3　零件的工艺分析

通过认真地分析研究产品的零件图与装配图,可以熟悉产品的用途、性能及工作条件,明确零件在产品中的位置和功用,搞清各项技术条件制定的依据,找出主要技术要求与技术关键,以便在制定工艺规程时采用适当的工艺措施加以保证。制造零件的机械加工工艺过程,首先要对零件进行工艺分析。对零件工艺分析,主要包括零件的技术要求分析和结构工艺性分析两方面。

4.3.1　零件的技术要求分析

零件的技术要求分析包括以下几个方面:

(1)加工表面的尺寸精度和形状精度;

(2)各加工表面之间以及加工表面和不加工表面之间的相互位置精度;

(3)加工表面粗糙度以及表面质量方面的其他要求;

(4)热处理及其他要求,如动平衡、配适切削等。

要注意分析这些要求在保证使用性能的前提下是否经济合理,在现存生产条件下能否实现,特别要分析主要表面的技术要求,因为主要表面的加工确定了零件工艺过程的大致轮廓。

4.3.2　零件的结构工艺性分析

零件的结构工艺性是指所设计的零件在满足使用要求的前提下制造的可行性和经济性。它包括零件的整个工艺过程的工艺性,如铸造、锻造、冲压、焊接、切削加工等的工艺性,涉及面很广,具有综合性。而且在不同的生产类型和生产条件下,同一种零件制造的可行性和经济性可能不同。所以,在对零件进行工艺分析时,必须根据具体的生产类型和生产条件,全面、具体、综合地分析。在制定机械加工工艺规程时,主要进行零件的切削加工工艺性分析,它涉及的主要内容如下:

(1)工件应便于在机床或夹具上装夹，并尽量减少装夹次数；

(2)刀具易于接近加工部位，便于进刀、退刀、越程和测量，以及便于观察切削情况等；

(3)尽量减少刀具调整和走刀次数；

(4)尽量减少加工面积及空行程，提高生产率；

(5)便于采用标准刀具，尽可能减少刀具种类；

(6)尽量减少工件和刀具的受力变形；

(7)改善加工条件，便于加工，必要时应便于采用多刀、多件加工；

(8)有适宜的定位基准，且定位基准至加工面的标柱尺寸应便于测量。

表 4-7 所示是一些常见的零件结构工艺性实例。

表 4-7　常见的零件结构工艺性实例

工艺性内容	结构工艺性不好	结构工艺性好	说明
加工面积应尽量小	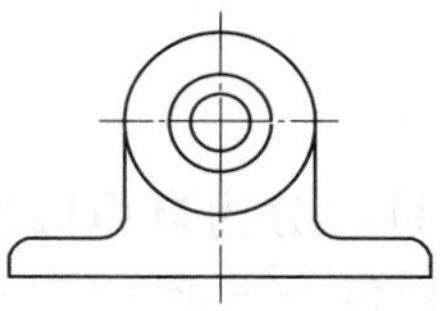	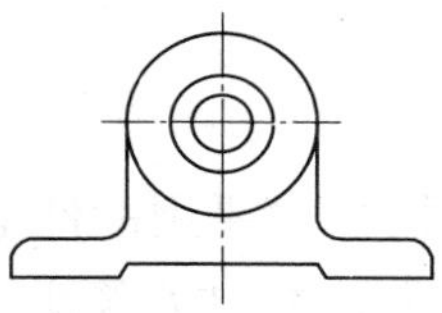	减少加工量；减少材料及切削工具的消耗量
钻孔的入端和出端应避免斜面	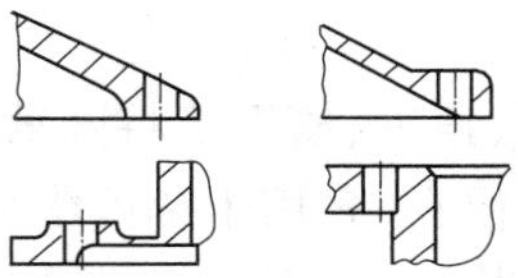	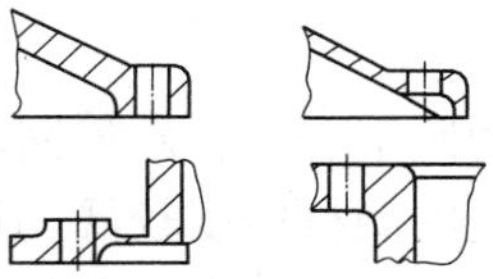	避免刀具损坏；提高钻孔精度；提高生产率
避免斜孔	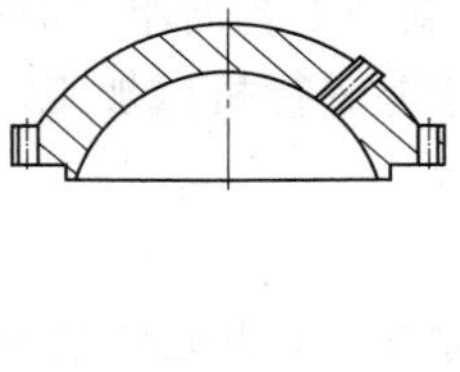	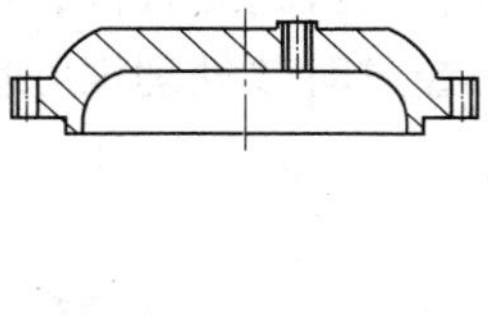	简化夹具结构；几个平行的孔便于同时加工，减少孔的加工量
孔的位置不能距壁太近	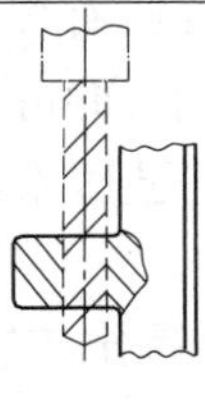	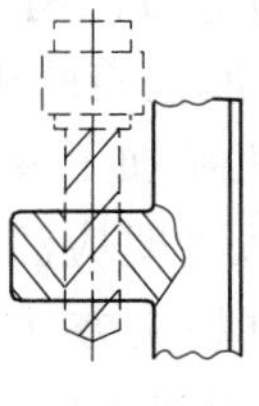	可采用标尺和辅具；提高加工精度

4.4 毛坯的选择

根据零件所要求的形状、尺寸等而制成的供进一步加工用的生产对象称为毛坯。在制定工艺规程时，合理选择毛坯不仅影响到毛坯本身的制造工艺和经济性，而且对零件机械加工工艺、生产率和经济性也有很大的影响。因此，选择毛坯时应从毛坯制造和机械加工两方面综合考虑，以求得最佳效果。

4.4.1 毛坯的种类

毛坯的种类很多，同一毛坯又有多种制造方法。机械制造中常用的毛坯有以下几种类型。

4.4.1.1 铸件

形状复杂的零件毛坯，宜采用铸造方法制造。铸件毛坯的制造方法可分为砂型铸造、金属型铸造、精密铸造、压力铸造等，适用于各种形状复杂的零件，铸件材料有铸铁、铸钢及钢等有色金属。

4.4.1.2 锻件

机械强度要求较高的件，一般要用锻件毛坯。锻件可分为自由锻件和模锻件两种。自由锻件毛坯精度低、加工余量大、生产率低，适用于单件小批量生产以及大型零件。模锻件毛坯精度高、加工余量小、生产率高，适用于中批以上生产的中小型零件。常用的锻件材料为中、低碳钢及低合金钢。

4.4.1.3 型材

型材按截面形状分为圆钢、方钢、六角钢、扁钢、角钢、槽钢等特殊截面的型材。型材有热轧和冷拉两类。热轧的型材精度较低，但价格便宜，多用于一般零件的毛坯；冷拉的型材尺寸较小、精度较高，易于实现自动送料，但价格较高，多用于批量较大的生产，适用于自动机床加工。

4.4.1.4 焊接件

焊接件是用焊接的方法获得的结合件，焊接的优点是工艺简单、周期短、节省材料，缺点是抗振性差、变形大，需经过时效处理消除应力后才能进行机械加工。

4.4.2 毛坯形状与尺寸的确定

毛坯尺寸和零件图上的设计尺寸之差称为加工余量，又叫毛坯余量。毛坯尺寸的公差、毛坯余量的大小与毛坯的制造方法有关。生产中可参照有关工艺手册和标准确定。毛坯余量确定后，将毛坯余量附加在零件相应的加工表面上，即可大致确定毛坯的形状和尺寸，此外还要考虑毛坯制造、机械加工及热处理等许多工艺因素。下面仅从机械加工工艺角度分析在确定毛坯形状和尺寸时应注意的问题。

(1)工艺凸台。为了加工时装夹方便，有些毛坯需要铸出工艺搭子，如图 4-4 所示。在这种情况下，除将毛坯余量附加在零件相应的加工表面上外，还要把工艺凸台或工艺搭子附加在零件上。

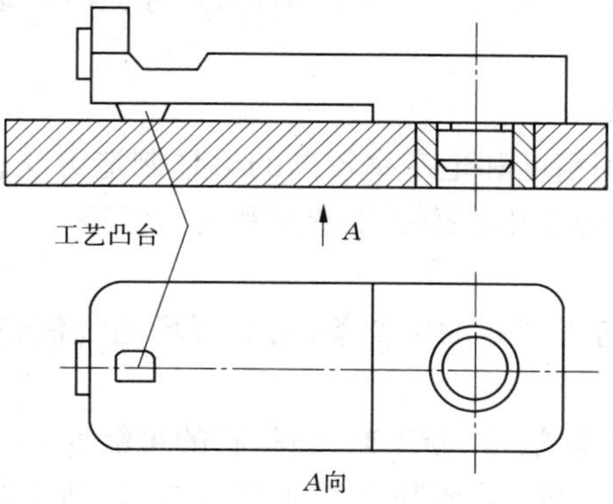

图 4-4　工艺搭子

(2)一坯多件。为了提高零件机械加工的生产率,对于一些类似图 4-5 所示的需经锻造的小零件,可以将若干零件合锻为一件毛坯,经平面加工后再切割分离成单个零件。显然,在确定毛坯的长度时,应考虑切割零件所用锯片的厚度和切割的零件数。

(3)组合毛坯。为了保证加工质量,同时也为了加工方便,通常将轴承、瓦块、砂轮平衡块及车床的开合螺母外壳之类的分离零件的毛坯先做成一个整体毛坯,加工到一定阶段后再切割分离。

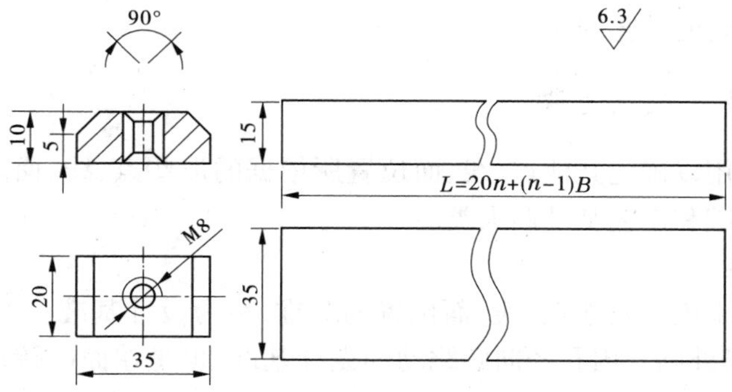

图 4-5　一坯多件的毛坯

4.4.3　选择毛坯时应考虑的因素

4.4.3.1　零件的材料及力学性能要求

零件的材料选定后,毛坯的种类一般可大致确定。例如,铸铁和某些金属只能铸造;对于主要的钢质零件,为获得良好的力学性能,应选用锻件毛坯。

4.4.3.2　零件的形状和尺寸

毛坯的形状和尺寸应尽量与零件的形状和尺寸接近,形状复杂的零件和大型零件的毛坯多用铸造;板状钢质零件多用锻造;轴类零件毛坯,如各台阶直径相差不大,可选用棒料；如各台阶直径相差较大，易用锻件。对于锻件，尺寸大时可选用自由锻，尺寸小且批量较大时可选用模锻。

4.4.3.3　生产纲领的大小

大批量生产时，应选用精度和生产率较高的毛坯制造方法，如模锻、金属型机器造型铸造等。单件小批生产时应选用木模手工造型和自由锻造。

4.4.3.4　现有生产条件

选用毛坯时，要充分考虑现有的生产条件，如现场毛坯制造的实际水平和能力、外协生产的可能性。

4.4.3.5　充分考虑利用好新技术、新工艺、新材料的可能性

随着机械制造技术的发展，毛坯制造方面的新技术、新工艺和新材料的应用发展很快，如精铸、精锻、冷挤压、粉末冶金和工程塑料等在机械中的应用日益广泛。应用这些方法后，可大大减少切削加工量，甚至不需要切削加工就能达到加工要求，大大提高经济效益。

4.5　定位基准的选择

拟定加工工艺路线的第一步是选择定位基准。定位基准选择得正确与否，对能否保证零件的尺寸精度和相互位置精度要求，以及对零件各个表面间的加工顺序安排都有很大影响。采用夹具装夹工件时，定位基准的选择还会影响到夹具的结构。因此，定位基准的选择是一个很重要的工艺问题。

4.5.1　基准的概念及其分类

基准是零件上用以确定其他点、线、面位置所依据的那些点、线、面。根据作用不同，基准可分为设计基准和工艺基准两大类。

4.5.1.1　设计基准

在零件图上用来确定其他点、线、面位置的基准，称为设计基准。如图 4-6 所示的钻套零件，孔中心线是外圆与内孔径向圆跳动的设计基准，也是端面圆跳动的设计基准，端面 A 是端面 B、C 的设计基准。

4.5.1.2　工艺基准

零件在加工和装配过程中所使用的基准，称为工艺基准。按用途的不同可分为以下四种：

(1)定位基准：加工时工件定位所用的基准。用夹具装夹时，定位基准就是工件上直接与夹具的定位元件相接触的点、线、面。例如，将图 4-6 所示零件套在心轴上磨削 ϕ40h6 外圆表面时，内孔中心线即是定位基准。定位基准又可分为粗基准和精基准。粗基准是指没有经过机械加工的定位基准，而已经过机械加工的定位基准则为精基准。

(2)测量基准：用以检验已加工表面形状、尺寸及位置的基准。

(3)工序基准：在工序简图上用来确定本工序加工表面加工后的尺寸、形状、位置的基准。简而言之，它是工序图上的基准。例如，图 4-7 所示为钻套零件的车削加工工序

图，A 面即是 B、C 面的工序基准。

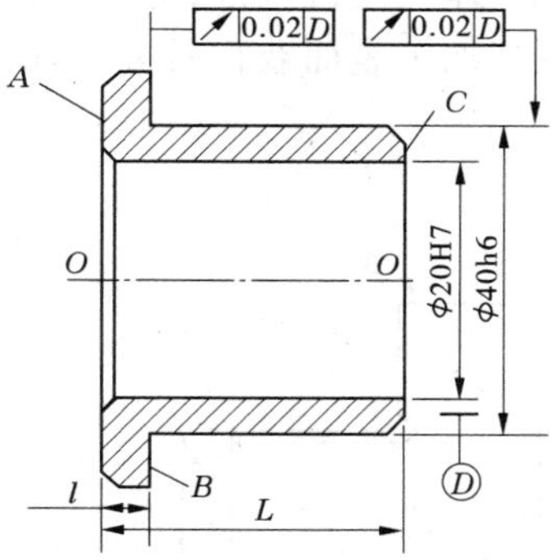

图 4-6 钻套

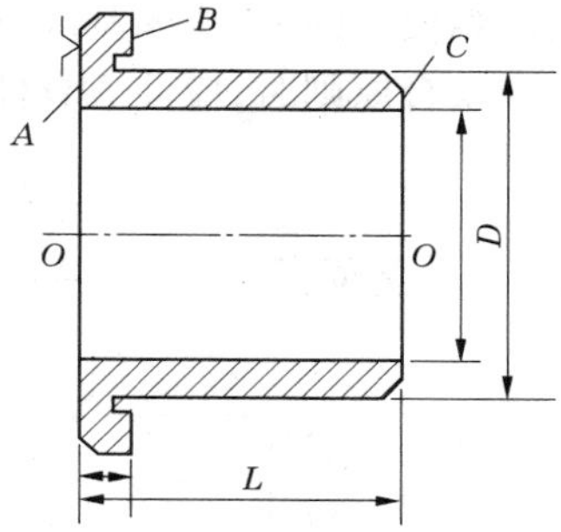

图 4-7 钻套零件的车削工序简图

(4)装配基准：装配时用以确定零件在部件或成品中位置的基准。例如图 4-6 所示钻套零件上的 ϕ40h6 外圆柱面及端面 B 就是该钻套零件装在钻床夹具的钻模板上的孔中时的装配基准。

零件上的基准通常是零件表面具体存在的一些点、线、面，也可以是一些假定的点、线、面，如孔或轴的中心线、槽的对称面等。这些假定的基准，必须由零件上某些相交的具体表面来体现，这样的表面称为基准面。例如图 4-6 所示钻套零件的内孔中心线并不具体存在，而是由内孔圆柱面来体现的，故内孔中心线是基准，内孔圆柱面是基准面。

4.5.2 定位基准的选择

选择定位基准时，是从保证工件加工精度要求出发的，因此定位基准的选择应先选择精基准，再选择粗基准。

4.5.2.1 精基准的选择

选择精基准时，主要应考虑保证加工精度和工件安装方便、可靠性。选择精基准的原则如下。

1. 基准重合原则

选择被加工表面的设计基准为定位基准，以避免基准不重合引起的基准不重合误差。如图 4-8(a)所示的零件，为了遵循基准重合原则，应选择加工表面 C 的设计基准 A 表面作为定位基准。按调整法加工该零件时，加工表面 C 对设计基准 A 的位置精度的保证，仅取决于本工序的加工误差。即在基准重合的条件下，只要 C 面相对于 A 面的平行度误差不超过 0.02 mm，位置尺寸 b 的加工误差不超过设计误差 T_b 的范围，就能保证加工精度，表面 B 的加工误差对表面 C 的加工精度不产生影响，如图 4-8(b)所示。但是，当表面 C 的设计基准为表面 B 时，如图 4-8(c)所示，如果仍以表面 A 为定位基准按调整法加工，就违背了基准重合原则，会产生基准不重合误差。因此，尺寸 C 的加工误差不仅包括本工序所出现的加工误差 Δ_1，而且还包括由于基准不重合带来的设计基准(B 表面)和定位基准(A 表面)之间的尺寸误差，其大小为尺寸 a 的误差 T_a，如图 4-8(d)所示。为了保证尺寸 C 的精度要求，应使 $\Delta_1 + T_a \leq T_c$。可以看出，在 T_c 一定的条件下，由于基准不重合误差的存在，势必导致加工误差 Δ_1 容许数值的减小，即提高了本工序的加工精度，增加了加工难度和成本。当然，就本例来讲，以设计基准（表面 B）作为定位基准，势必增加夹具设计与制造的难度。因此，遵循基准重合原则，有利于保证加工表面获得较高的加工精度，但应用基准重合原则时，应注意具体条件。

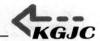

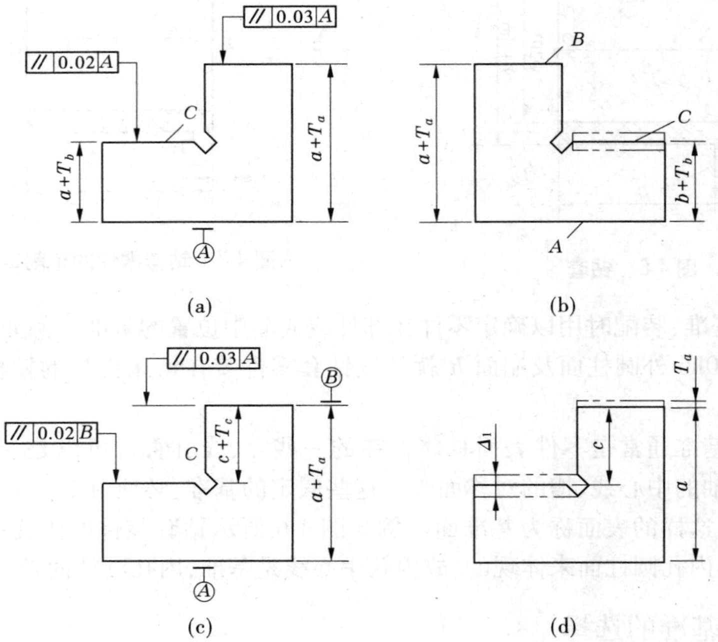

图 4-8　基准重合原则

定位过程中产生的基准不重合误差，是在用调整法加工一批工件时产生的。若用试切法加工，直接保证设计要求，则不存在基准不重合误差。

2. 基准统一原则

采用同一组基准来加工工件的多个表面，不仅可以避免因基准变化而引起的定位误差，而且在一次装夹中能加工较多的表面，既便于保证各个被加工表面的位置精度，又有利于提高生产率。例如，加工轴类零件时采用中心孔定位加工各外圆表面、加工齿轮时以其内孔及一端面为定位基准，均属基准统一原则。

3. 自为基准原则

以加工表面本身作为定位基准称为自为基准原则。有些精加工或是光整加工工序要求加工余量小而均匀，经常采用这一原则。遵循自为基准原则时，不能提高加工表面的位置精度，而是提高加工表面自身的尺寸、形状精度和表面质量。

4. 互为基准原则

当对工件上两个相互位置精度要求很高的表面进行加工时，需要用两个表面互相作为基准，反复进行加工，以保证位置精度要求。

4.5.2.2 粗基准的选择

选择粗基准时，主要要求保证各加工面有足够的余量,并尽快获得精基准面。在具体选择时应考虑下面原则。

1. 以不加工表面作粗基准

用不加工表面作粗基准,可以保证不加工表面与加工表面之间的相互位置关系。例如图4-9所示的毛坯,铸造时孔和外圆 *A* 有偏心,选不加工的外圆 *A* 为粗基准,从而保证孔 *B* 的壁厚均匀。若以需要加工的右端为粗基准,当毛坯右端中心线(*O*—*O*)与内孔中心线不重合时,将会导致内孔壁厚不均匀,如图 4-9 中虚线所示。当工件上有多个不加工表面时,选择与加工表面之间相互位置精度要求较高的不加工表面为粗基准。

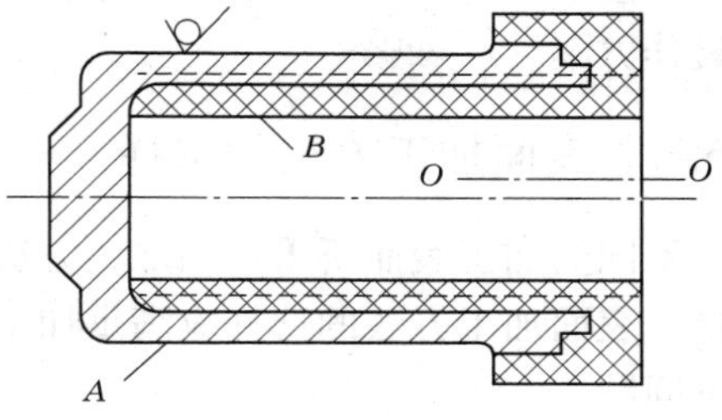

图 4-9 选择不加工表面为粗基准

2. 以重要表面、余量较小的表面作粗基准

此原则主要是考虑加工余量的合理分配。例如图 4-10 所示的床身零件,要求导轨面应有较好的耐磨性,以保持其导向精度。由于铸造时的浇铸位置决定了导轨面处的金属组织均匀而致密,在机械加工中,为保留这一组织应使导轨面上的加工余量尽量小而均匀,因此应选择导轨面作为粗基准加工床脚,再以床脚作为精基准加工导轨面。

3. 粗基准应尽量避免重复使用

作为粗基准的毛坯表面一般都比较粗糙,如二次使用,定位误差较大。因此,粗基准应避免重复使用。如图 4-11 所示的心轴,如重复使用毛坯面 *B* 定位去加工 *A* 和 *C* 表面,则会使 *A* 和 *C* 表面的轴线产生较大的同轴度误差。

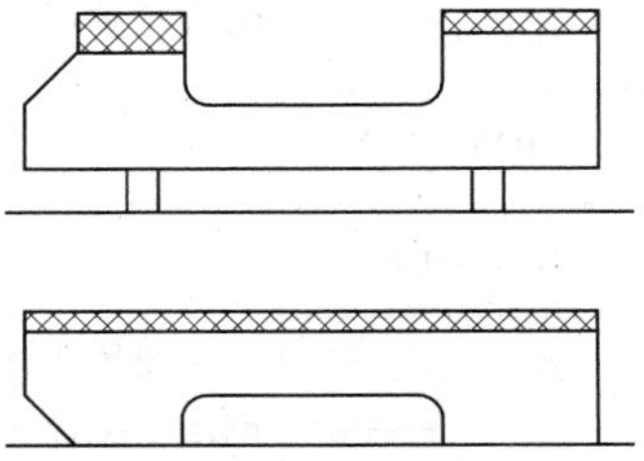

图 4-10 床身加工的粗基准选择

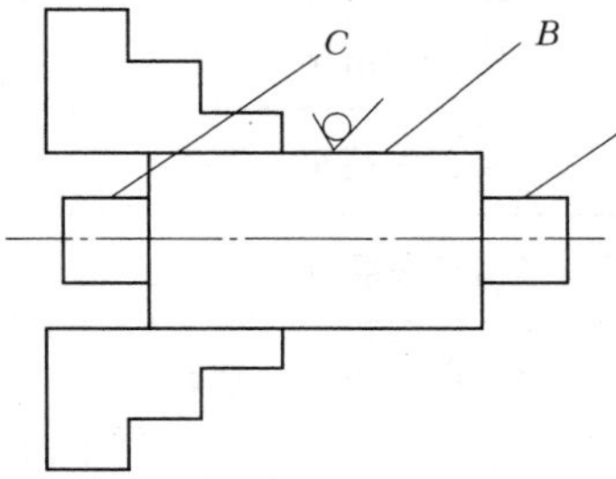

图 4-11 粗基准的重复选择

4. 以质量较好的毛坯面作为粗基准,便于工件装夹

要求选用的粗基准面尽可能平整、光洁,且有足够大的尺寸,不允许有锻造飞边、铸造浇冒口或其他缺陷。也不宜选用铸造分型面作为粗基准。

实际上,无论是精基准还是粗基准的选择,上述原则都不一定能同时满足,有时还是互相矛盾的,因此在选择时应根据具体情况作具体分析,权衡利弊,保证其主要要求。

4.6 工艺路线的拟定

工艺路线的拟定是工艺规程制定过程中的关键阶段,其主要工作是选择零件表面的加工方法和安排各表面的加工顺序。设计时一般应提出几种方案,通过分析对比,从中选择最佳方案。

4.6.1　表面加工方法的选择

不同的加工表面所采用的加工方法不同,而同一加工表面,可能有许多加工方法可供选择。表面加工方法的选择应满足加工质量、生产率和经济性各方面的要求,一般要考虑以下问题。

4.6.1.1　各种结构方法所能达到的经济精度和经济表面粗糙度

所谓经济精度,是指在正常条件下(采用符合质量标准的设备、工艺装备和标准技术等级的工人,不延长加工时间)所能保证的加工精度。若延长加工时间,就会增加成本,虽然精度能提高,但不经济。经济表面粗糙度的概念类似于经济精度。

各种结构方法所能达到的加工经济精度和经济表面粗糙度,以及各种典型表面的加工方案在有关机械加工的手册中可以查到。表 4-8、表 4-9 和表 4-10 分别摘录了外圆柱面、孔和平面等典型表面的加工方法及其经济精度和经济表面粗糙度(经济精度用公差等级表示)。

表 4-8　外圆柱面加工方法

序号	加工方法	经济精度 (以公差等级表示)	经济表面粗糙度 *Ra* 值(μm)	适用范围
1	粗车	IT11 ~ IT13	12.5 ~ 50	适用于除淬火钢外的各种金属
2	粗车—半精车	IT8 ~ IT10	3.2 ~ 6.3	
3	粗车—半精车—精车	IT7 ~ IT8	0.8 ~ 1.6	
4	粗车—半精车—精车—滚压	IT7 ~ IT8	0.025 ~ 0.2	
5	粗车—半精车—磨削	IT7 ~ IT8	0.4 ~ 0.8	主要用于淬火钢,也可用于未淬火钢,但不宜加工有色金属
6	粗车—半精车—粗磨—精磨	IT6 ~ IT7	0.1 ~ 0.4	
7	粗车—半精车—粗磨—精磨—超精加工	IT5	0.012 ~ 0.1	
8	粗车—半精车—精车—精细车	IT6 ~ IT7	0.025 ~ 0.4	主要用于要求较高的有色金属加工
9	粗车—半精车—粗磨—精磨—超精磨	IT5 以上	0.006 ~ 0.025	用于极高精度的外圆加工
10	粗车—半精车—粗磨—精磨—研磨	IT5 以上	0.006 ~ 0.1	

表 4-9 孔加工方法

序号	加工方法	经济精度（以公差等级表示）	经济表面粗糙度 *Ra* 值(μm)	适用范围
1	钻	IT11 ~ IT13	12.5 ~ 50	加工未淬火钢及铸铁的实心毛坯，也可用于加工有色金属。孔径小于 15 ~ 20 mm
2	钻—铰	IT8 ~ IT10	3.2 ~ 6.3	
3	钻—粗铰—精铰	IT7 ~ IT8	0.8 ~ 1.6	
4	钻—扩	IT10 ~ IT11	0.2 ~ 0.8	加工未淬火钢及铸铁的实心毛坯，也可用于加工有色金属。孔径小于 15 ~ 20 mm
5	钻—扩—铰	IT8 ~ IT9	6.3 ~ 12.5	
6	钻—扩—精铰—粗铰	IT7	1.6 ~ 3.2	
7	钻—扩—机铰—手铰	IT6 ~ IT7	0.2 ~ 0.4	
8	钻—扩—拉	IT7 ~ IT9	0.1 ~ 1.6	大批大量生产（精度由拉刀的精度决定）
9	粗镗（或扩孔）	IT11 ~ IT13	6.3 ~ 12.5	除淬火钢外的各种材料，毛坯有铸出孔或锻出孔
10	粗镗（粗扩）—半精镗（精扩）	IT9 ~ IT10	1.6 ~ 3.2	
11	粗镗（粗扩）—半精镗（精扩）—精镗（铰）	IT7 ~ IT8	0.8 ~ 1.6	
12	粗镗（粗扩）—半精镗（精扩）—精镗—浮动镗刀精镗	IT6 ~ IT7	0.4 ~ 0.8	
13	粗镗（扩）—半精镗—磨孔	IT7 ~ IT8	0.2 ~ 0.8	主要用于淬火钢，但不宜用于有色金属
14	粗镗（扩）—半精镗—粗磨—精磨	IT6 ~ IT7	0.1 ~ 0.2	
15	粗镗—半精镗—精镗—精细镗	IT6 ~ IT7	0.05 ~ 0.4	主要用于精度要求高的有色金属
16	钻—（扩）—粗镗—精镗—珩磨；钻—（扩）—拉—珩—磨；粗镗（扩）—半精镗—粗磨—珩磨	IT6 ~ IT7	0.025 ~ 0.2	精度要求很高的孔
17	以研磨代替上述方法中的珩磨	IT5 ~ IT6	0.006 ~ 0.1	表面粗糙度值要求特别小的内孔表面

4.6.1.2 选择表面加工方案时应考虑的因素

（1）工件材料的性质。各种加工方法对工件材料及其热处理状态有不同的适用性。淬火钢的精加工要采用磨削，有色金属的精加工为避免磨削时堵塞砂轮，则要用高速精细车或精细镗。

（2）工件的形状和尺寸。工件的形状和加工表面的尺寸大小不同，采用的加工方法和加工方案往往不同。一般情况下，大孔常采用粗镗—半精镗—精镗的方法，小孔常采用钻—扩—铰的方法。

表 4-10　平面加工方法

序号	加工方法	经济精度（以公差等级表示）	经济表面粗糙度 *Ra* 值(μm)	适用范围
1	粗车	IT11 ~ IT13	12.5 ~ 50	端面
2	粗车—半精车	IT8 ~ IT10	3.2 ~ 6.3	
3	粗车—半精车—精车	IT7 ~ IT8	0.8 ~ 1.6	
4	粗车—半精车—磨削	IT6 ~ IT8	0.2 ~ 0.8	
5	粗刨(或粗铣)	IT11 ~ IT13	6.3 ~ 25	一般用于不淬硬平面（端铣表面粗糙度 *Ra* 较小）
6	粗刨(或粗铣)—精刨(或精铣)	IT8 ~ IT10	1.6 ~ 6.3	
7	粗刨（或粗铣）—精刨（或精铣)—刮研	IT6 ~ IT7	0.1 ~ 0.6	主要用于要求较高的有色金属加工
8	以宽刃精刨代替上述刮研	IT7	0.2 ~ 0.8	
9	粗刨（或粗铣）—精刨（或精铣)—磨削	IT7	0.2 ~ 0.8	精度要求高的淬硬平面或不淬硬平面
10	粗刨（或粗铣）—精刨（或精铣)—粗磨—精磨	IT6 ~ IT7	0.025 ~ 0.4	
11	粗铣—拉	IT7 ~ IT9	0.2 ~ 0.8	大量生产，较小的平面（精度视拉刀精度而定）
12	粗铣—精铣—磨削—研磨	IT5 以上	0.006 ~ 0.1（或 *Ra*0.05）	高精度平面

(3)生产类型、生产率和经济性。各种加工方法的生产率有很大的差异，经济性也各不相同。如内孔键槽的加工方法可以选择拉削和插加工；单件小批量生产主要适宜用插加工，可以获得较好的经济性；而大批量生产中为了提高生产率大多采用拉削加工。

(4)加工表面的特殊要求。有些加工表面可能会有一些特殊要求，如表面切削纹路方向的要求。不同的加工方法，切削纹路方向有所不同，铰削和镗削的纹路方向与拉削的纹路方向就不相同。选择加工方法时应考虑加工表面的特殊要求。

4.6.2　加工阶段的划分

当加工零件的质量要求比较高时，往往不可能在一两个工序中完成全部的加工工作，而必须分几个阶段来进行加工。一般来说，整个加工过程可分为粗加工、半精加工、精加工等几个阶段。加工精度和表面质量要求特别高时，还可以增设光整加工和超精加工阶段。在加工过程中将粗、精加工分开进行，由粗到精使工件逐步到达所要求的精度水平。

4.6.2.1　各加工阶段的主要任务

1. 粗加工阶段

这一阶段的主要任务是尽快从毛坯上去除大部分余量，关键问题是提高生产率。

2. 半精加工阶段

在粗加工阶段的基础上提高零件精度和表面质量，并留合适的余量，为精加工做好准备工作。

3. 精加工阶段

从工件表面切除少量余量，达到工件设计要求的加工精度和表面粗糙度。

4. 光整加工阶段

对于零件尺寸精度和表面粗糙度要求很高的表面，还要安排光整加工阶段，这一阶段的主要任务是提高尺寸精度和减小表面粗糙度。

当毛坯余量较大、表面非常粗糙时，在粗加工阶段前还可以安排荒加工阶段。为及时发现毛坯缺陷、减少运输量，荒加工阶段常在毛坯准备车间进行。

4.6.2.2 划分加工阶段的原因

1. 保证加工质量

工件划分阶段后，因粗加工的加工余量很大，切削变形大，会出现较大的加工误差，通过半精加工和精加工逐步得到纠正，以保证加工质量。

2. 合理使用设备

划分加工阶段后，可以充分发挥粗、精加工设备的特点，避免以精干粗，做到合理使用设备。

3. 便于安排热处理工序

粗加工阶段前后，一般要安排去应力等预先热处理工序，精加工前则要安排淬火等最终热处理，最终热处理后工件的变形可以通过精加工工序予以消除。划分加工阶段后，便于热处理工序的安排，使冷热工序配合得更好。

4. 便于及时发现毛坯缺陷

毛坯的有些缺陷往往在加工后才暴露出来。粗、精加工分开后，粗加工阶段就可以及时发现和处理毛坯缺陷。同时精加工工序安排在最后，可以避免已加工好的表面在搬运和夹紧中受到损伤。

划分加工阶段是针对整个工艺过程而言的，以工件加工表面为主线进行划分，不应以个别表面和个别工序来判断。对于具体的工件，加工阶段的划分还应灵活掌握。对于加工质量要求不高、工件刚性好、毛坯精度高、余量较小的工件，就可少划分几个阶段或不划分加工阶段。

4.6.3 工序集中与工序分散

在确定了工件上各表面的加工方法以后，安排加工工序的时候可以采取两种不同的原则：工序集中原则和工序分散原则。工序集中就是将工件的加工集中在少数几道工序内完成，每道工序的加工内容较多。工序分散就是将工件的加工分散在较多的工序内进行，每道工序的加工内容很少，最少时每道工序仅有一个简单的工步。

4.6.3.1 工序集中的特点

(1) 可以采用高效机床和工艺装备，生产率高。

(2) 工件装夹次数减少，易于保证表面间相互位置精度，还能减少工序间的运输量。

(3) 工序数目少，可以减少机床数量、操作工人数和减小生产面积，还可以简化生产。

(4) 如果采用结构复杂的专用设备及工艺装备，则投资巨大，调整和维修复杂，生产准备工作量大，转换新产品比较费时。

4.6.3.2　**工序分散的特点**

（1）设备及工艺装备比较简单，调整和维修方便，易于适应产品更换。

（2）可采用最合理的切削用量，减少基本时间。

（3）设备数量多，操作工人多，占用生产面积大。

在一般情况下，单件小批生产多采用工序集中，大批量生产则工序集中和工序分散两者兼采用。实际生产中是采用工序集中还是采用工序分散，需根据具体情况，通过技术经济分析来确定。

4.6.4　加工顺序的安排

复杂零件的机械加工顺序包括切削加工、热处理和辅助工序，因此在拟定工艺路线时要将三者加以考虑。

4.6.4.1　**切削加工工序的安排**

切削加工工序的安排，一般应遵循以下原则。

1. 先粗后精

零件分阶段进行加工时，一般应遵循“先粗后精”的加工顺序，即先进行粗加工，中间安排半精加工，最后安排精加工和光整加工。

2. 先主后次

零件加工时，先考虑主要表面的加工，然后考虑次要表面的加工。次要表面可适当穿插在主要表面加工工序之间。所谓主要表面，是指整个零件上加工精度要求高、表面粗糙度值要求小的装配表面、工作表面等。

3. 基准先行

被选为精基准的表面，应安排在起始工序进行加工，以便尽快为后面工序的加工提供精基准。

4. 先面后孔

对于箱体、支架类零件，其主要加工面是孔和平面，一般先以孔作为粗基准加工平面，然后以平面作为精基准加工孔，以保证平面和孔的位置精度要求。

4.6.4.2　**热处理工序的安排**

（1）为改善材料切削性能而进行的热处理工序（如退火、正火等），应安排在切削加工之前进行。

（2）为消除内应力而进行的热处理工序（如退火、人工时效等），最好安排在粗加工之后、精加工之前进行，有时也可安排在切削加工之前进行。

（3）为改善工件材料的物理力学性质而进行的热处理工序（如调质、淬火等），通常安排在粗加工之后、精加工之前进行。其中，渗碳淬火一般安排在切削加工之后、磨削加工之前进行。而表面淬火和渗氮等变形小的热处理工序，允许安排在精加工之后进行。

（4）为了提高零件表面耐磨性或耐腐蚀性而进行的热处理工序以及以装饰为目的的热处理工序或表面处理工序（如镀铬、镀锌、氧化、煮黑等），一般放在工艺过程的最后。

4.6.4.3 检验工序的安排

在工艺规程中,应在下列情况下安排常规检验工序:

(1)重要工序的加工前后;

(2)不同加工阶段的前后,如粗加工后、精加工前,精加工后、精密加工前;

(3)工件从一个车间转到另一个车间前后;

(4)零件的全部加工结束以后。

4.7 加工余量的确定

在选择了毛坯,拟定出加工工艺路线以后,需要确定加工余量,计算各工序的工序尺寸。加工余量的大小与加工成本有密切关系,加工余量过大,不仅浪费材料,而且增加切削工时,增加刀具与车床的磨损,从而增加成本;加工余量过小,会使前一道工序的缺陷得不到纠正,造成废品,从而使成本增加。因此,合理确定加工余量,对提高加工质量和降低成本都有十分重要的意义。

4.7.1 加工余量的概念

加工余量是指加工过程中从加工表面切去的金属表面层。加工余量可分为工序加工余量和总加工余量。

4.7.1.1 工序加工余量

工序加工余量是相邻两工序的工序尺寸之差,即在一道工序中从某一加工表面切除的材料层厚度。

对于如图4-12所示的单边加工表面,其单边加工余量为

$$Z_1 = A_1 - A_2 \tag{4-2}$$

$$Z_2 = A_2 - A_1 \tag{4-3}$$

式中 A_1——前道工序的工序尺寸;

A_2——本道工序的工序尺寸。

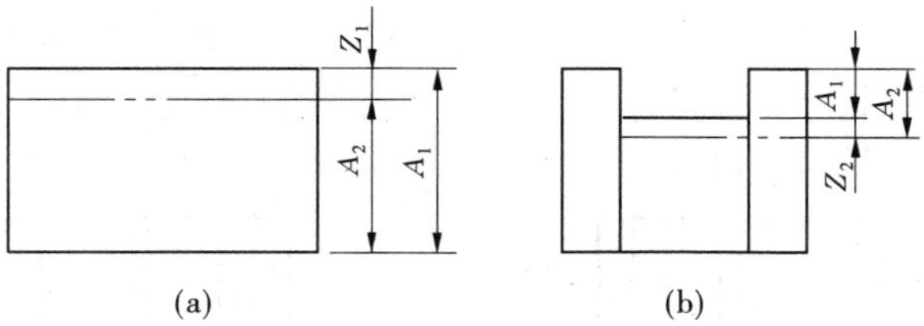

图4-12 单边加工余量

对于对称表面,其加工余量是对称分布的,是双边加工余量,如图4-13所示。

对于轴 $$2Z_2 = d_1 - d_2 \tag{4-4}$$

对于孔 $$2Z_2 = D_2 - D_1 \tag{4-5}$$

式中 Z_2——直径上的加工余量;

D_1、d_1——前道工序的工序尺寸(直径)；

D_2、d_2——本道工序的工序尺寸(直径)。

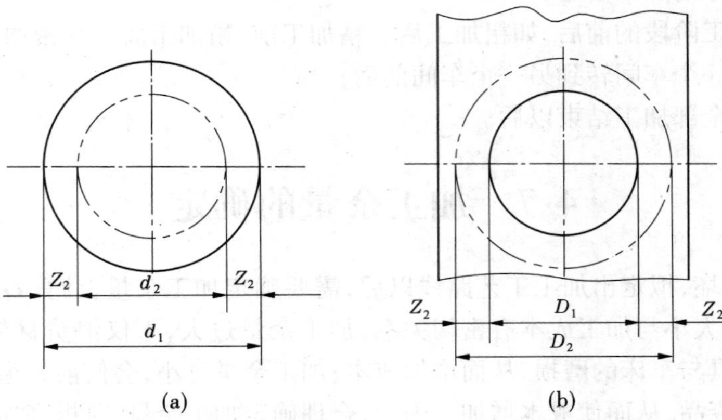

图 4-13　双边加工余量

4.7.1.2　**总加工余量**

总加工余量是指零件从毛坯变为成品的整个加工过程中从表面所切除金属层的总厚度,即零件毛坯尺寸与零件图上设计尺寸之差。总加工余量等于各工序加工余量之和,即

$$Z_{总} = \sum_{i=1}^{n} Z_i \tag{4-6}$$

式中　$Z_{总}$——总加工余量；

Z_i——第 i 道工序加工余量；

n——该表面的工序数。

图 4-14 是轴和孔的毛坯余量及各工序余量的分布情况。图中还给出了各工序尺寸及其公差、毛坯尺寸及其公差。对于被包容面(轴),基本尺寸为最大工序尺寸;对于包容面(孔),基本尺寸为最小工序尺寸。毛坯尺寸的公差一般采用双向标注。

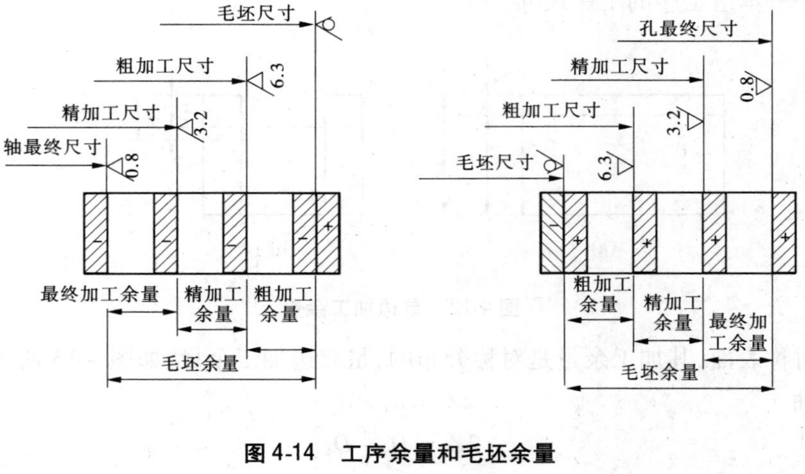

图 4-14　工序余量和毛坯余量

由于毛坯尺寸和工序尺寸都有制造公差,总加工余量和工序加工余量都是变动的,因此加工余量有基本余量、最大余量、最小余量三种情况。

4.7.1.3 **影响加工余量大小的因素**

(1)前道工序的尺寸公差。由于工序尺寸有公差,前道工序的实际工序尺寸有可能出现最大或最小极限尺寸。为了使前道工序的实际工序尺寸在极限尺寸的情况下,本道工序也能将前道工序留下的表面粗糙度和缺陷层切除,本道工序的加工余量应包括前道工序的公差。

(2)前道工序的形状和位置误差。当工件上有些形状和位置偏差不包括在尺寸公差的范围内,这些误差又必须在本道工序加工中纠正时,在本道工序的加工余量中必须包括这些误差。

(3)前道工序的表面粗糙度和表面缺陷。为了保证加工质量,本道工序必须将前道工序留下的表面粗糙度和缺陷层切除。

(4)本道工序的安装误差。安装误差包括工件的定位误差和夹紧误差,若用夹具装夹,还应有夹具在机床上的装夹误差。这些误差会使工件在加工时的位置发生偏移,所以加工余量还必须考虑安装误差的影响。如图4-15所示,用三爪自动定心卡盘夹持工件外圆加工孔时,若工件轴心线偏移机床主轴回转轴线一个 e 值,造成内孔切削余量不均匀,为使前道工序的各项误差和缺陷在本道工序切除,应将孔的加工余量加大 $2e$。

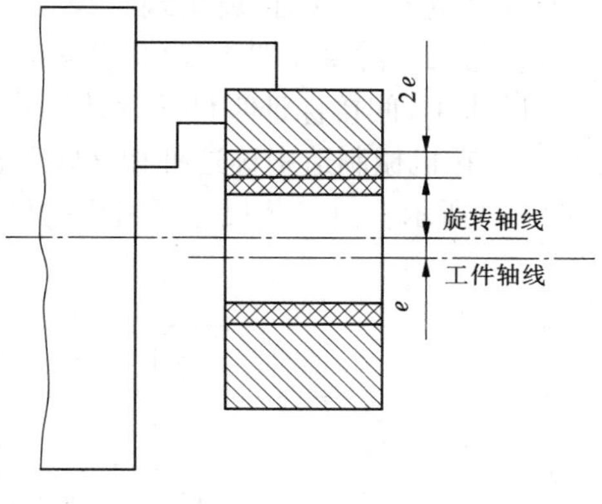

图4-15 工件的安装误差

4.7.2 加工余量的确定

4.7.2.1 **经验估计法**

根据工艺人员和工人的长期生产实践经验,采用类比法来估计确定加工余量的大小。此法简单易行,但有时因经验所限,为防止余量不够造成废品,估计的余量一般偏大,多用于单件小批生产。

4.7.2.2 **分析计算法**

以一定的实验资料和计算公式为依据,对影响加工余量的诸多因素进行逐项的分析和计算,以确定加工余量的大小。该法所确定的加工余量经济合理,但要有可靠的实验数据和资料,计算较复杂,仅在贵重材料及大批大量生产中采用。

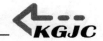

4.7.2.3　**查表修正法**

以有关工艺手册和资料所推荐的加工余量为基础，结合实际加工情况进行修正，以确定加工余量的大小。此法应用较广。查表时应注意表中数值是单边加工余量还是双边加工余量。

4.8　工序尺寸的确定

在机械加工过程中，工件尺寸在不断变化，由毛坯尺寸到工序尺寸，最后达到设计要求的尺寸。在这个变化过程中，加工表面本身的尺寸及各表面之间的尺寸都在不断变化，这种变化无论是在一个工序内部，还是在各工序之间都有一定的联系。应用尺寸链理论去揭示它们之间的内在联系，掌握它们的变化规律是合理确定工序尺寸及其公差和计算各种工艺尺寸的基础。因此，本节首先介绍工艺尺寸链的基本概念，然后分析工艺尺寸链的计算方法以及工艺尺寸链的应用。

4.8.1　工艺尺寸链的概念

4.8.1.1　**工艺尺寸链的定义和特征**

如图 4-16(a)所示零件，平面 1、2 已加工，要加工平面 3，平面 3 的位置尺寸 A_Σ，其设计基准为平面 2。当选择平面 1 为定位基准时，就出现了设计基准与定位基准不重合的情况。在采用调整法加工时，工艺人员需要在图 4-16(b)上标注工序尺寸 A_2，供对刀和检验时使用，以便直接控制工序尺寸 A_2，间接保证零件的设计尺寸 A_Σ。尺寸 A_1、A_2 和 A_Σ 首尾相连构成一封闭的尺寸组合。在机械制造中称这种相互联系且按一定顺序排列的封闭尺寸组合为尺寸链，如图 4-16(c)所示。由工艺尺寸所组成的尺寸链称为工艺尺寸链。

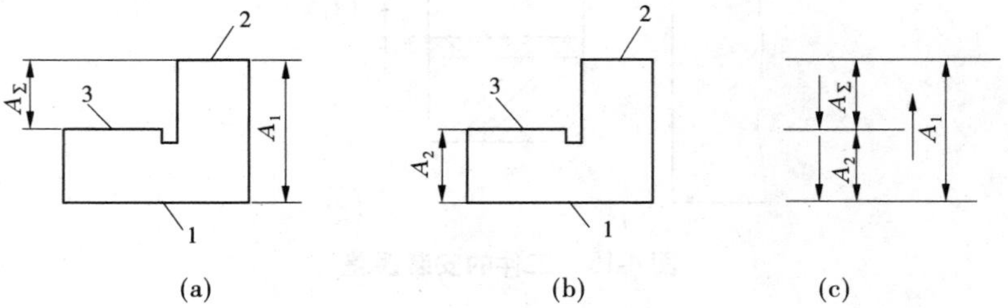

图 4-16　零件加工中的工艺尺寸链

通过以上分析可知，工艺尺寸链的主要特征是封闭性和关联性。

(1)封闭性：是指组成尺寸链的有关尺寸按一定顺序首尾相连构成封闭图形，没有开口。

(2)关联性：是指任何一个直接保证的尺寸及其精度的变化，必将影响间接保证的尺寸和精度。如图 4-16(c)所示尺寸链中，A_1、A_2 的变化，都将影响 A_Σ 的变化。

4.8.1.2　**工艺尺寸链的组成**

1. 环

组成工艺尺寸链的每一个尺寸称为工艺尺寸链的环。如图 4-16(c)所示尺寸 A_1、A_2

和 A_Σ，都是工艺尺寸链的环，环又可分为封闭环和组成环。

2. 封闭环

在加工过程中间接获得、最后保证的尺寸称为封闭环，用 A_Σ 表示。图4-16(c)中 A_Σ 为封闭环。每个尺寸链只能有一个封闭环。

3. 组成环

在加工过程中直接得到的尺寸称为组成环。用 A_i 表示，如图4-16中的 A_1、A_2。

组成环按照其对封闭环的影响又分为增环和减环。

1) 增环

由于工艺尺寸链是由一个封闭环和若干个组成环组成的封闭环图形，故尺寸链中组成环的尺寸变化必然引起封闭环的尺寸变化。当某组成环增大(其他组成环保持不变)，封闭环也随之增大时，则该组成环称为增环，以 $\overrightarrow{A}_i$ 表示，如图4-16(c)中的 A_1。

2) 减环

当某组成环增大(其他组成环保持不变)，封闭环反而减小时，则该组成环称为减环，以 $\overleftarrow{A}_i$ 表示，如图4-16(c)中的 A_2。

为了迅速确定工艺尺寸链中各组成环的性质，可先在尺寸链图上平行于封闭环，沿任意方向画一箭头，然后沿此箭头方向环绕工艺尺寸链，平行于每一个组成环依次画出箭头，箭头指向与环绕方向相同，如图4-16(c)所示。箭头指向与封闭环箭头指向相反的组成环为增环(如图4-16中 A_1)，相同的为减环(如图4-16中 A_2)。

应着重指出：正确判断尺寸链的封闭环是解算工艺尺寸链最关键的一步。如果封闭环判断错了，整个工艺链的解算也就错了。因此，在确定封闭环时，要根据零件的工艺方案紧紧抓住间接得到的尺寸这一要点。

4.8.2 工艺尺寸链的基本公式

尺寸链的计算方法有两种：极值法和概率法。这里仅介绍生产中常用的极值法。极值法是从最坏的情况出发来考虑问题的，即当所有增环都为最大极限尺寸、减环都为最小极限尺寸，或所有增环都为最小极限尺寸、减环恰好都为最大极限尺寸时，来计算封闭环的极限尺寸和公差。事实上，一批零件的实际尺寸是在公差带范围内变化的。在尺寸链中，所有增环不一定同时出现最大或最小极限，即使出现，此时所有减环也不一定同时出现最小或最大极限尺寸。

极值法解工艺尺寸链的基本公式如下。

4.8.2.1 封闭环基本尺寸

封闭环的基本尺寸 A_Σ 等于所有增环的尺寸 $\overrightarrow{A}_i$ 之和减去所有减环的尺寸 $\overleftarrow{A}_i$ 之和，即

$$A_\Sigma = \sum_{i=1}^{m} \overrightarrow{A}_i - \sum_{i=m+1}^{n-1} \overleftarrow{A}_i \tag{4-7}$$

式中 m——增环的环数；

n——尺寸链的总环数。

4.8.2.2　**封闭环极限尺寸**

封闭环最大极限尺寸 $A_{\sum\max}$ 等于所有增环的最大极限尺寸 $\overrightarrow{A}_{i\max}$ 之和减去所有减环的最小极限尺寸 $\overleftarrow{A}_{i\min}$ 之和，即

$$A_{\sum\max} = \sum_{i=1}^{m}\overrightarrow{A}_{i\max} - \sum_{i=m+1}^{n-1}\overleftarrow{A}_{i\min} \tag{4-8}$$

封闭环最小极限尺寸 $A_{\sum\min}$ 等于所有增环的最小极限尺寸 $\overrightarrow{A}_{i\min}$ 之和减去所有减环的最大极限尺寸 $\overleftarrow{A}_{i\max}$ 之和，即

$$A_{\sum\min} = \sum_{i=1}^{m}\overrightarrow{A}_{i\min} - \sum_{i=m+1}^{n-1}\overleftarrow{A}_{i\max} \tag{4-9}$$

4.8.2.3　**上、下偏差**

封闭环的上偏差 ESA_{Σ} 等于所有增环的上偏差 $ES\overrightarrow{A}_i$ 之和减去所有减环的下偏差 $EI\overleftarrow{A}_i$ 之和，即

$$ESA_{\sum} = \sum_{i=1}^{m}ES\overrightarrow{A}_i - \sum_{i=m+1}^{n-1}EI\overleftarrow{A}_i \tag{4-10}$$

封闭环的下偏差 EIA_{Σ} 等于所有增环的下偏差 $EI\overrightarrow{A}_i$ 之和减去所有减环的上偏差 $ES\overleftarrow{A}_i$ 之和，即

$$EIA_{\sum} = \sum_{i=1}^{m}EI\overrightarrow{A}_i - \sum_{i=m+1}^{n-1}ES\overleftarrow{A}_i \tag{4-11}$$

4.8.2.4　**公差**

封闭环的公差 $T_{\sum}$ 等于各组成环的公差 T_i 之和，即

$$T_{\sum} = \sum_{i=1}^{n-1}T_i \tag{4-12}$$

4.8.2.5　**平均尺寸**

封闭环的平均尺寸 $A_{\sum m}$ 等于所有增环的平均尺寸 $\overrightarrow{A}_{im}$ 之和减去所有减环的平均尺寸 $\overleftarrow{A}_{im}$ 之和，即

$$A_{\sum m} = \sum_{i=1}^{m}\overrightarrow{A}_{im} - \sum_{i=m+1}^{n-1}\overleftarrow{A}_{im} \tag{4-13}$$

式中　A_{im}——各组成环平均尺寸，$A_{im} = \frac{1}{2}(A_{i\max} + A_{i\min})$；

n——包括封闭环在内的尺寸链总环数；

m——增环数目；

$n-1$——组成环(包括增环和减环)的数目。

4.8.3　工艺尺寸链的分析与计算

4.8.3.1　**工艺基准与设计基准重合时工序尺寸及其公差的确定**

零件上外圆和内孔的加工多属于这种情况。当表面需经多次加工时，各工序的加工

尺寸及公差取决于各工序的加工余量及所采用加工方法的经济加工精度，计算的顺序是由最后一道工序向前推算。计算步骤如下：

(1)确定各工序加工余量。

(2)从最终加工工序开始，即从设计尺寸开始，逐次加上(对于被包容面)或减去(对于包容面)每道工序的加工余量，可分别得到各工序的基本尺寸。

(3)除最终加工工序取设计尺寸公差外，其余各工序按各自采用的加工方法所对应的加工经济精度确定工序尺寸公差。

(4)除最终加工工序按图纸标注公差外，其余各工序按"入体原则"标注工序尺寸公差。

(5)一般毛坯余量(总余量)已事先确定，故第一道加工工序的余量由毛坯余量(总余量)减去后续各半精加工和精加工的工序余量之和而求得。

【例4-1】 某机床主轴箱体的主轴孔设计尺寸要求为 $\phi100^{+0.035}_{0}$ mm，粗糙度为 $Ra0.8$ μm，若采用加工方法为：毛坯—粗镗—半精镗—精镗—浮动镗刀块镗，试确定各加工工序的加工余量、工序尺寸及其公差。

首先，通过查表确定毛坯总余量及其公差、工序余量以及工序的经济精度和公差值，然后，计算工序尺寸，结果如表4-11所示。

表4-11 主轴孔工序尺寸及公差的确定

工序名称	工序加工余量	工序经济精度	工序基本尺寸	工序尺寸及公差
浮动镗	0.1	0.035(IT7)	100	$\phi100^{+0.035}_{0}$
精镗	0.5	0.087(IT8)	100 − 0.1 = 99.9	$\phi99.9^{+0.054}_{0}$
半精镗	2.4	0.22(IT11)	99.9 − 0.5 = 99.4	$\phi99.4^{+0.14}_{0}$
粗镗	5	0.54(IT12)	99.4 − 2.4 = 97	$\phi97^{+0.35}_{0}$
毛坯	8	±1.2	97 − 5 = 92	$\phi92\pm1.2$

4.8.3.2 工艺基准与设计基准不重合时工序尺寸及其公差的确定

1. 定位基准与设计基准不重合的尺寸换算

【例4-2】 如图4-17(a)所示零件，各平面及槽均已加工，求以侧面 K 定位钻 $\phi10$ mm 孔的工序尺寸及其偏差。

由于孔的设计基准为槽中心线，钻孔的定位基准 K 与设计基准不重合，工序尺寸及其偏差应按工艺尺寸链进行计算。

解算步骤如下：

(1)确定封闭环：在零件加工过程中直接控制的是工序尺寸(40 ± 0.05) mm 和 A，孔的位置尺寸(100 ± 0.2) mm 是间接得到的，故尺寸(100 ± 0.2) mm 为封闭环。

(2)绘出工艺尺寸链图，如图4-17(b)所示。

(3)判断组成环的性质：尺寸 A 的箭头方向与封闭环相反，故为增环，尺寸(40 ± 0.05) mm 为减环。

(4)计算工序尺寸 A 及其上、下偏差。

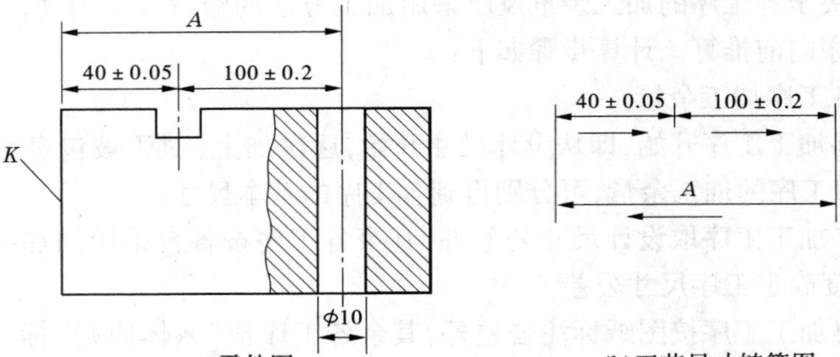

(a)零件图　　(b)工艺尺寸链简图

图 4-17　定位基准与设计基准不重合的尺寸换算

A 的基本尺寸：

$$100 = A - 40$$

$$A = 140 \text{ mm}$$

计算 A 的上、下偏差：

$$+0.2 = ESA - (-0.05)$$

$$ESA = 0.15 \text{ mm}$$

$$-0.2 \text{ mm} = EIA - 0.05$$

$$EIA = -0.15 \text{ mm}$$

(5)校验计算结果：

根据式(4-11)得：

$$[0.2 - (-0.2)] = [0.05 - (-0.05)] + [0.15 - (-0.15)]$$

$$0.4 = 0.4$$

各组成环公差之和等于封闭环的公差，计算无误，故以侧面 K 定位钻孔 $\phi10$ mm 的工序尺寸为(140 ± 0.15)mm。可以看出，本工序尺寸公差减小的数值等于定位基准与设计基准之间距离尺寸的公差 ±0.05 mm，它就是本工序的基准不重合误差。

2. 测量基准与设计基准不重合的尺寸换算

【例 4-3】　加工零件的轴向尺寸（设计尺寸）如图 4-18(a)所示。

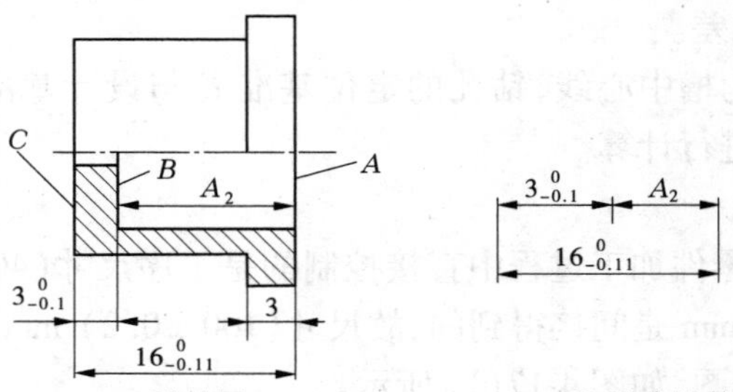

(a)零件图　　(b)工艺尺寸链简图

图 4-18　测量基准与设计基准不重合时的尺寸换算

在加工内孔端面 B 时,设计尺寸 $3_{-0.1}^{\ 0}$ mm 不便测量。

为了便于测量,现改为测量尺寸 A_2,以此判断零件合格与否。根据上述工艺关系,建立工艺尺寸链,如图 4-18(b)所示。由于设计尺寸 $3_{-0.1}^{\ 0}$ mm 是间接得到的尺寸,故为尺寸链的封闭环,而尺寸 $16_{-0.11}^{\ 0}$mm 为增环,尺寸 A_2 为减环。

由于该尺寸链中封闭环的公差 0.1 mm 小于组成环 $16_{-0.11}^{\ 0}$ mm 的公差,不满足 $T_m = \sum_{i=1}^{n-1} T_i$,用极值法解算尺寸链,不能正确求得 A_2 的尺寸偏差。

现采用压缩组成环的公差的办法来处理。由于尺寸 $16_{-0.11}^{\ 0}$mm 是外形尺寸,比内孔端面 B 测量尺寸 A_2 易于控制,故将它的公差值缩小,取 $T_1 = 0.043$(IT9)。经压缩公差后,尺寸 $16_{-0.11}^{\ 0}$mm 的尺寸偏差为 $16_{-0.043}^{\ 0}$mm。

按工艺尺寸链计算加工内孔端面 B 的测量尺寸 A_2 及偏差,即

$$3 = 16 - A_2$$

$$A_2 = 13(\text{mm})$$

$$0 = 0 - EIA_2$$

$$EIA_2 = 0$$

$$-0.1 = -0.043 - ESA_2$$

$$ESA_2 = 0.057(\text{mm})$$

校验计算结果:计算无误。

因此,内孔端面 B 的测量尺寸及偏差为 $13_{\ 0}^{+0.057}$ mm。

3. 工序基准是尚待继续加工的表面

在有些加工中,会出现要用尚待继续加工的表面为基准标注工序尺寸的情况。该工序尺寸及其偏差也要通过工艺尺寸计算来确定。

【例 4-4】 加工图 4-19(a)所示的外圆及键槽,其加工顺序为:车外圆至 $\phi 26.4_{-0.083}^{\ 0}$ mm;铣键槽至尺寸 A;淬火;磨外圆至 $\phi 26_{-0.021}^{\ 0}$ mm。磨外圆后应保证键槽设计尺寸为 $21_{-0.16}^{\ 0}$ mm 。

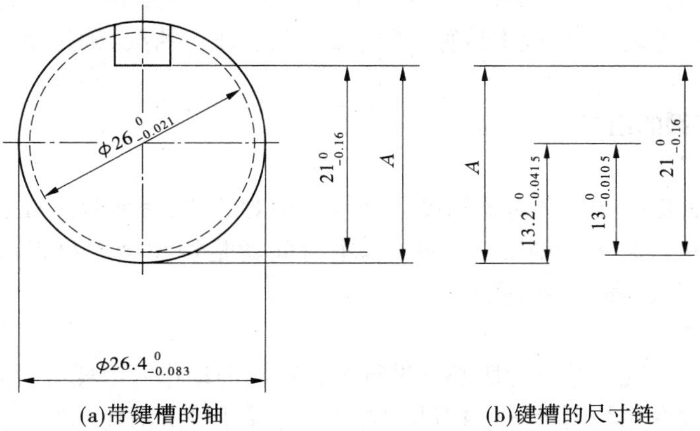

(a)带键槽的轴　　(b)键槽的尺寸链

图 4-19　加工键槽的尺寸换算

从上述工艺过程可知，工序尺寸 A 的基准是一个尚待继续加工的表面，该尺寸应按尺寸链进行计算来获得。

尺寸 $21_{-0.16}^{\ 0}$ 是间接得到的尺寸，是尺寸链的封闭环。尺寸 A、$\phi26.4_{-0.083}^{\ 0}$、$\phi26_{-0.021}^{\ 0}$ 是尺寸链的组成环。该组尺寸构成的尺寸链如图 4-19(b)所示。尺寸 A、$13_{-0.0105}^{\ 0}$ 为增环，$13.2_{-0.0415}^{\ 0}$ 为减环(半径尺寸及偏差取直径尺寸及偏差的一半)。

键槽的工序尺寸及偏差计算如下：

$$21 = A + 13 - 13.2$$

$$A = 21.2(\text{mm})$$

$$0 = ESA + 0 - (-0.0415)$$

$$ESA \approx -0.042(\text{mm})$$

$$-0.16 = EIA + (-0.0105) - 0$$

$$EIA \approx -0.150(\text{mm})$$

加工键槽的工序尺寸 A 为 $21.2_{-0.150}^{-0.042}$。

某些零件根据使用性能的要求，需进行表面渗碳(氮)淬火处理。考虑热处理变形的影响，往往在渗碳(氮)淬火后，还要安排最终精加工。此时，渗碳(氮)层深度尺寸也是以尚待加工的外(或内)表面为基准的，这种工序尺寸的计算与此类似。

4.9　机械加工工艺过程经济性分析

制定工艺规程的根本任务在于保证产品质量的前提下，提高劳动生产率和降低成本，即做到高产、优质、低消耗。要达到这一目的，制定工艺规程时，还必须对工艺过程认真开展技术经济性分析，采用有效的工艺措施提高机械加工生产率。

4.9.1　时间定额

4.9.1.1　时间定额的概念

时间定额是指在一定生产条件下，规定生产一件产品或完成一道工序所需消耗的时间。它是安排生产计划、进行成本核算、考核工人完成任务情况、确定所需设备和工人数量的主要依据。

4.9.1.2　时间定额的组成

1. 基本时间 T_m

基本时间是直接改变生产对象的尺寸、形状、相对位置、表面状态或材料性质等工艺过程所消耗的时间。对于切削加工来说，基本时间就是切除金属材料层所消耗的时间(包括刀具的切入时间和切出时间)。

2. 辅助时间 T_a

辅助时间是为实现工艺过程所必须进行的各种辅助动作所消耗的时间。它包括装卸工件、开停机床、改变切削用量、进退刀具、测量工件尺寸等所消耗的时间。

基本时间和辅助时间的总和称为工序作业时间，它是直接用于制造产品或零、部件所消耗的时间。

3. 布置工作时间 T_s

布置工作时间是为使加工正常进行,工人照常管理工作地(如更换刀具、润滑机床、清理切屑、收拾工具等)所消耗的时间。布置工作时间一般按工序作业时间的2%～7%来估算。

4. 休息和生理需要时间 T_r

休息和生理需要时间是工人在工作班内为恢复体力和满足生理上的需要所消耗的时间。它可按工序作业时间的2%～4%来估算。

以上四部分时间的总和就是单件时间 T_t,即

$$T_t = T_m + T_a + T_s + T_r \tag{4-14}$$

5. 准备终结时间 T_e

在单件或成批生产中,每当加工一批工件的开始和终了时,工人需做以下工作:开始时,需熟悉工艺文件,领取毛坯、材料,领取该安装刀具和夹具,调整机床和其他工艺装备等;终了时,需拆下和归还工艺装备,送交成品等,工人为了生产一批产品或零、部件,进行准备和结束工作所消耗的时间称为准备终结时间(简称准终时间)。设一批工件的数量为 n,则分摊到每个工件上的时间为 T_e/n。因此,单件小批和成批生产中的单件计算时间 T_c 应为

$$T_c = T_m + T_a + T_s + T_r + \frac{T_e}{n} \tag{4-15}$$

在大量生产时,每个工作地点完成固定的一道工序,一般不需考虑准备终结时间。

计算得到的单件时间以“min”为单位填入工艺文件的相应栏中。

4.9.2 机床的选择

机床是加工零件的主要生产工具,选择时应注意下述问题:

(1)机床主要规格尺寸与加工零件的外廓尺寸相适应。

小工件选用小机床加工,大工件选用大机床加工,做到设备的合理利用。

(2)机床的精确度应与工序要求的加工精度相适应。

机床的精度过低,满足不了加工质量要求;机床的精度过高,又会增加零件的制造成本。单件小批生产,特别是用非高精度的设备来加工高精度的零件时,为充分利用现有机床,可以选用精度低一些的机床,而在工艺上采用措施来满足加工精度的要求。

(3)机床的生产率应与加工零件的生产类型相适应。

单件小批生产应选择工艺范围较广的通用机床;大批大量生产应选择生产率和自动化程度较高的专门化或专用机床。

(4)机床选择还应结合现场的实际情况。

应充分利用现有设备,如果没有合适的机床可供选用,应合理地提出专用设备设计或旧机床改装的任务书,或提供购置新设备的具体型号。

4.9.3 工艺装备的选择

工艺装备选择得是否合理,直接影响到工件的加工精度、生产率和经济性。因此,要

结合生产类型、具体的加工条件、工件的加工技术要求和结构特点等合理选择工艺装备。

4.9.3.1 **夹具的选择**

单件小批生产应尽量选择通用夹具,例如各种卡盘、虎钳和回转台等。如条件具备,可选用组合夹具,以提高生产率。大批量生产,应选择生产率和自动化程度高的专用夹具。多品种中小批量生产可选用可调整夹具或成组夹具。夹具的精度应与工件的加工精度相适应。

4.9.3.2 **刀具的选择**

一般应选择标准刀具,必要时可选择各种高生产率的复合刀具及其他一些专用刀具。刀具的类型、规格及精度应与工件的加工要求相适应。

4.9.3.3 **量具的选择**

单件小批生产应选用通用量具,如游标卡尺、千分尺、千分表等。大批量生产应尽量选用效率较高的专用夹具,如各种极限量规、专用检验夹具和测量仪器等。所选量具的量程和精度要求要与工件的尺寸和精度相适应。

4.9.4 缩短时间定额的措施

缩短时间定额,首先应缩减占定额中比重较大部分。在单件小批生产中,辅助时间和准备终结时间所占比重大;在大批大量生产中,基本时间所占比重较大。因此,缩短时间定额主要从以下几方面采取措施。

4.9.4.1 **缩短基本时间**

(1)提高切削用量,增大切削速度、进给量和背吃刀量,都可以缩短基本时间,但切削用量的提高受刀具耐用度和机床功率、工艺系统的刚度等方面的制约。

(2)采用多刀同时切削。

(3)采用多件同时加工。

(4)减少加工余量。

4.9.4.2 **缩短辅助时间**

辅助时间在单件时间中所占比重较大,缩短辅助时间的主要工艺措施有:

(1)使辅助动作实现机械化和自动化。如采用自动上下料装置,以缩短上下料时间;采用先进夹具,以缩短工件装夹时间等。

(2)使辅助时间与基本时间重叠。如采用多位夹具或多位工作台,使工件装卸时间与加工时间重叠;采用在线测量方法,使测量时间与加工时间重叠等。

4.9.4.3 **缩短布置工作地时间**

提高刀具或砂轮耐用度,减少换刀次数;采用各种快换刀夹、自动换刀、对刀装置来减少换刀和调刀时间,均可缩减布置工作地时间。

4.9.4.4 **缩短准备终结时间**

中、小批生产中,由于批量小、品种多,准备终结时间在单位时间中占有较大比重,使生产率受到限制。扩大批量是缩减准备终结时间的有效途径。目前,采用成组技术以及零部件通用化、标准化,产品系列化是扩大批量的有效方法。

4.9.5　工艺方案技术经济分析

制定机械加工工艺规程时，在同样能满足工件的各项技术要求前提下，一般可以拟订出几种不同的加工方案，而这些方案的生产效率和生产成本会有所不同。为了选取最佳方案就需要进行技术经济分析。所谓技术经济分析，就是通过比较不同工艺方案的生产成本，选出最经济合理的加工工艺方案。

生产成本是指制造一个零件或一台产品所必需的一切费用的总和。生产成本包括两大类费用：第一类是与工艺过程直接有关的费用，称之为工艺成本，工艺成本占生产成本的 70% ~75%；第二类是与工艺过程无关的费用，如行政人员工资、厂房折旧费、照明取暖费等。由于在同一生产条件下与工艺过程无关的费用基本上是相等的，因此对零件工艺方案进行经济分析时，只要分析与工艺过程直接有关的工艺成本即可。

习　题

4-1　什么是生产过程？什么是工艺过程？两者有什么关系？

4-2　举例说明工序、安装、工位、工步及走刀的概念。

4-3　什么是生产纲领？有哪几种生产类型？

4-4　什么是工艺规程？简述工艺规程制定的步骤。

4-5　机械加工中常用的毛坯有哪几种？如何选用？

4-6　简述基准、设计基准、工艺基准的概念。

4-7　什么是定位基准？精基准与粗基准的选择各有何原则？

4-8　什么是经济加工精度？

4-9　选择表面加工方法的依据是什么？

4-10　为什么对质量要求较高的零件在拟订工艺路线时要划分加工阶段？

4-11　工序集中和工序分散各有什么优缺点？

4-12　什么是毛坯余量？影响工序余量的因素有哪些？

4-13　如图 4-20 所示的零件，在外圆、端面、内孔加工后，钻 $\phi10$ mm 孔。试计算以 B 面定位钻 $\phi10$ mm 孔的工序尺寸及其偏差。

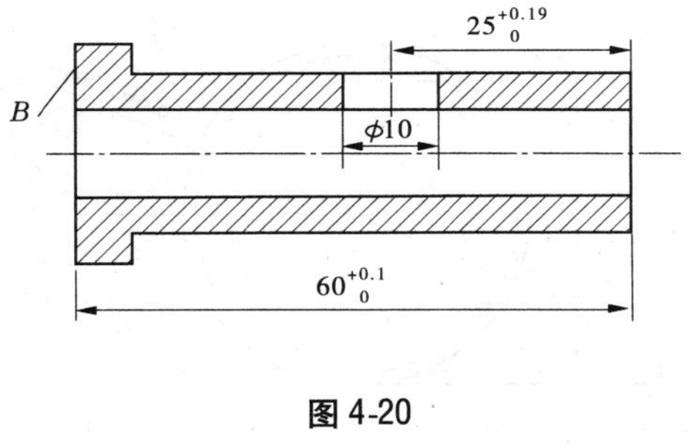

图 4-20

4-14　加工一批直径为 $\phi25^{\ 0}_{-0.021}$ mm，$Ra=0.8$ μm，长度为 55 mm 的光轴，材料为 45 钢，毛坯为 $\phi28^{0}_{-0.3}$ mm 的热轧棒料，试确定其在大批量生产中的工艺路线以及各工序的工序尺寸、工序公差及其偏差。

4-15　加工图4-21所示的一批零件，有关的加工过程如下：

(1)以左端A面及外圆定位，车右端外圆及端面D、B，保证尺寸$30_{-0.20}^{\ 0}$mm；

(2)调头以右端外圆及端面D定位，车A面，保证零件总长为L；

(3)钻$\phi20$ mm通孔，镗$\phi25$ mm孔，保证孔深为$25.1_{\ 0}^{+0.15}$mm；

(4)以端面D定位磨削A面，用测量方法保证$\phi25$ mm孔深为$25.1_{\ 0}^{+0.1}$mm，加工完毕，求尺寸L。

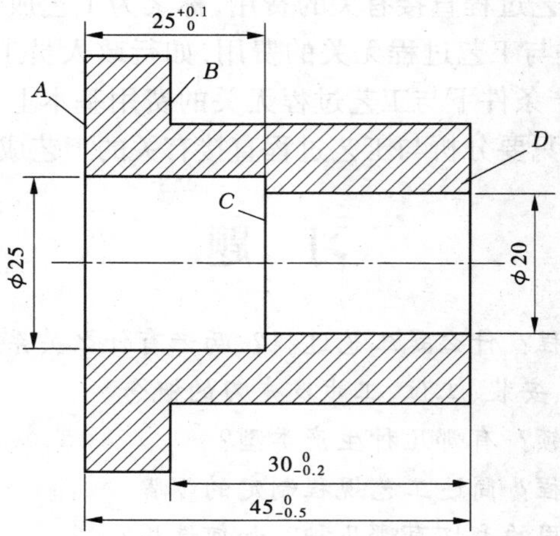

图4-21

4-16　加工图4-22所示的一轴及其键槽，图纸要求轴径为$\phi30_{-0.032}^{\ 0}$mm，键槽深度尺寸为$26_{-0.2}^{\ 0}$mm，有关的加工过程如下：

(1)半精车外圆至$\phi30.6_{-0.1}^{\ 0}$mm；

(2)铣键槽至尺寸A；

(3)热处理；

(4)磨外圆至$\phi30_{-0.032}^{\ 0}$mm。

求工序尺寸A。

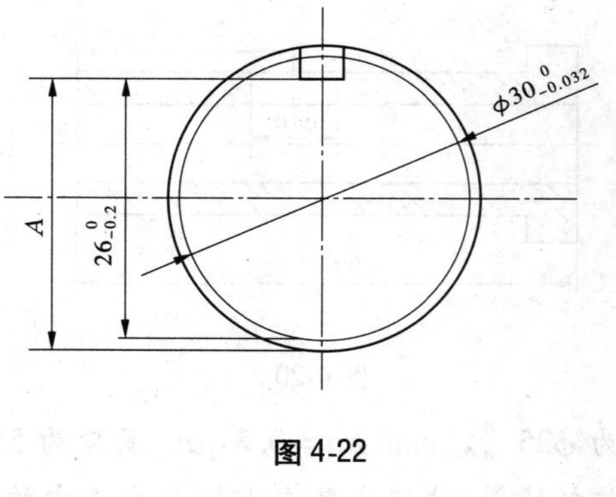

图4-22

第 5 章　典型零件的加工

教学目标

- 了解轴类零件、套筒类零件、箱体零件及圆柱齿轮的特点、功用、技术要求、材料和毛坯种类选择；
- 理解各种典型零件定位及夹紧方法对加工质量的影响；
- 掌握轴类零件、套筒类零件、箱体零件及圆柱齿轮加工工艺分析、制定的方法；
- 会根据零件的具体要求正确制定其加工工艺。

观察与思考

如图 5-0 所示为常见轴类零件、套筒类零件、箱体零件和圆柱齿轮的实例图，它们的形状各不相同，这些零件的加工工艺各有什么特点？

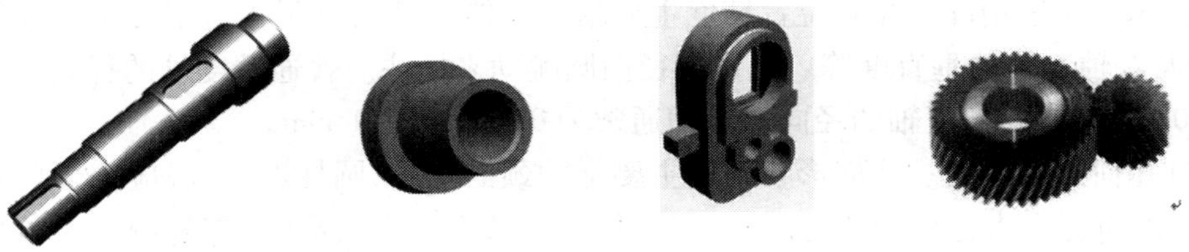

图 5-0　典型零件

5.1　轴类零件加工

轴类零件是机械零件中的关键零件之一，主要用以支承传动零件（齿轮、带轮等）、承受载荷、传递转矩，保证装在轴上零件的回转精度。

根据结构形状，轴类零件可分为光轴、阶梯轴、半轴、花键轴、十字轴、空心轴、曲轴、凸轮轴和偏心轴等，如图 5-1 所示。

根据轴的长度 L 与直径 d 之比，又可分为刚性轴（$L/d \leq 12$）和挠性轴（$L/d > 12$）两种。其中，以刚性光轴和阶梯轴工艺性较好。

从以上结构可以看出，轴类零件一般为回转体，其长度大于直径。轴类零件的主要加工表面是内、外旋转表面，次要表面有键槽、花键、螺纹和横向孔等。

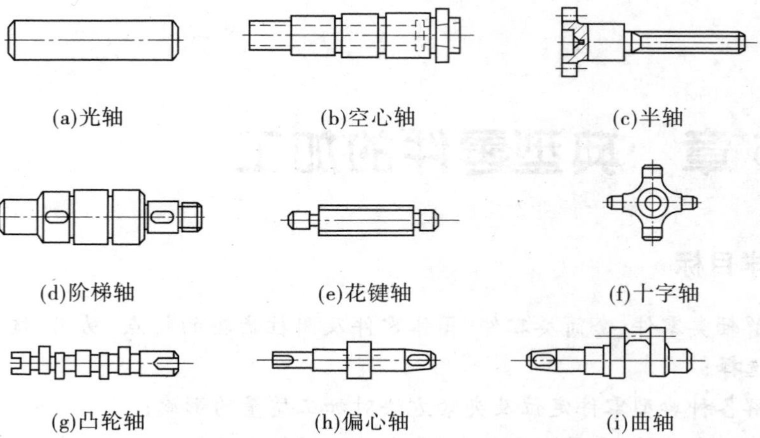

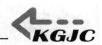

图 5-1　轴的种类

5.1.1　轴类零件的技术要求

5.1.1.1　加工精度

(1)尺寸精度。尺寸精度包括直径尺寸精度和长度尺寸精度。精密轴颈为 IT5 级,重要轴颈为 IT6 ~ IT8 级,一般轴颈为 IT9 级。轴向尺寸一般要求较低。

(2)相互位置精度。相互位置精度主要指装配传动件的轴颈相对于支承轴颈的同轴度及端面对轴心线的垂直度等。通常用径向圆跳动来标注。普通精度轴的径向圆跳动为 0.01 ~ 0.03 mm,高精度轴的径向圆跳动通常为 0.005 ~ 0.01 mm。

(3)几何形状精度。几何形状精度主要指轴颈的圆度、圆柱度,一般应符合包容原则(形状误差包容在直径公差范围内)。当几何形状精度要求较高时,零件图上应单独注出规定允许的偏差。

5.1.1.2　表面粗糙度

通常支承轴颈的表面粗糙度值 Ra 为 3.2 ~ 0.4 μm,配合轴颈的表面粗糙度值 Ra 为 0.8 ~ 0.1 μm。

5.1.2　轴类零件的材料与热处理

合理选用轴类材料和热处理,对提高轴类零件的强度和延长使用寿命有十分重要的意义,同时,对轴的加工过程有极大的影响。

5.1.2.1　轴类零件的材料

材料的选用应满足力学性能(包括材料强度、耐磨性和抗腐蚀性等),同时,选择合理的热处理和表面处理方法(如喷丸、滚压、发蓝、镀铬等),以使零件达到良好的强度、刚度和所需要的表面硬度。

一般轴类零件常用中碳钢,如 45 钢,经正火、调质及部分表面淬火等热处理,得到所要求的强度、韧性和硬度。对于中等精度而转速较高的轴类零件,一般选用合金钢(如 40Cr 等),经过调质和表面淬火处理,使其具有较高的综合力学性能。对于在高转速、重载荷等条件下工作的轴类零件，可选用 20CrMnTi、20Mn2B、20Cr 等低碳合金钢，经渗碳淬火处理后，具有很高的表面硬度，心部则获得较高的强度和韧性。对于高精度和高转速的轴，可选用 38CrMoAl 钢，其热处理变形较小，经调质和表面渗氮处理，达到很高的心部强度和表面硬度，从而获得优良的耐磨性和耐疲劳性。

5.1.2.2　轴类零件的毛坯

轴类零件的毛坯常采用棒料和锻件，只有某些大型、结构复杂的轴才采用铸件。由于毛坯经过加热锻造后，能使金属内部纤维组织沿表面均匀分布，从而获得较高的抗拉、抗弯及扭转强度，所以除光轴、外圆直径相差不大的阶梯轴采用棒料外，比较重要的轴大都采用锻件。

当生产批量较小、毛坯精度要求较低时，锻件一般采用自由锻造法生产。由于不用制造锻造模型，使用工具简单、通用性较大、生产准备周期短、灵活性大，所以应用较为广泛，特别适用于单件和小批生产。

当生产批量较大、毛坯精度要求较高时，锻件一般采用模锻法生产。模锻锻件尺寸准确，加工余量小，生产率高。因需配备锻模和相应的模锻设备，一次性投入费用较高，所以适用于较大批量的生产，而且生产批量越大，成本就越低。

5.1.3　轴类零件的一般结构工艺路线

(1)一般精度调质钢的轴类零件：锻造—正火或退火—钻中心孔—粗车—调质—半精车、精车—表面淬火—粗磨—加工次要表面—精磨。

(2)一般精度整体淬火的轴类零件：锻造—正火或退火—钻中心孔—粗车—调质—半精车、精车—加工次要表面—整体淬火—粗磨—精磨。

(3)一般精度渗碳钢的轴类零件：锻造—正火或退火—钻中心孔—粗车—调质—半精车、精车—渗碳(或碳氮共渗)—淬火—粗磨—加工次要表面—精磨。

(4)精密渗碳钢的轴类零件：锻造—正火或退火—钻中心孔—粗车—调质—半精车、精车—低温时效—粗磨—氮化处理—加工次要表面—精磨—光磨。

5.1.4　阶梯轴结构工艺分析

加工图 5-2 所示的传动轴简图，其生产批量为小批生产，材料为 45 热轧圆钢，零件需调质处理，该轴为没有中心通孔的阶梯轴。根据该零件工作图，其轴颈 M、N，外圆 P、Q 及轴肩 G、H、I 有较高的尺寸精度和形状位置精度，并有较小的表面粗糙度值，该轴有调质热处理要求。

图 5-3 为减速器传动轴部分装配示意图。由图可知，传动轴起支承齿轮、传递扭矩的作用。两 ϕ35js6 外圆(轴颈)用于安装轴承，ϕ62 外圆及轴肩用于安装齿轮及齿轮轴向定位，采用普通平键连接，左轴端有螺纹，用于安装锁紧螺母，以轴向固定左边齿轮。

5.1.4.1　确定主要表面加工方法和加工方案

传动轴大多是回转表面，主要是采用车削和外圆磨削。由于该轴主要表面 M、N、P、Q 的公差等级较高(IT6)，表面粗糙度值较小(Ra0.8 μm)，最终加工应采用磨削。其加工路线为“粗车—热处理—半精车—铣键槽—精磨”。表 5-1 为该轴加工工艺过程。

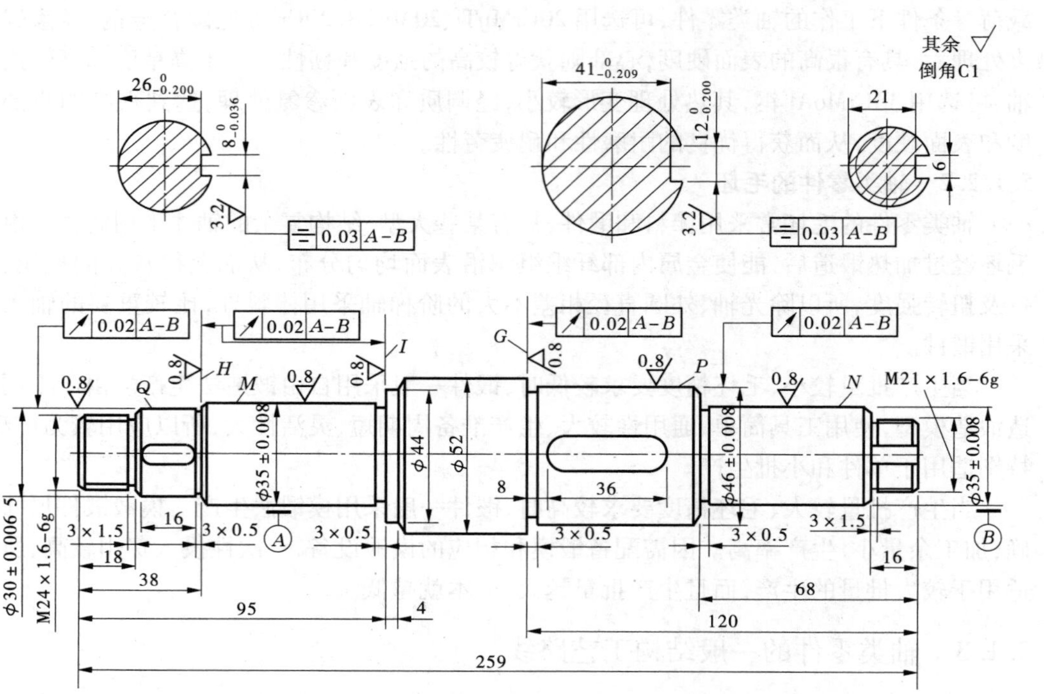

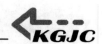

图 5-2　减速器传动轴简图

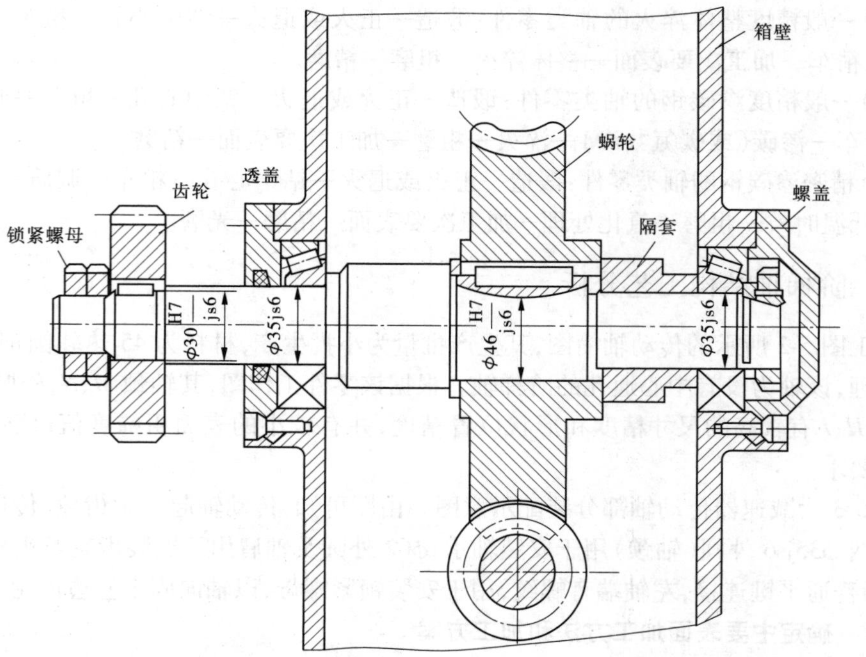

图 5-3　减速器传动轴部分装配示意图

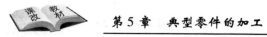

表 5-1　传动轴加工工艺过程

<table>
<tr><th>工序号</th><th>工种</th><th>工序内容</th><th>加工简图</th><th>设备</th></tr>
<tr><td>1</td><td>下料</td><td>$\phi60\times265$</td><td></td><td></td></tr>
<tr><td rowspan="2">2</td><td rowspan="2">车</td><td>三爪卡盘夹持工件，车端面，钻中心孔，用尾座顶尖顶住，粗车三个台阶，直径、长度均留 2 mm 余量</td><td>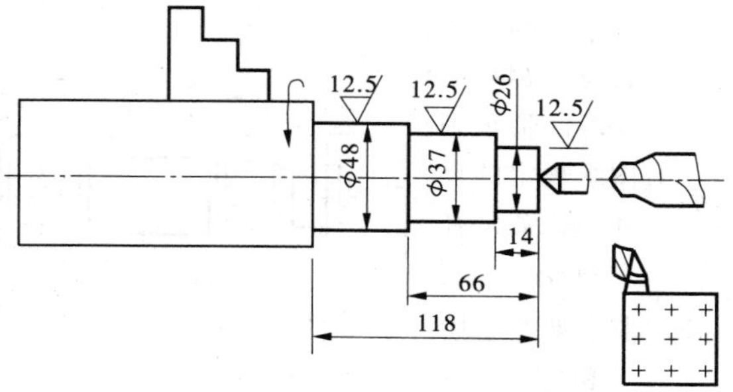
</td><td rowspan="2">车床</td></tr>
<tr><td>调头，三爪卡盘夹持工件另一端，车端面，保证总长 259 mm，钻中心孔，用尾座顶尖顶住，粗车另外四个台阶，直径、长度均留 2 mm 余量</td><td>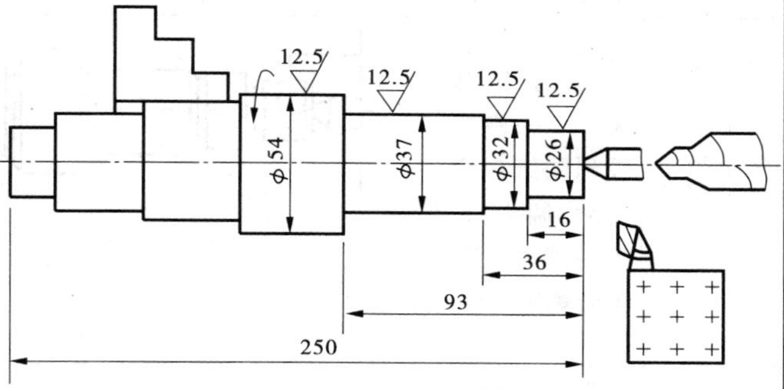
</td></tr>
<tr><td>3</td><td>热处理</td><td>调质处理 24 ~ 38HRC</td><td></td><td></td></tr>
<tr><td>4</td><td>钳</td><td>修研两端中心孔</td><td>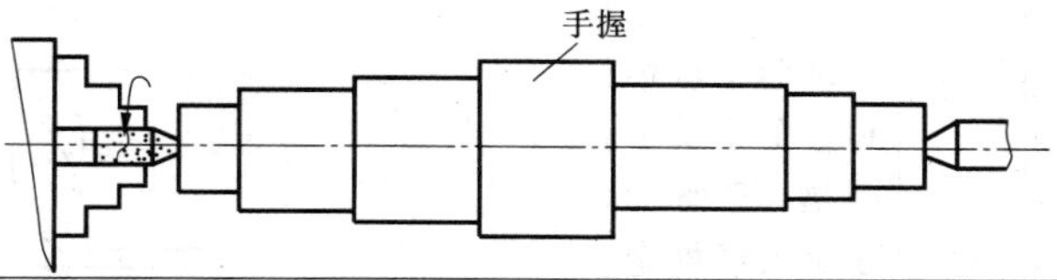
</td><td>车床</td></tr>
<tr><td>5</td><td>车</td><td>双顶尖装夹。半精车三个台阶，螺纹大径车到 $\phi24_{-0.2}^{-0.1}$，其余两个台阶直径留余量 0.5 mm，车槽三个，倒角三个</td><td>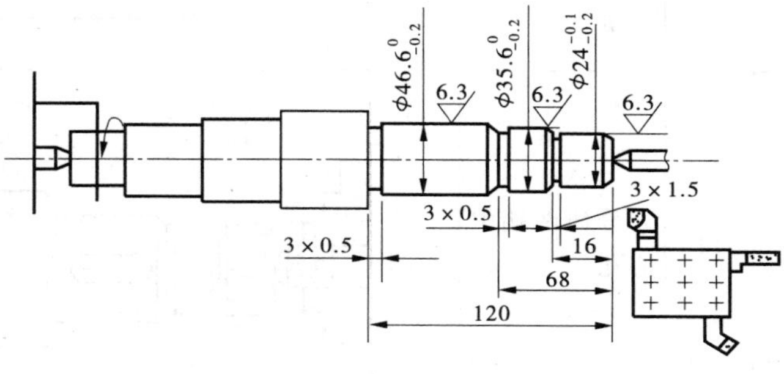
</td><td>车</td></tr>
</table>

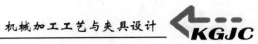

续表 5-1

工序号	工种	工序内容	加工简图	设备
5	车	调头，双顶尖装夹。半精车余下的五个台阶，$\phi44$ 及 $\phi52$ 台阶车到图纸规定的尺寸，螺纹大径车到 $\phi24_{-0.2}^{-0.1}$，其余两个台阶上留 0.5 mm 余量，车槽三个，倒角四个	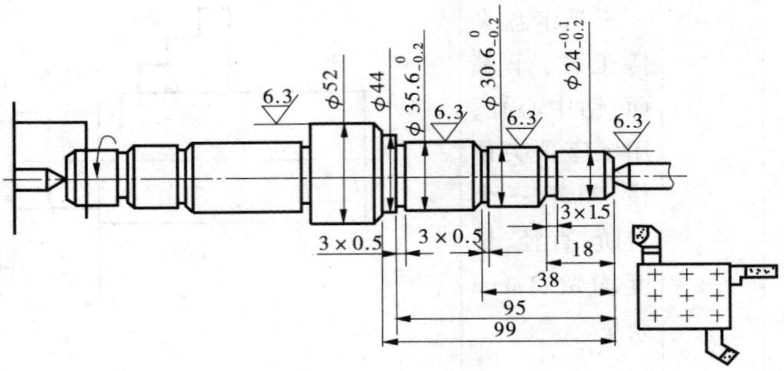	车
6	车	双顶尖装夹。车一端螺纹到图纸规定尺寸，调头，车另一端螺纹到图纸规定尺寸	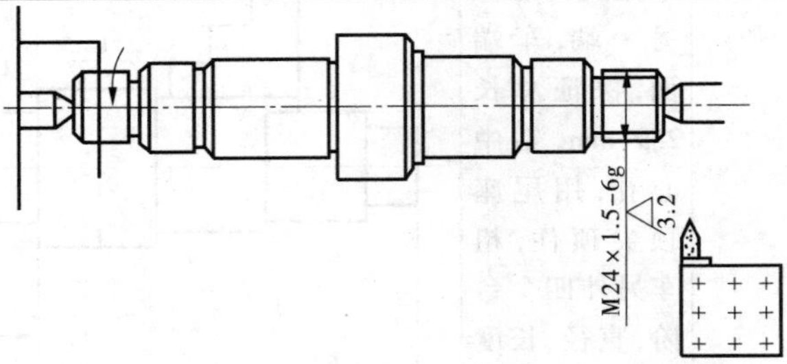	车床
7	钳	划键槽和一个止动垫圈槽加工线		
8	铣	铣两个键槽和一个止动垫圈槽，键槽深度比图纸规定尺寸深 0.25 mm，作为磨削余量	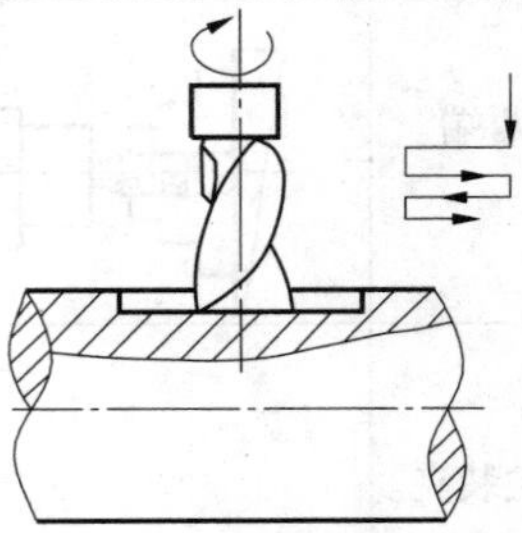	键槽铣床或立铣床
9	钳	修研两端中心孔	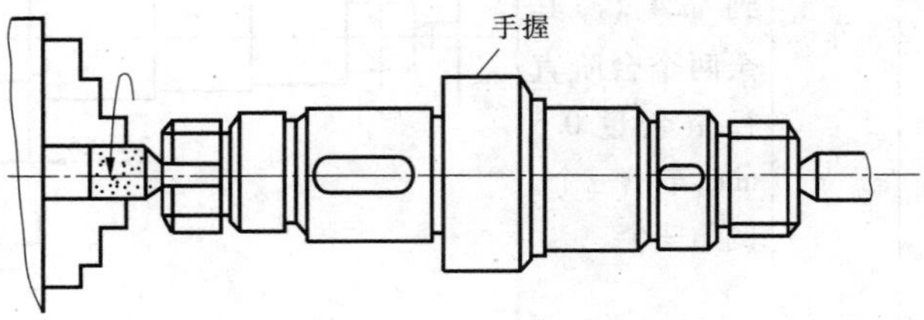	车床

续表 5-1

工序号	工种	工序内容	加工简图	设备
10	磨	磨外圆 Q 和 M,并用砂轮端面靠磨 H 和 I,调头,磨外圆 N 和 P,靠磨台阶 G	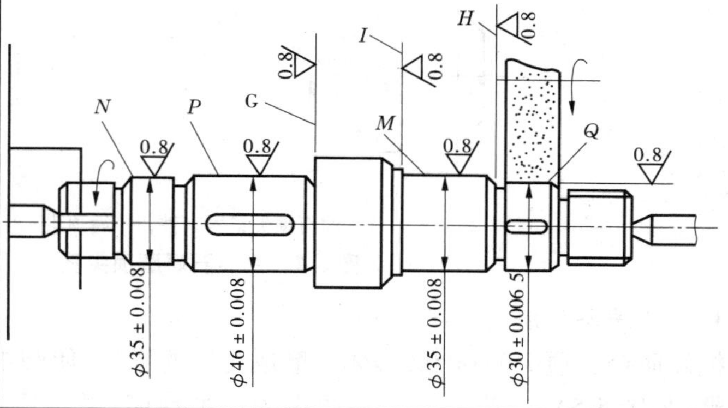	外圆磨床
11	检	检验		

5.1.4.2 **划分加工阶段**

该轴加工划分为三个加工阶段,即粗车(粗车外圆、钻中心孔),半精车(半精车各处外圆、台肩和修研中心孔等),粗精磨各处外圆。各加工阶段大致以热处理为界。

5.1.4.3 **选择定位基准**

轴类零件的定位基面,最常用的是两中心孔。因为轴类零件各外圆表面、螺纹表面的同轴度及端面对轴线的垂直度是相互位置精度的主要项目,而这些表面的设计基准一般都是轴的中心线,采用两中心孔定位就能符合基准重合原则。而且由于多数工序都采用中心孔作为定位基面,能最大限度地加工出多个外圆和端面,这也符合基准统一原则。

5.1.4.4 **中心孔的应用与加工**

中心孔在使用过程中,特别是精密轴类零件加工时,要注意中心孔的修磨。两顶尖孔的质量好坏,对加工精度影响很大,应尽量做到两顶尖孔轴线重合、顶尖接触面积大、表面粗糙度低,否则,将会因工件与顶尖间的接触刚度变化而产生加工误差。因此,经常注意保持两顶尖孔的质量,是轴类零件加工的关键问题之一。

中心孔在使用过程中的磨损及热处理后产生的变形都会影响加工精度。因此,在热处理之后、精加工之前,应安排研修中心孔工序,以消除误差。常用的研修方法如下。

1. 用铸铁顶尖研修

可在车床或钻床上进行,研磨时加适量的研磨剂(用 W10 ~W12 氧化铝粉和机油调和而成)。用这种方法研磨的顶尖孔,其精度较高,但研磨时间较长,效率很低,除在个别情况下用来修整尺寸较大或精度要求特别高的顶尖孔外,一般很少采用。

2. 用油石或橡胶砂轮顶尖研磨

将油石或橡胶砂轮夹在车床的卡盘上,用装在刀架上的金刚钻将它的前端修整成顶尖形状(60°圆锥体),接着将工件固定在油石或橡胶砂轮顶尖和车床后顶尖之间(见图 5-4),并加少量润滑油(柴油),然后开动车床使油石或橡胶砂轮转动,进行研磨。研磨时用手把持工件并连续而缓慢地转动。这种研磨中心孔方法效率高,质量好,也简便易行。

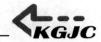

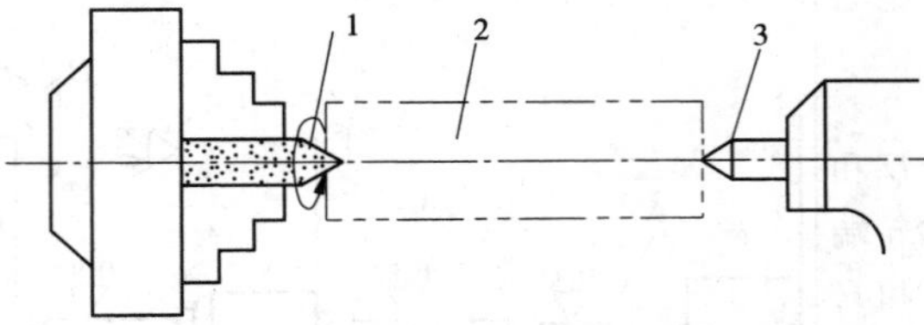

1—油石顶尖;2—工件;3—后顶尖

图 5-4　用油石研磨顶尖孔

3. 用硬质合金顶尖刮研

把硬质合金顶尖的 60°圆锥体修磨成角锥的形状,使圆锥面只留下 4 ~6 条均匀分布的刃带(见图 5-5),这些刃带具有微小的切削性能,可对顶尖孔的几何形状作大量的修整,又可以起挤光的作用。这种方法刮研的顶尖孔精度较高,表面粗糙度 Ra 在 0. 8 μm 以下,并具有工具寿命较长、刮研效率比油石高的特点,所以一般主轴的顶尖孔可以用此法修研。

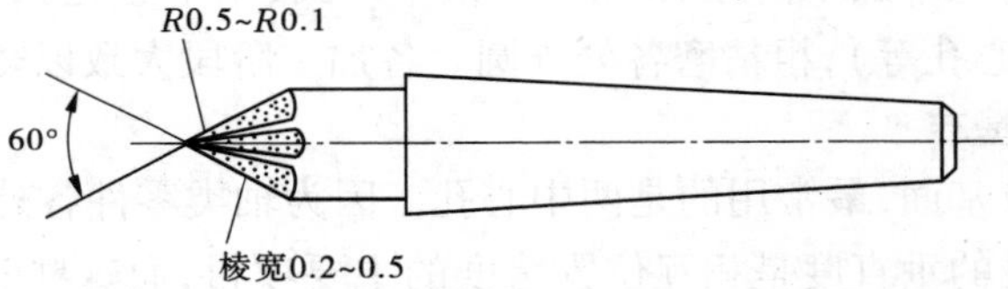

图 5-5　六棱硬质合金顶尖

上述三种修磨顶尖孔的方法,可以联合应用。例如,先用硬质合金顶尖刮研,再选用油石或橡胶砂轮顶尖研磨,这样效果会更好。

5. 1. 4. 5　不能用两中心孔作为定位基面的情况

(1)粗加工外圆时,为提高工件刚度,则采用轴外圆表面为定位基面,或以外圆和中心孔同作定位基面,即一夹一顶。

(2)当轴为通孔零件时,在加工过程中,作为定位基面的中心孔因钻出通孔而消失。为了在通孔加工后还能用中心孔作为定位基面,工艺上常采用如下三种方法:

①当中心通孔直径较小时,可直接在孔口倒出宽度不大于 2 mm 的 60°内锥面来代替中心孔。

②当轴有圆柱孔时,可采用如图 5-6 所示的锥堵,取 1∶500 锥度;当轴孔锥度较小时,取锥堵锥度与工件两端定位孔锥度相同。

③当轴通孔的锥度较大时,可采用带锥堵的心轴,简称锥堵心轴,如图 5-7 所示。使用锥堵或锥堵心轴时应注意,一般中途不得更换或拆卸,直到精加工完各处加工面,不再使用中心孔时方能拆卸。

5. 1. 4. 6　热处理工序的安排

该轴需进行调质处理。它应放在粗加工后、半精加工前进行。如采用锻件毛坯,必须

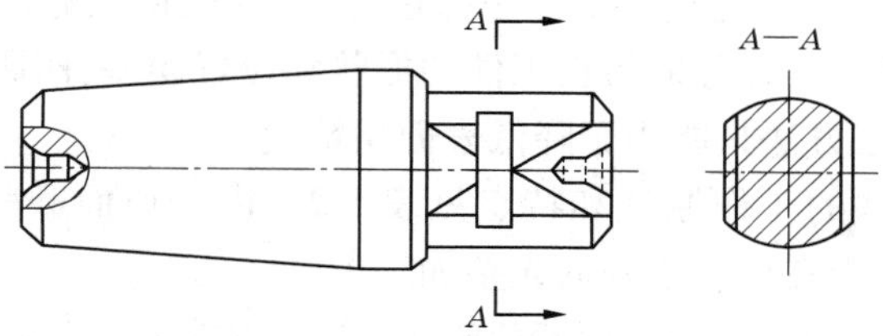

图5-6 锥堵

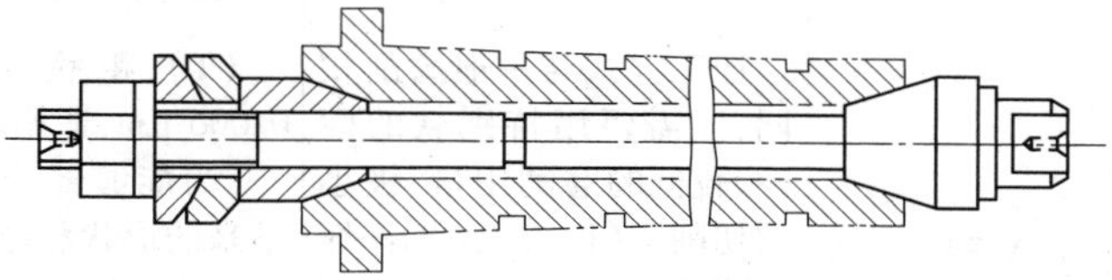

图5-7 带有锥堵的拉杆心轴

首先安排退火或正火处理。该轴毛坯为热轧钢,可不必进行正火处理。

5.1.4.7 **加工顺序安排**

除了应遵循加工顺序安排的一般原则,如先粗后精、先主后次等,还应注意以下几点:

(1)外圆表面加工顺序应为,先加工大直径外圆 ,再加工小直径外圆,以免一开始就降低了工件的刚度。

(2)轴上的花键、键槽等表面的加工应在外圆精车或粗磨之后、精磨外圆之前。

轴上矩形花键,通常采用铣削和磨削加工,产量大时常用花键滚刀在花键铣床上加工。以外径定心的花键轴,通常只磨削外径,而内径铣出后不必进行磨削,但当经过淬火而使花键扭曲变形过大时,也要对侧面进行磨削加工。以内径定心的花键,其内径和键侧均需进行磨削加工。

(3)轴上的螺纹一般有较高的精度,如安排在局部淬火之前进行加工,则淬火后产生的变形会影响螺纹的精度。因此,螺纹加工宜安排在工件局部淬火之后进行。

5.1.5 精密轴类零件的加工

主轴的精加工都是用磨削的方法,安排在最终热处理工序之后进行,用以纠正在热处理中产生的变形 ,最后达到所需的精度和表面粗糙度。磨削加工一般能达到的经济精度和经济表面粗糙度为IT16 和 *Ra* 0.8 ~0.2 μm。对于一般精度的车床主轴,磨削是最后的加工工序。而对于精密的主轴,还需要进行光整加工。

光整加工用于精密主轴的尺寸公差等级为IT5 以上或表面粗糙度低于 *Ra* 0.1 μm 的加工表面,其特点是:

(1)加工余量都很小,一般不超过0.2 mm。

(2)采用很小的切削用量和单位切削压力,变形小,可获得很细的表面粗糙度。

(3)对上道工序的表面粗糙度要求高。一般都要求低于 *Ra* 0.2 μm,表面不得有较深的加工痕迹。

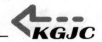

(4)除镜面磨削外,其他光整加工方法都是“浮动的”,即依靠被加工表面本身自定中心。因此,只有镜面磨削可部分地纠正工件的形状和位置误差,而研磨只可部分地纠正形状误差。其他光整加工方法只能用于降低表面粗糙度。

几种光整加工方法的工作原理和特点见表 5-2。由于镜面磨削的生产效率高,且适应性广,目前已广泛应用在机床主轴的光整加工中。

表 5-2　外圆表面的各种光整加工方法的比较

光整加工方法	工作原理		特点
镜面磨削	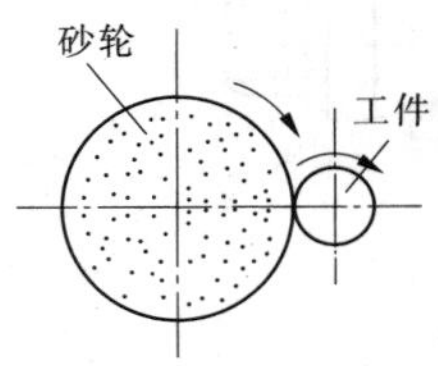	加工方式与一般磨削相同,但需要用特别软的砂轮、较低的磨削用量、极小的切削深(1 ~ 2 μm)、仔细过滤的冷却润滑液。修正砂轮时用极慢的工作台进给速度	(1) 粗糙度 *Ra* 可达 0.012 ~ 0.006 μm,适用范围广;(2)能够部分地修正上道工序留下来的形状和位置误差;(3)生产效率高,可配备自动测量仪;(4)对机床设备的精度要求很高
研磨	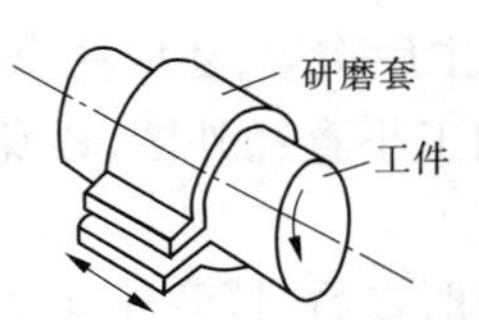	研磨套在一定的压力下与工件作复杂的相对运动,工件缓慢转动,带动磨粒起切削作用。同时研磨剂还能与金属表面层起化学作用,加速切削作用。研磨余量为 0.01 ~ 0.02 mm	(1)表面粗糙度 *Ra* 可达 0.025 ~ 0.006 μm,适用范围广;(2)能部分纠正形状误差,不能纠正位置误差;(3)方法简单可靠,对设备要求低;(4)生产率很低,工人劳动强度大,虽逐渐为其他方法所取代,但仍用得相当广泛
超精加工	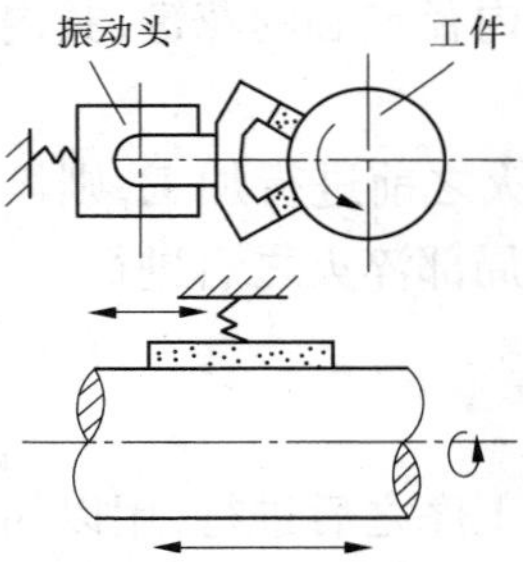	工件作低速转动和轴向进给(或工件不进给,磨头进给),磨头带动磨条以一定的频率(每分钟几十次到上千次)沿工件的轴向振动,磨粒在工件表面上形成复杂轨迹。磨条采用硬度很软的细粒度油石。冷却润滑液用煤油	(1)表面粗糙度 *Ra* 可达 0.025 ~ 0.012 μm,适用范围广;(2)不能纠正上道工序留下来的形状误差和位置误差;(3)设备要求简单,可在普通车床上进行;(4)加工效果受石油质量的影响很大
双轮珩磨	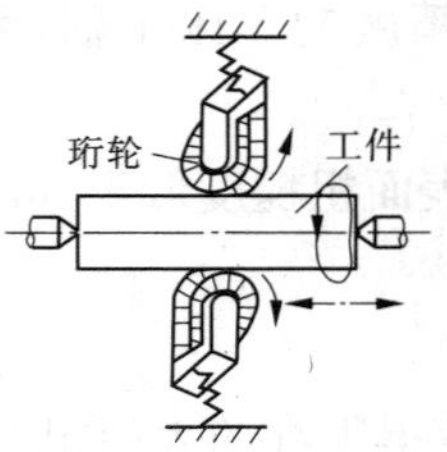	珩磨轮相对工件轴心线倾斜 27° ~ 30°,并以一定的压力从相对的方向压在工件表面上。工件(或珩磨轮)沿工件轴向作往复运动。在工件转动时,因摩擦力带动珩磨轮旋转,并产生相对滑动,起微量的切削作用。冷却润滑液为煤油或油酸	(1)表面粗糙度 *Ra* 可达 0.025 ~ 0.012 μm,不适用于带肩轴类零件和锥形表面;(2)不能纠正上道工序留下来的形状误差和位置误差;(3)设备要求低,可用旧机床改装;(4)工艺可靠,表面质量稳定;(5)珩磨轮一般采用细粒度磨料自制,使用寿命长;(6)生产效率比上述三种的都高

5.2 套筒类零件加工

套筒类零件是机械加工中常见的一种零件,在各类机器中应用很广,主要起支承或导向作用。由于套筒零件的功用不同,其结构和尺寸有着较大的差异,但仍有其共同特点:零件结构不太复杂,主要表面为同轴要求较高的内、外旋转表面;多为薄壁件,容易变形;零件尺寸大小各异,但长度一般大于直径,长径比大于5的深孔比较多。

常见的套筒类零件有支承回转轴的各种形式的轴承圈、轴套,夹具上的钻套和导向套,内燃机上的汽缸套和液压系统中的液压缸、电液伺服阀的阀套等。其大致的结构形式如图5-8所示。

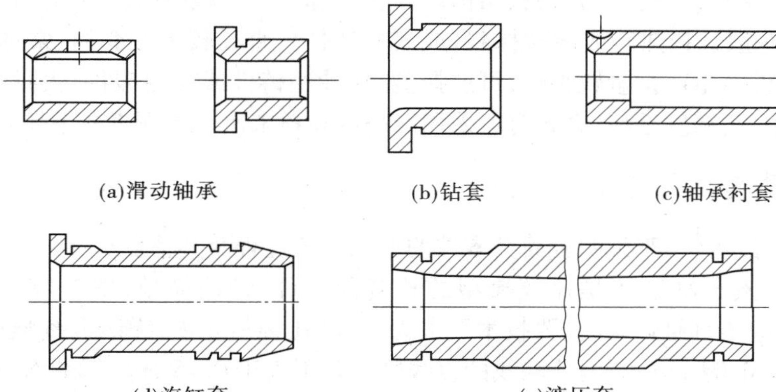

(a)滑动轴承 (b)钻套 (c)轴承衬套

(d)汽缸套 (e)液压套

图5-8 套筒类件的结构形式

5.2.1 套筒类零件的主要技术要求

套筒类零件各主要表面在机器中所起的作用不同,其技术要求差别较大,主要技术要求大致如下。

5.2.1.1 孔的技术要求

内孔是套筒零件起支承和导向作用的最主要的表面,通常与运动着的轴、刀具或活塞相配合。其直径尺寸精度一般为IT7,精密轴承套为IT6;形状公差一般应控制在孔径公差以内,较精密的套筒应控制在孔径公差的1/3~1/2,甚至更小。对长套筒除有圆度要求外,还对孔的圆柱度有要求。套筒零件的内孔表面粗糙度 Ra 为2.5~0.16 μm,某些精密套筒要求更高,Ra 值可达0.04 μm。

5.2.1.2 外圆的技术要求

外圆表面一般起支承作用,通常以过渡或过盈配合与箱体或机架上的孔相配合。外圆表面直径尺寸精度一般为IT6~IT7,形状公差应控制在外径公差以内,表面粗糙度 Ra 为5~0.63 μm。

5.2.1.3 各主要表面间的相互位置精度

(1)内外圆之间的同轴度。若套筒是装入机座上的孔之后再进行最终加工的,这时对套筒内外圆间的同轴度要求较低；若套筒是在装配前进行最终加工的，则对同轴度要求较高，一般为 0.01 ~ 0.05 mm。

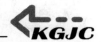

(2)孔轴线与端面的垂直度。套筒端面如果在工作中承受轴向载荷，或是作为定位基准和装配基准，这时端面与孔轴线有较高的垂直度或端面圆跳动要求，一般为 0.02 ~ 0.05 mm。

5.2.2 套筒类零件的材料要求与毛坯

套筒类零件常用材料是铸铁、青铜、钢等。有些要求较高的滑动轴承，为节省贵重材料而采用双金属结构，即用离心铸造法在钢或铸铁套筒内部浇注一层巴氏合金等材料，用来提高轴承寿命。

套筒类零件毛坯的选择，与材料、结构尺寸、生产批量等因素有关。直径较小（如 $d<20$ mm）的套筒一般选择热轧或冷拉棒料，或实心铸件。直径较大的套筒，常选用无缝钢管或带孔铸、锻件。生产批量较小时，可选择型材、砂型铸件或自由锻件；大批量生产时，则应选择高效率、高精度毛坯，必要时可采用冷挤压和粉末冶金等先进的毛坯制造工艺。

5.2.3 套筒类零件加工工艺分析

下面以液压缸为例，来说明套筒类零件的加工工艺过程及其特点。

液压系统中液压缸缸体是比较典型的长套筒零件，结构简单，壁薄容易变形。如图 5-9所示为某液压缸缸体，其主要技术要求为：①内孔必须光洁，无纵向刻痕；②内孔圆柱度误差不大于 0.04 mm；③内孔轴线的直线度误差不大于 0.15 mm；④端面与内孔轴线的垂直度误差不大于 0.03 mm；⑤内孔对两端支承外圆（ϕ82h6）的同轴度误差不大于 0.04 mm；⑥若为铸件，组织应紧密，不得有砂眼、针孔及疏松，必要时要用泵验漏。

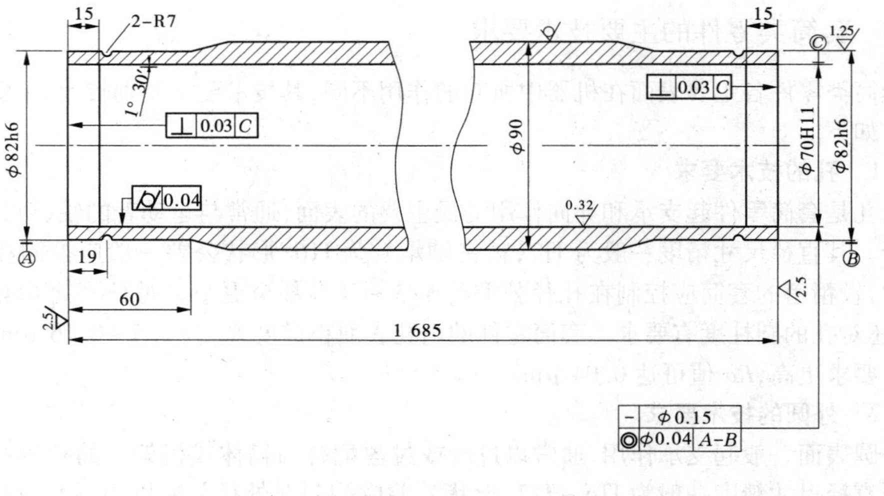

图 5-9　液压缸缸体简图

该液压缸缸体加工面比较少，加工方法变化不大，其加工工艺过程见表 5-3。

表5-3 液压缸缸体加工工艺过程

序号	工序名称	工序内容	定位与夹紧
1	配料	无缝钢管切断	
2	车	①车端面及倒角	三爪卡盘夹一端,搭中心架托外圆
		②车 ϕ82 mm 外圆到 ϕ88 mm 及 M88×1.5 mm 螺纹(工艺圆)	三爪卡盘夹一端,大头顶尖顶另一端
		③调头车 ϕ82 mm 外圆到 ϕ84 mm	三爪卡盘夹一端,大头顶尖顶另一端
		④车端面及倒角,取总长 1 686 mm(留加工余量 1 mm)	三爪卡盘夹一端,搭中心架托 ϕ84 mm 处
3	深孔镗	①半精推镗孔到 ϕ68 mm	一端用 M88×1.5 mm 螺纹固定在夹具中,另一端搭中心架托 ϕ84 mm 处
		②精推镗孔到 ϕ69.85 mm	
		③精铰(浮动镗刀镗孔)到 ϕ70H11,表面粗糙度 Ra2.5 μm	
4	滚压孔	用滚压头滚 ϕ70H11,表面粗糙度 Ra0.32 μm	一端螺纹固定在夹具中,另一端搭中心架
5	车	①车去工艺螺纹,车 ϕ82h6 到尺寸,割 R7 槽	软爪夹一端,以孔定位顶另一端
		②镗内锥孔 1°30′及车端面	软爪夹一端,中心架托另一端(百分表找正孔)
		③调头,车 82h6 到尺寸,割 R7 槽	软爪夹一端,顶另一端
		④镗内锥孔 1°30′及车端面,取总长 1 685 mm	软爪夹一端,中心架托另一端(百分表找正孔)

5.2.4 套筒类零件机械加工工艺分析

5.2.4.1 液压缸缸体的技术要求

该液压缸缸体主要加工表面为 ϕ70H11 mm 的内孔及 ϕ82h6 mm 两端外圆,尺寸精度、形状精度要求较高。为保证活塞在液压缸缸体内移动顺利且不漏油,还特别要求内孔光洁、无划痕,不许用研磨剂研磨。两端面对内孔有垂直度要求,外圆面中间为非加工面,但 A、B 两端外圆要求加工至 ϕ82h6 mm,且 A、B 两端外圆的中心线要作为内孔的基准。

5.2.4.2 加工方法的选择

从上述工艺过程中可见,套筒类零件主要表面的加工多采用车或镗削加工;为提高生产率和加工精度也可采用磨削加工。孔加工方法的选择比较复杂,需要考虑生产批量、零件结构及尺寸、精度和表面质量的要求、长径比等因素。对于精度要求较高的孔,往往需要采用多种方法顺次进行加工,如根据该液压缸的精度需要,内孔的加工方法及加工顺序为半精车(半精推镗孔)—精车(精推镗孔)—精铰(浮动镗)—滚压孔。

5.2.4.3 保证套筒类零件表面位置精度的方法

套筒类零件主要加工表面为内孔、外圆表面,其加工中主要解决的问题是如何保证内孔和外孔的同轴度以及端面对孔轴线的垂直度要求。因此，套筒类零件加工过程中的安装是一个十分重要的问题。为保证各表面间的相互位置精度通常要注意以下几个问题。

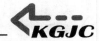

1. 套筒类零件的粗精车（镗）方法

套筒类零件的粗精车（镗）内外圆一般在卧式车床或立式车床上进行，精加工也可以在磨床上进行。此时，常用三爪卡盘或四爪卡盘装夹工件，如图 5-10（a）、（b）所示，且经常在一次安装中完成内外表面的全部加工。这种安装方式可以消除由于多次安装而带来的安装误差，保证零件内外圆的同轴度及端面与轴心线的垂直度。对于凸缘的短套筒，可先车凸缘端，然后调头夹压凸缘端，这种装夹方式可防止因套筒刚度降低而产生变形，如图 5-10（c）所示。但是，这种方法由于工序比较集中，对尺寸较大的（尤其是长径比较大的）套筒安装不方便，故多用于尺寸较小套筒的车削加工。

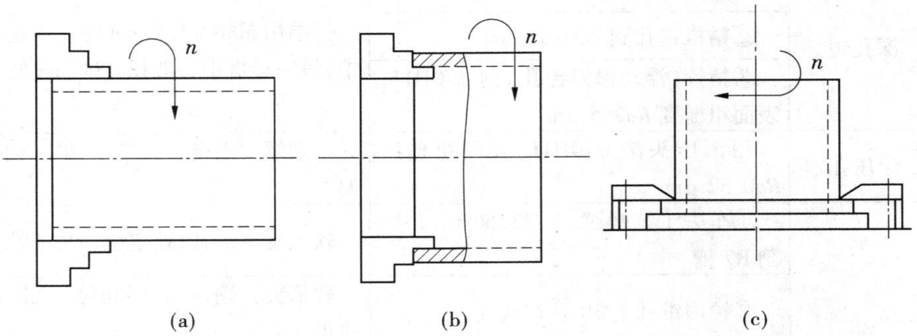

图 5-10 短套筒的安装

2. 以内孔与外孔互为基准，反复加工以提高同轴度

以精加工好的内孔作为定位基面，用心轴装夹工件并用顶尖支承轴心。由于夹具（心轴）结构简单，而且制造安装误差比较小，因此可以保证比较高的同轴度要求，是套筒加工中常见的装夹方法。

以外圆作精基准最终加工内孔。采用这种方法装夹工件迅速可靠，但因卡盘定心精度不高，且易使套筒产生夹紧变形，故加工后工件的形状与位置精度较低。若要获得较高的同轴度，则必须采用定心精度高的夹具，如弹性膜片卡盘、液性塑料夹具、经过修磨的三爪卡盘和“软爪”等。

3. 防止套筒变形的工艺措施

套筒类零件由于壁薄，加工中常因夹紧力、切削力、内应力和切削热的作用而产生变形，故在加工时应注意以下几点：

（1）为减少切削力和切削热的影响，粗、精加工应分开进行，使粗加工产生的热变形在精加工中得到纠正。同时，应严格控制精加工的切削用量，以减小零件加工时的变形。

（2）减少夹紧力的影响。工艺上可以采取以下措施：改变夹紧力的方向，即将径向夹紧改为轴向夹紧，使夹紧力作用在工件刚性较强的部位；当需要径向夹紧时，为减小夹紧变形和使变形均匀，应尽可能使径向夹紧力沿圆周均匀分布，加工中可用过渡套或弹性套及扇形爪来满足要求；或者制造工艺凸边或工艺螺纹，以减小夹紧变形。

（3）为减少热处理变形的影响，热处理工序应置于粗加工之后、精加工之前，以便使热处理引起的形变在精加工中得以纠正。

5.2.4.4 深孔加工

套筒类零件因使用要求与结构需要，有时会有深孔。套筒类零件的深孔加工与车床主轴的深孔加工（前述）方法及其特点基本一致，下面就其共性问题作一简要讨论。

孔的长度与直径之比 $L/D>5$ 时，一般称为深孔。深孔按长径比又可分为以下三类：

（1）$L/D=5\sim20$ 时属一般深孔。如各类液压刚体的孔。这类孔在卧式车床、钻床上用深孔刀具或接长的麻花钻就可以加工。

（2）$L/D=20\sim30$ 时属中等深孔。如各类机床主轴孔。这类孔在卧式车床上必须使用深孔刀具加工。

（3）$L/D=30\sim100$ 时属特殊深孔。如枪管、炮管、电机转子等。这类孔必须使用深孔机床或专用设备，并使用深孔刀具加工。

1. 深孔加工的具体特点

钻深孔时，要从孔中排出大量切屑，同时又要向切削区注放足够的切削液。普通钻头由于排屑空间有限，切削液进出通道没有分开，无法注入高压切削液。所以冷却、排屑是相当困难的。另外，孔越深，钻头就越长，刀杆刚性也越差，钻头易产生歪斜，影响加工精度和生产率的提高，所以深孔加工中必须首先解决排屑、导向和冷却这几个主要问题，以保证钻孔精度，保持刀具正常工作，延长刀具寿命和提高生产率。

当深孔的精度要求较高时，钻削后还要进行深孔镗削或深孔铰削。深孔镗削与一般镗削不同，它所使用的机床仍是深孔钻床，在钻杆上装上深孔镗刀头，即可进行粗、精镗削。深孔铰削是在深孔钻床上对半精镗后的深孔进行精加工的方法。

2. 深孔加工时的排屑方式

1）内冷外排屑方式

高压冷却液从钻杆内孔注入，由刀杆与孔壁之间的空隙汇同切屑一起排出，见图5-11(a)。

这种外排屑方式的特点是：刀具结构简单，不需用专用设备和专用辅具。排屑空间大，但切屑排出时易划伤孔壁，孔面粗糙度值较大。适合于小直径深孔钻及深孔套料钻。

2）内排屑方式

高压切削液从刀杆外围与工件孔壁间流入，在钻杆内孔汇同切屑一同排出，见图5-11(b)。

内排屑方式的特点是：可增大刀杆外径，提高刀杆刚度，有利于提高进给量和生产率。采用高压切削液将切屑从刀杆中冲出来，冷却排屑效果好，也有利于刀杆的稳定，从而提高孔的精度和降低孔的表面粗糙度值。但机床必须装有受液器与液封，并须预设一套供液系统。

3）深孔加工方式

深孔加工时，由于工件较长，工件安装常采用“一夹一托”的方式，工件与刀具的运动形式有以下三种：

（1）工件旋转，刀具不转，只作进给运动。这种加工方式多在卧式车床上用深孔刀具或用接长的麻花钻加工中小型套筒类与轴类零件的深孔时应用。

（2）工件旋转，刀具旋转并作进给运动。这种加工方式大多在深孔钻镗床上和用深孔刀具加工大型套筒类零件及轴类零件的深孔时应用。这种加工方式由于钻削速度高，

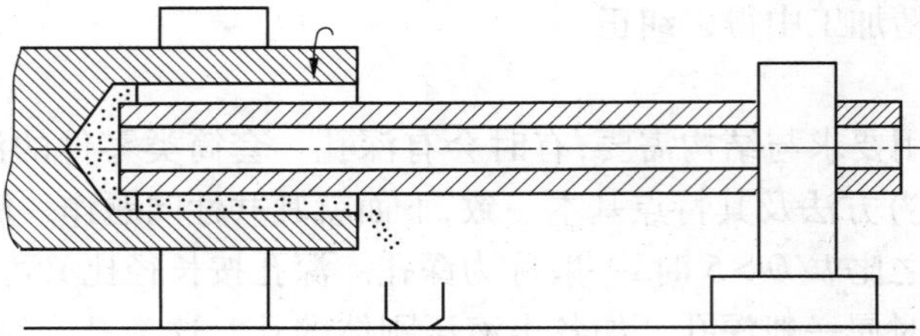

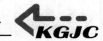

(a)

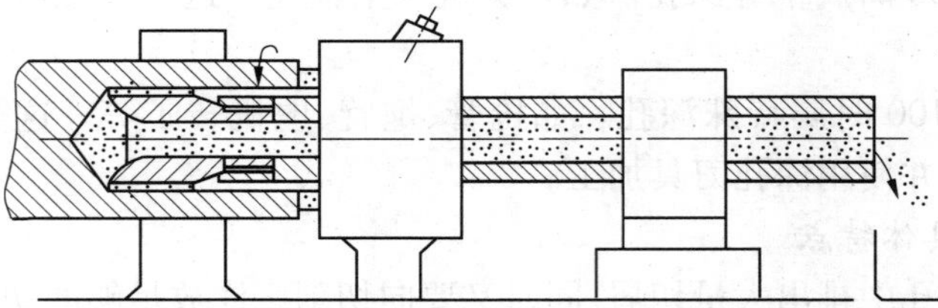

(b)

图 5-11　深孔加工时的排屑方式

因此钻孔精度及生产率较高。

(3)工件不转,刀具旋转并作进给运动。这种钻孔方式主要应用于工件特别大且笨重、工件不宜转动或孔的中心线不在旋转中心上的情况。这种加工方式易产生孔轴线的歪斜,钻孔精度较差。

5.3　箱体类零件加工

箱体是机器的基础零件,它将机器和部件中的轴、齿轮等有关零件连接成一个整体,并保持正确的相互位置,以传递转矩或改变转速来完成规定的运动。如机床的主轴箱、进给箱、各种变速箱等。它们的尺寸大小、结构形式、外观等虽然各不相同,但有共同的结构特点:结构复杂,一般是中空、多孔的薄壁铸件,刚性较差,在结构上常设有加强筋、内腔凸边、凸台等;箱体壁上既有尺寸精度和形位公差要求较高的轴承支承孔和平面,又有许多小的光孔、螺纹孔以及用于安装定位的销孔。因此,箱体类零件加工部位多且加工难度较大。图 5-12 为几种箱体的结构简图。

5.3.1　箱体类零件的主要技术要求、材料和毛坯

5.3.1.1　**箱体零件的主要技术要求**

图 5-13 为某车床主轴箱简图。由图可知,箱体类零件结构复杂,壁薄且不均匀,加工部位多,加工难度大。据统计,一般中型机床制造厂,箱体类零件的机械加工劳动量占整个产品加工量的 15% ~20%。

箱体类零件中以机床主轴箱的精度要求最高,现以某车床主轴箱为例,可归纳以下五项精度要求。

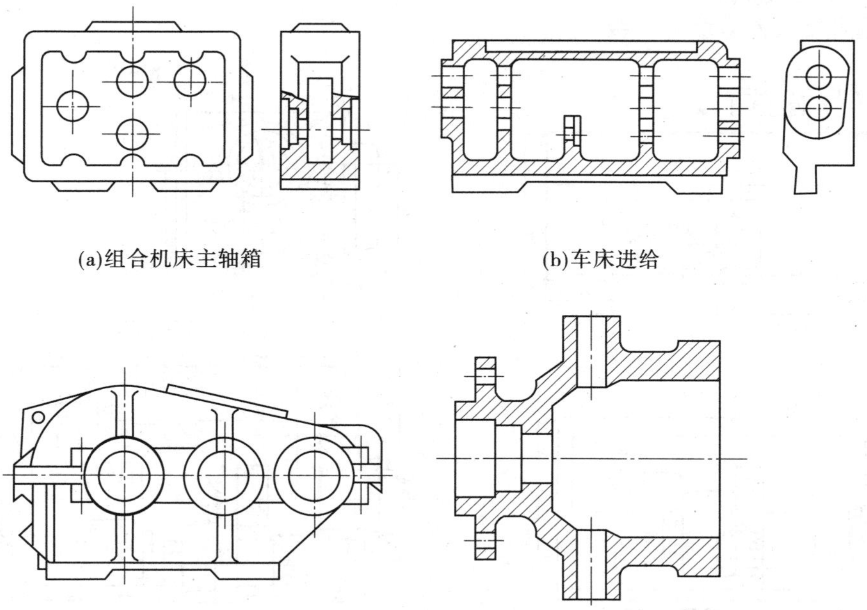

(a)组合机床主轴箱　(b)车床进给

(c)减速器　(d)泵壳

图5-12　几种箱体的结构简图

1. 孔径精度

孔径的尺寸误差和几何形状误差会使轴承与孔配合不良。孔径过大,配合过松,使主轴回转轴线不稳定,并降低了支撑刚度,易产生振动和噪声;孔径过小,配合过紧,轴承将因外界变形而不能正常运转,寿命缩短。装轴承的孔不圆,也使轴承外环变形而引起主轴的径向跳动。

从以上分析可知,主轴箱对孔的精度要求较高。主轴孔的尺寸精度约为IT6级,其余孔为IT6~IT7级。孔的几何形状精度除作特殊规定外,一般都在尺寸公差范围内。

2. 孔与孔的位置精度

同一轴线上各孔的同轴度误差和孔端面对轴线的垂直度误差,会使轴和轴承装配到箱体上后产生歪斜,致使主轴产生径向跳动和轴向窜动,同时也使温度升高,加剧轴承磨损。孔系之间的平行度误差会影响齿轮的啮合质量。一般同轴上各孔的同轴度约为最小孔尺寸公差的一半。

3. 孔和平面的位置精度

一般都要规定主要孔和主轴箱安装基面的平行度要求,它们决定了主轴与床身导轨的相互位置关系。这项精度是在总装过程中通过刮研达到的。为减少刮研工作量,一般都要规定主轴轴线对安装基面的平行度公差。在垂直和水平两个方向上只允许主轴前端向上和向前偏斜。

4. 主要平面的精度

装配基面的平面度误差影响主轴箱与床身连接时的接触刚度。若在加工过程中作为定位基准，还会影响轴孔的加工精度。因此，规定底面和导向面必须平直和相互垂直。其平面度、垂直度公差等级为 5 级。

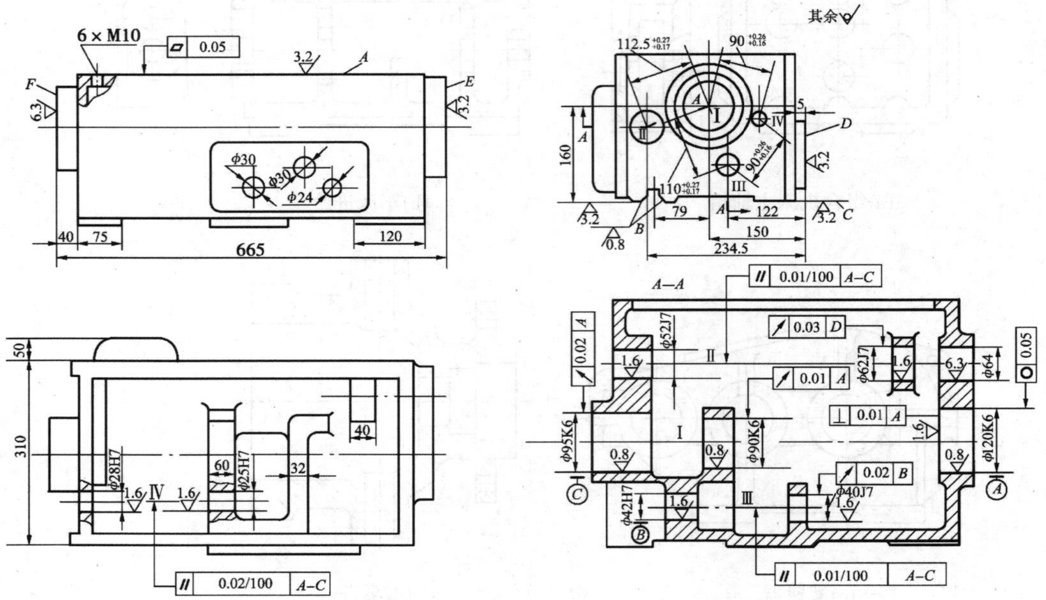

图 5-13　车床主轴箱简图

5. 表面粗糙度

重要孔和主要表面的表面粗糙度会影响连接面的配合性质或接触刚度，其具体要求一般用 *Ra* 值来评价。主轴孔为 *Ra* 0. 4 μm，其他各纵向孔为 *Ra* 1. 6 μm，孔的内端面为 *Ra* 3. 2 μm，装配基准面和定位基准面为 *Ra* 0. 63 ~ 2. 5μm，其他平面为 *Ra* 2. 5 ~ 10 μm。

5. 3. 1. 2　箱体的材料及毛坯

箱体材料一般选用 HT200 ~ HT400 的各种牌号的灰铸铁，最常用的为 HT200，这是因为灰铸铁不仅成本低，而且具有较高的耐磨性、可铸性、可切削性和阻尼特性。单件生产的或某些简易机床的箱体，为了缩短生产周期和降低成本，可采用钢材焊接结构。此外，精度要求较高的坐标镗床主轴箱可选用耐磨铸铁，负荷大的主轴箱也可采用铸钢件。

毛坯的加工余量与生产批量、毛坯尺寸、结构、精度和铸造方法等因素有关，有关数据可查有关资料及数据具体情况决定。如Ⅱ级精度灰铸铁件，在大批大量生产时，平面的总加工余量为 6 ~ 10 mm，孔的半径余量为 7 ~ 12 mm；单件小批量生产时，平面的总加工余量为 7 ~ 12 mm，孔的半径余量为 8 ~ 14 mm；成批生产时，小于 ϕ30 mm 的孔和单件小批生产小于 ϕ50 mm 的孔不铸出。

毛坯铸造时，应防止砂眼和气孔的产生。为了减小毛坯制造时产生的残余应力，应使箱体壁厚尽量均匀，箱体铸造后应安排退火或时效处理工序。

5. 3. 2　箱体零件结构工艺性

箱体的结构复杂，加工表面数量多，要求高，机械加工量大。因此，箱体机械加工的结构工艺性对提高产品质量、降低成本和提高劳动生产率都有重要意义。箱体机械加工的结构工艺性要注意以下几方面的问题。

5.3.2.1 基本孔

箱体的基本孔可分为通孔、阶梯孔、盲孔、交叉孔等几类。通孔工艺性最好，通孔内又以孔长 L 与孔径 D 之比 $L/D \leqslant 1 \sim 1.5$ 的短圆柱孔工艺性为最好；$L/D > 5$ 的孔称为深孔，若对深度精度要求较高、表面粗糙度值较小，加工就很困难。

阶梯孔的工艺性与孔径比有关。孔径相差越小，则工艺性越好；孔径相差越大，且其中最小的孔径又很小，则工艺性越差。

相贯通的交叉孔的工艺性也较差，如图 5-14(a)所示 $\phi100^{+0.035}_{0}$孔与 $\phi70^{+0.03}_{0}$孔贯通相交，在加工主轴孔，刀具走到贯通部分时，由于刀具径向受力不均，孔的轴线就会偏移。为此可采取图 5-14(b)所示方案，$\phi70$ 孔不铸通，加工 $\phi100^{+0.035}_{0}$孔后再加工 $\phi65$ 孔即可。

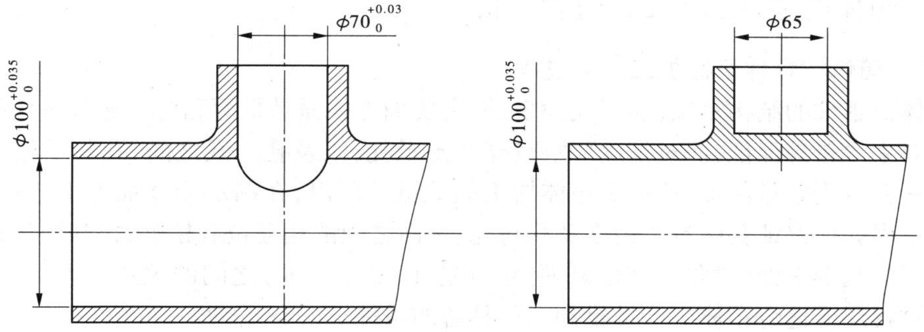

(a) (b)

图 5-14 交叉孔的工艺性

盲孔的工艺性最差，因为在精铰或精镗盲孔时，刀具送进难以控制，加工情况不便于观察。此外，盲孔的内端面的加工也特别困难，故应尽量避免。

5.3.2.2 同轴线上的孔

同一轴线上孔径大小向一个方向递减，便于镗孔时镗杆从一端伸入逐个加工或同时加工同轴线上几个孔，以保证较高的同轴度和生产率。单件小批生产时一般采用这种分布形式，如图 5-15(a)所示。同孔径大小，从两边向中间递减，加工时便于组合机床从两边同时加工，镗杆刚度好，适合大批大量生产，如图 5-15(b)所示。

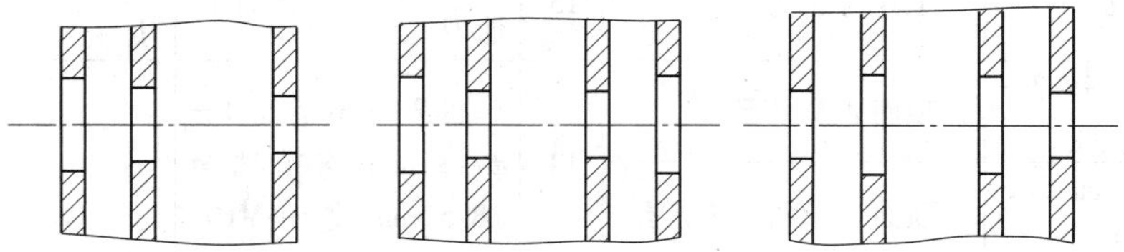

(a) (b) (c)

图 5-15 同轴孔径的排列方式

同轴线上的孔的直径的分布形式，应尽量避免中间壁上的孔径大于外壁的孔径。因为加工这种孔时，要将刀杆伸进箱体后装刀和对刀，结构工艺性差，如图5-15(c)所示。

5.3.2.3　箱体的内端面孔

箱体的内端面孔加工比较困难，如果结构上要求必须加工，应尽可能使内端面的尺寸小于刀具需穿过的孔加工前的直径，这样便于镗杆直接穿过该孔而到达加工端面处。

5.3.2.4　箱体外壁上的凸台

箱体外壁上的凸台应尽可能在一个平面上，以便可以在一次走刀中加工出来，而无须调整刀具的位置，使加工简单方便。

5.3.2.5　箱体的装配基面

箱体的装配基面尺寸应尽量大，形状应力求简单，以便于加工、装配和检验。箱体上的紧固孔和螺孔的尺寸规格应尽量一致，以减少刀具数量和换刀次数。

5.3.3　箱体类零件加工工艺过程分析

5.3.3.1　箱体类零件机械加工工艺过程

箱体类零件的结构复杂，加工表面多，但主要加工表面是平面和孔。通常平面的加工精度相对来说较易保证，而对精度要求较高的支承孔，以及孔与孔之间、孔与平面之间的相互位置精度则较难保证，往往是箱体加工的关键。所以，在制定箱体加工工艺过程时，应重点考虑如何保证孔的自身精度及孔与孔、平面之间的相互位置精度，尤其要注意重要孔与重要的基准平面(常作为装配基面、定位基准、工序基准)之间的关系。当然，所制定的工艺过程还应适合箱体生产批量和工厂具备的条件。

表5-4为车床主轴箱(见图5-13)大批生产的工艺过程。

表5-4　车床主轴箱大批生产的工艺过程

序号	工序内容	定位基准	序号	工序内容	定位基准
1	铸造		10	精镗各纵向孔	顶面 *A* 及两个工艺孔
2	时效		11	精镗主轴孔Ⅰ	顶面 *A* 及两个工艺孔
3	油漆		12	加工横向孔及各面上的次要孔	
4	铣顶面 *A*	Ⅰ孔与Ⅱ孔	13	磨 *B*、*C* 导轨面及前面 *D*	顶面 *A* 及两个工艺孔
5	钻、扩、铰2—ϕ8H7工艺孔	顶面 *A* 及外形	14	将2—ϕ8H7及4—ϕ7.8 mm均扩钻至ϕ8.5 mm，攻6—M10	
6	铣两端面 *E*、*F* 及前面 *D*	顶面 *A* 及两个工艺孔			
7	铣导轨面 *B*、*C*	顶面 *A* 及两个工艺孔	15	清洗、去毛刺、倒角	
8	磨顶面 *A*	导轨面 *B*、*C*	16	检验	
9	粗镗各纵向孔	顶面 *A* 及两个工艺孔			

5.3.3.2 箱体类零件机械加工工艺过程分析

1. 拟定箱体类零件机械加工工艺过程的基本原则

1) 先面后孔的加工顺序

箱体类零件的加工顺序均为先加工面，以加工好的平面定位，再加工孔。因为箱体孔的精度要求高，加工难度大，先以孔为粗基准加工好平面，再以平面为精基准加工孔，这样既能为孔的加工提供稳定可靠的精基准，又可以使孔的加工余量均匀。由于箱体上的孔一般分布在外壁和中间隔壁的平面上，先加工平面，可切去铸件表面的凹凸不平及夹砂等缺陷，这不仅有利于以后工序的孔加工（例如，钻孔时可减少钻头引偏），也有利于保护刀具、对刀和调整。

表 5-4 中主轴箱大批生产时，先将顶面 *A* 磨好后才能加工孔系。

2) 加工阶段粗、精分开

箱体重要加工表面都要分为粗、精加工两个阶段，这样可减小或避免粗加工产生的内应力和切削热对加工精度的影响，以保证加工质量；粗、精加工分开还可以根据不同的加工特点和要求，合理选择加工设备，便于低精度、高功率设备充分发挥其功能，而高精度设备则可以延长使用寿命，提高经济效益；粗、精加工分开也可以及时发现毛坯缺陷，避免浪费。

但是，对单件小批的箱体加工，如果从工序上严格区分粗、精加工，则机床、夹具数量要增加，工件运输工作量也会增加，所以实际生产中多将粗、精加工在一道工序内完成，但要采取一定的工艺措施，如粗加工后将工件松开一点，然后再用较小的夹紧力夹紧工件，使工件因夹紧力而产生的弹性变形在精加工前得以恢复。

3) 工序间安排时效处理

箱体毛坯结构复杂，铸造内应力较大。为了消除内应力，减少变形，保持精度的稳定，铸造之后要安排人工时效处理。主轴箱体人工时效的规范为：加热到 500 ~ 550 ℃，加热速度为 50 ~ 120 ℃/h，保温 4 ~ 6 h，冷却速度≤30 ℃/h，出炉温度≤200 ℃。

普通精度的箱体，一般在铸造之后安排一次人工时效处理。对一些高精度的箱体或形状特别复杂的箱体，在粗加工之后还要安排一次人工时效处理，以消除粗加工所造成的残余应力。有些精度要求不高的箱体毛坯，有时不安排时效处理，而是利用粗、精加工工序间的停放和运输时间，使之进行自然时效。

4) 选择箱体上的重要基准孔作粗基准

箱体零件的粗基准一般都采用它上面的重要孔作粗基准，如主轴箱都用主轴孔作粗基准。

2. 箱体零件加工的具体工艺问题

1) 粗基准的选择

虽然箱体类零件一般都采用重要孔为粗基准，但随着生产类型不同，实现以主轴孔为粗基准的工件装夹方式是不同的。

中小批生产时，由于毛坯精度较低，一般采用划线装夹。加工箱体平面时，按线找正装夹工件即可。

大批大量生产时，毛坯精度较高，可采用图 5-16 所示的夹具装夹。先将工件放在支承1、3、5上，使箱体侧面紧靠支架4，箱体一端靠住挡销6，这就完成了预定位。此时将液压控制的两短轴7伸入主轴孔中，每个短轴上的三个活动支柱8分别顶住主轴孔内的毛面，将工件抬起。离开1、3、5支承面，使主轴孔轴线与夹具的两短轴轴线重合，此时主轴孔即为定位基准。为了限制工件绕两短轴7转动的自由度，在工件抬起后，调节两可调支承，通过用样板校正Ⅰ轴孔的位置，使箱体顶面基本成水平。再调节辅助支承2，使其与箱体底面接触，使得工艺系统刚度得到提高。然后再将液压控制的两夹紧块伸入箱体两端孔内压紧工件，即可进行加工。

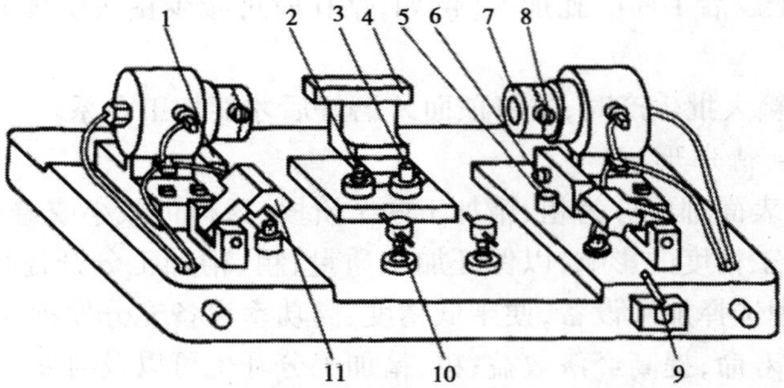

1、3、5—支承；2—辅助支承；4—支架；6—挡销；7—短轴；8—活动支柱；9、10—操纵手柄；11—螺杆

图5-16　以主轴孔为粗基准铣顶面的夹具

2）精基准的选择

箱体加工精基准的选择与生产批量大小有关。单件小批生产用装配基准作定位基准。图5-13中车床主轴箱单件小批加工孔系时，选择箱体底面导轨B、C面作为定位基准。B、C面既是主轴孔的设计基准，也与箱体的主要纵向孔系、端面、侧面有直接的位置关系，故选择导轨面B、C作为定位基准，不仅消除了基准不重合误差，而且在加工各孔时，箱口朝上，便于安装调整刀具、更换导向套、测量孔径尺寸、观察加工情况和加注切削液等。

这种定位方式的不足之处是刀具系统的刚度较差。加工箱体中间壁上的孔时，为了提高刀具系统的刚度，应当在箱体内部相应的部位设计镗杆导向支承。由于箱体底部是封闭的，中间支承只能用如图5-17所示的吊架从箱体顶面的开口处伸入箱体内，每加工一件需装卸一次，吊架刚性差，制造精度较低，经常装卸也容易产生误差，且使加工的辅助时间增加，因此这种定位方式只适用于单件小批生产。

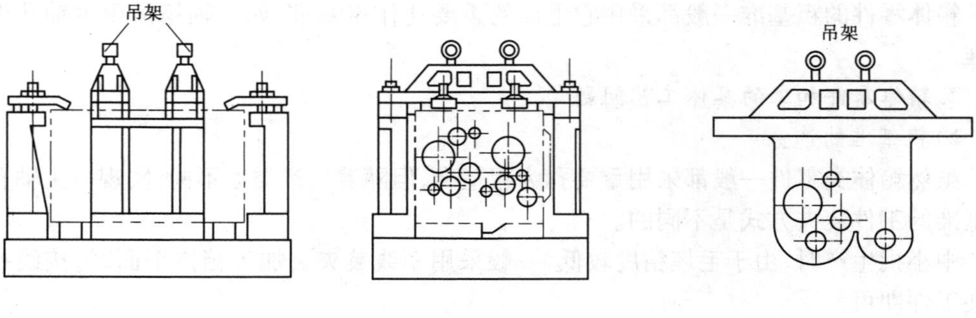

图5-17　吊架式镗模夹具

大批量生产是采用一面双孔作定位基准。大批量生产的主轴箱常以顶面和两定位销孔为精基准,如图5-18所示。

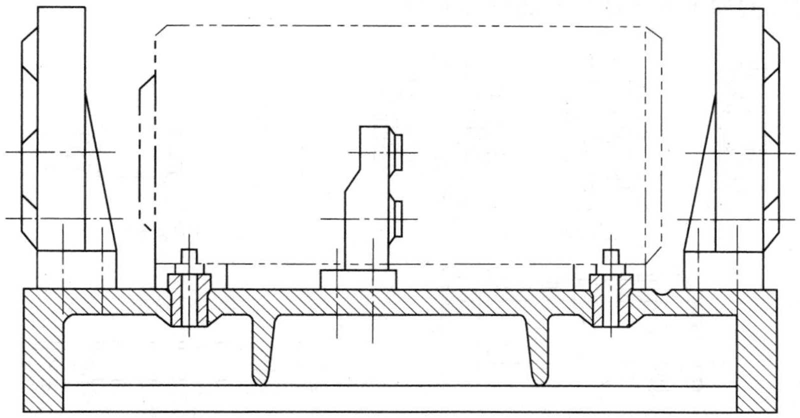

图5-18 一面两孔定位的镗模

这种定位方式,箱口朝下,中间导向支架可固定在夹具上。由于简化了夹具结构,提高了夹具的刚度,同时工具的装卸也比较方便,因而提高了孔系的加工质量和劳动生产率。

这一定位方式也存在一定的问题:由于定位基准与设计基准不重合,产生了基准不重合误差。为保证箱体的加工精度,必须提高作为定位基准的箱体顶面和两定位销孔的加工精度。因此,大批大量生产的主轴加工工艺过程中,安排了磨*A*面工序,要求严格控制顶面*A*的平面度和*A*面至底面、*A*面至主轴孔轴心线的尺寸精度与平行度,并将两定位销孔通过钻、扩、铰等工序使其直径精度提高到H7,增加了箱体加工的工作量。此外,这种定位方式中箱口朝下,还不便在加工中直接观察加工情况,也无法在加工中测量尺寸和调整刀具(实际生产中采用定孔径刀具直接保证加工精度)。

3)所用设备因批量不同而异

单件小批生产一般都在通用机床上加工,各工序原则上靠工人技术熟练程度和机床工作精度来保证。除个别必须用专用夹具才能保证质量的工序(如孔系加工)外,一般很少采用专用夹具。而大批量箱体的加工则广泛采用组合加工机床、专用镗床等。专用夹具也用得很多,这就大大地提高了生产率。

5.4 圆柱齿轮加工

齿轮传动在现代机器和仪器中应用极广,其功用是按规定的速比传递运动和动力。圆柱齿轮因使用要求不同而有不同形状,但从工艺角度可将其看成由齿圈和轮体两部分构成。按照齿圈上轮齿的分布形式,齿轮可分为直齿、斜齿和人字齿轮等;按照轮体的结构形式特点,齿轮大致可分为盘形齿轮、套筒齿轮、轴齿轮和齿条等,如图5-19所示。

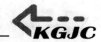

在各种齿轮中,以盘形齿轮应用最广。其特点是内孔多为精度要求较高的圆柱孔或花键孔,轮缘具有一个或几个齿圈。单齿圈齿轮的结构工艺性好,可采用任何一种齿形加工方法加工。对多齿圈齿轮(多联齿轮),当各齿圈轴向尺寸较小时,除最大齿圈外,其余较小齿圈齿形的加工方法通常只能选择插齿。

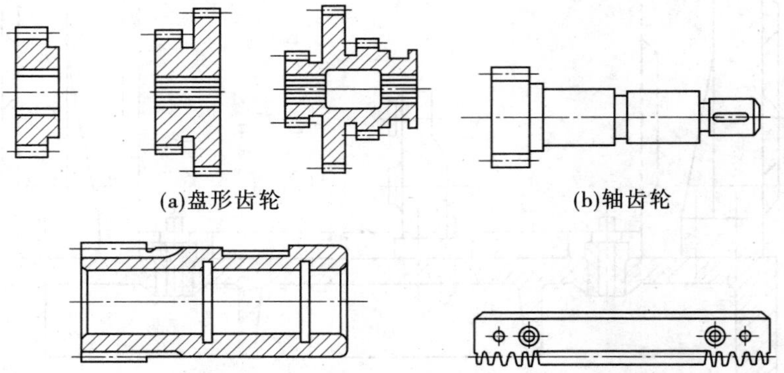
(a)盘形齿轮　(b)轴齿轮　(c)套筒齿轮　(d)齿条

图 5-19　圆柱齿轮的常见结构形式

5.4.1　圆柱齿轮的技术要求

5.4.1.1　齿轮传动精度

渐开线圆柱齿轮精度标准(GB/T 10095.1—2008)对齿轮及齿轮副规定了 13 个精度等级,第 0 级精度最高,第 12 级精度最低,按照误差的特性及对传动性能的主要影响,将齿轮的各项公差和极限偏差分成Ⅰ、Ⅱ、Ⅲ三个公差组,分别评定运动精度、工作平稳性精度和接触精度。

运动精度要求能准确传递运动,传动比恒定;工作平稳性精度要求齿轮传递运动平稳,无冲击、振动和噪声;接触精度要求齿轮传递动力时,载荷沿齿面分布均匀。有关齿轮精度的具体规定,可参看国家标准。

5.4.1.2　齿侧间隙

齿侧间隙是指齿轮啮合时,轮齿非工作表面之间的法向间隙。为使齿轮副正常工作,齿轮啮合时必须有一定的齿侧间隙,以便储存润滑油,补偿因温度、弹性变形所引起的尺寸变化和加工装配时的一些误差。

5.4.1.3　齿坯基准面的精度

齿轮齿坯基准面的尺寸精度和形位精度直接影响齿轮的加工精度和传动精度,齿轮在加工、检验和安装时的基准面(包括径向基准面和轴向辅助基准面)应尽量一致。不同精度的齿轮齿坯公差,可查阅有关标准。

5.4.1.4　表面粗糙度

常用精度等级的齿轮各表面的粗糙度 Ra 的推荐值见表 5-5。

表 5-5 齿轮各表面的粗糙度 *Ra* 的推荐值 （单位：μm）

齿轮精度等级	5	6	7	8	9
齿轮齿面	0.4	0.8	0.8～1.6	1.6～3.2	3.2～6.3
齿轮基准孔	0.32～0.63	0.8	0.8～1.6		3.2
齿轮轴基准轴颈	0.2～0.4	0.4	0.8	1.6	
基准端面	0.8～1.6	1.6～3.2		3.2	
齿顶圆	1.6～3.2	3.2			

注：当三个公差组的精度等级不同时，按最高的精度等级确定。

5.4.2 齿轮的材料、毛坯和热处理

5.4.2.1 齿轮的材料

齿轮应按照使用的工作条件选用合适的材料。齿轮材料的选择对齿轮的加工性能和使用寿命都有直接的影响。一般齿轮选用中碳钢（如45钢）和低、中碳合金钢，如20Cr、40Cr、20CrMnTi等，要求较高的重要齿轮可选用38CrMoAlA氮化钢，非传力齿轮也可以选用铸铁、夹布胶木或尼龙等材料。

5.4.2.2 齿轮的毛坯

齿轮的毛坯形式主要有棒料、锻件和铸件。棒料用于小尺寸、结构简单且对强度要求低的齿轮。当齿轮要求强度高、耐磨和耐冲击时，多用锻件，直径大于400～600 mm的齿轮，常用铸造毛坯。为了减少机械加工量，对于大尺寸、低精度齿轮，可以直接铸出轮齿；对于小尺寸、形状复杂的齿轮，可用精密铸造、压力铸造、精密锻造、粉末冶金、热轧和冷挤等新工艺制造出具有轮齿的齿坯，以提高劳动生产率、节约原材料。

5.4.2.3 齿轮的热处理

齿轮加工中根据不同的目的，安排以下两种热处理工序：

(1)毛坯热处理：在齿坯加工前后安排预先热处理正火或调质，其主要目的是消除锻造及粗加工引起的残余应力、改善材料的可切削性和提高综合力学性能。

(2)齿面热处理：齿形加工后，为提高齿面的硬度和耐磨性，常进行渗碳淬火、高频感应加热淬火、碳氮共渗和渗氮等热处理工序。

齿轮的材料种类很多，对于低速、轻载或中载的一些不重要的齿轮，常用45钢制作，经正火或调质处理后，可改善金相组织和可加工性，一般对齿面进行表面淬火处理。

对于速度较高、受力较大或精度较高的齿轮，常采用20Cr、40Cr、20CrMnTi等合金钢。其中，40Cr合金钢晶粒细、淬火变形小，20CrMnTi合金钢采用渗碳淬火后，可使齿面硬度提高，心部韧性较好和抗弯性增强。

38CrMoAlA合金钢经渗氮后，具有高的耐磨性和耐腐蚀性，用于制造高速齿轮。

5.4.3 齿轮加工的一般工艺路线

根据齿轮的结构特点、使用性能和工作条件，对于精度要求较高的齿轮，其工艺路线大致为：备料—毛坯制造—毛坯热处理—齿坯加工—齿形加工—齿端加工—齿轮热处

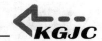

理—精基准修正—齿形精加工—终检。

5.4.4 齿轮加工工艺过程及其分析

5.4.4.1 齿轮加工工艺过程

圆柱齿轮加工工艺，常随着齿轮的结构形状、精度等级、生产批量及生产条件不同而采用不同的工艺方法。

图 5-20 所示为一齿轮零件图，材料为 40Cr，精度为 6 级，齿部高频淬火，要求达到 52 HRC，小批量生产，其加工工艺过程见图 5-6。

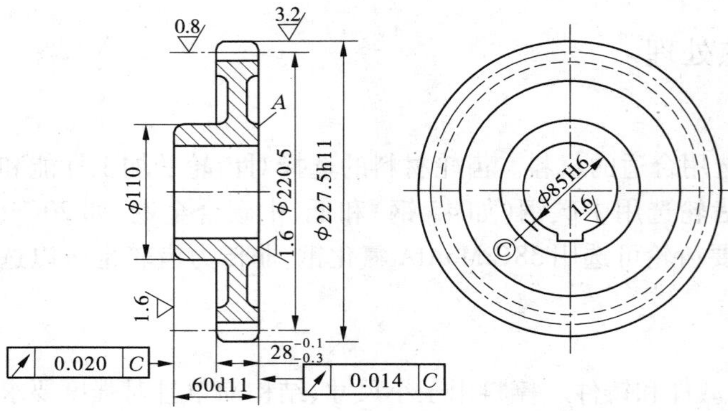

模数	m	3.5
齿数	z	63
压力角	α	20°
精度等级		655CH
基节极限偏差	F_r	±0.006
公法线长度变动公差	F_ω	0.016
跨齿数	k	8
公法线平均长度		$80.58^{-0.14}_{-0.22}$
齿向公差	F_β	0.007
齿形公差	F_f	0.007

图 5-20 齿轮零件图

表 5-6 齿轮加工工艺过程

序号	工序名称	工序内容	机床	定位基准
1	锻造	毛坯锻造		
2	热处理	正火		
3	粗车	粗车外圆及端面，留余量 1.5~2 mm	车床	外圆及端面
4	精车	精车各部分，内孔至 ϕ84.8H7，总长留加工余量 0.2 mm，其余加工至尺寸要求	车床	外圆及端面
5	检验			
6	滚齿	滚齿($z=63$)，齿厚留磨削加工余量 0.10~0.15 mm	滚齿机	内孔及 A 面
7	倒角	倒角		
8	钳	钳工去毛刺		
9	热处理	齿部高频淬火：硬度 52 HRC		
10	插削	插键槽	插床	内孔及 A 面
11	磨	磨内孔至 ϕ85H5	磨床	分度圆及 A 面
12	磨	靠磨大端 A 面	平面磨床	内孔
13	磨	平面磨削 B 面		A 面
14	磨	磨齿	Y7150	内孔及 A 面
15	检验	总检入库		

5.4.4.2 齿轮加工工艺过程分析

1. 定位基准的选择

为保证齿轮的加工精度，应根据“基准重合”原则，选择齿轮的设计基准、装配基准为定位基准，且尽可能在整个加工过程中保持基准统一。

轴类齿轮的齿形加工一般选择中心孔定位，某些大模数的轴类齿轮多选择轴颈和一端面定位。

盘形齿轮的齿形加工可采用以下两种定位基准：

(1)内孔和端面定位，符合“基准重合”原则。采用专用心轴，定位精度较高，生产率高，故广泛用于成批生产中。为保证内孔的尺寸精度和基准端面对内孔中心线的圆跳动要求，进行齿坯加工时应尽量在一次安装中同时加工内孔和基准端面。

(2)外圆和端面定位，不符合“基准重合”原则。用端面作轴向定位，并找正外圆，不需要专用心轴，生产率较低，故适用于单件小批生产。为保证齿轮的加工质量，必须严格控制齿坯外圆对内孔的径向圆跳动。

2. 齿形加工方案选择

齿形加工方案选择，主要取决于齿轮的精度等级、生产批量和齿轮热处理方法等。

(1)8 级或 8 级精度以下的齿轮加工方案：对于不淬硬的齿轮，用滚齿或插齿即可满足加工要求；对于淬硬齿轮，可采用“滚(或插)—齿端加工—齿面热处理—修正内孔”的加工方案。热处理前的齿形加工精度应比图样要求提高一级。

(2)6 ~7 级精度的齿轮一般有两种加工方案，即剃、珩齿方案：滚(或插)齿—齿端加工—剃齿—表面淬火—修正基准—珩齿；磨齿方案：滚(或插)齿—齿端加工—渗碳淬火—修正基准—磨齿。剃、珩齿方案生产效率高，广泛用于 7 级精度齿轮的成批生产中。磨齿方案生产率低，一般用于 6 级精度以上或虽低于 6 级但淬火后变形较大的齿轮。

随着刀具材料的不断发展，用硬滚、硬插、硬剃齿代替磨齿，用珩齿代替剃齿，可取得很好的经济效益。例如，可采用“滚齿—齿端加工—齿面热处理—修正基准—硬滚齿”的方案。

(3)5 级精度以上的齿轮加工一般应取磨齿方案。

3. 齿轮热处理

齿轮加工中根据不同要求，常安排以下两种热处理工序：

(1)齿坯热处理。在齿坯粗加工前后常安排预先热处理——正火或调质。正火安排在齿坯加工前，其目的是消除锻造内应力，改善材料的加工性能。调质一般安排在齿坯粗加工之后，可消除锻造内应力和粗加工引起的残余应力，提高材料的综合力学性能，但齿坯的硬度稍高，不易切削，故生产中应用较少。

(2)齿面热处理。齿形加工后为提高齿面的硬度及耐磨性，根据材料与技术要求，常安排渗碳淬火、高频感应加热淬火及液体碳氮共渗等处理工序。经渗碳淬火的齿轮变形较大，对高精度齿轮尚需进行磨齿加工。经高频感应加热淬火处理的齿轮变形较小，内孔直径一般会缩小 0.01 ~0.05 mm，淬火后应予以修正。有键槽的齿轮，淬火后内孔经常出现椭圆形，为此键槽加工宜安排在齿面淬火之后。

4. 齿端加工

齿轮的齿端加工有倒圆、倒尖、倒棱(见图 5-21)和去毛刺等。倒圆、倒尖后的齿轮,沿轴向滑动时容易进入啮合。倒棱可去除齿端的锐边,这些锐边经淬火后很脆,在齿轮传动中易崩裂。

(a)倒圆　(b)倒尖　(c)倒棱

图 5-21　齿端加工

齿端加工必须安排在齿轮淬火之前,通常多在滚(插)齿之后。

5. 精基准修正

齿轮淬火后基准孔常产生变形。为保证齿形精加工的精度,对基准孔必须进行修正。对大径定心的花键孔齿轮,通常用花键推刀修正。对圆柱孔齿轮,可采用推孔或磨孔修正。推孔的生产率高,常用于内孔未淬硬的齿轮,可用加长推刀前引导部分来防止推刀歪斜,以保证推孔精度。磨孔的精度高,但生产率低,适用于整体淬火齿轮及内孔较大、齿厚较薄的齿轮。磨孔时应以分度圆定心,这样可使磨孔后的齿圈径向圆跳动较小,对后续磨齿或珩齿有利。实际生产中以金刚镗代替磨孔也取得了较好的效果,且提高了生产率。

习　题

5-1　主轴结构特点和技术要求有哪些?

5-2　车床主轴毛坯常用的材料有哪几种?对于不同的毛坯材料,在加工各个阶段应如何安排热处理工序?这些热处理工序起什么作用?

5-3　试分析车床主轴加工工艺过程中,如何体现"基准重合""基准统一"等精基准选择原则?

5-4　顶尖孔在主轴机械加工工艺过程中起什么作用?为什么要对顶尖孔进行修磨?

5-5　轴类零件上的螺纹、花键等的加工一般安排在工艺过程的哪个阶段?

5-6　箱体零件的结构特点和主要技术要求有哪些?为什么要规定这些要求?

5-7　选择箱体零件的粗、精基准时应考虑哪些问题?

5-8　孔系有哪几种?其加工方法有哪些?

5-9　如何安排箱体零件的加工顺序?一般应遵循哪些原则?

5-10　套筒类零件的深孔加工有何工艺特点?针对其特点应采取什么工艺措施?

5-11　薄壁套筒零件加工时容易因夹紧不当产生变形,应如何处理?

5-12　针对圆柱齿轮规定了哪些技术要求和精度指标?它们对传动质量和加工工艺有什么影响?

5-13　齿形加工的精基准应如何选择?齿轮淬火前精基准的加工和淬火后精基准的

修整通常采用什么方法？

5-14　滚齿、插齿、磨齿的工作原理及工艺特点各是什么？它们各适用于什么场合？

5-15　齿轮的典型加工工艺过程一般由哪几个加工阶段所组成？其中，毛坯热处理和齿面热处理各起什么作用？应安排在工艺过程的哪一个阶段？

5-16　编制图 5-22 所示传动轴的机械加工工艺规程。其生产类型为中批生产，材料为 45 钢，需调质处理。

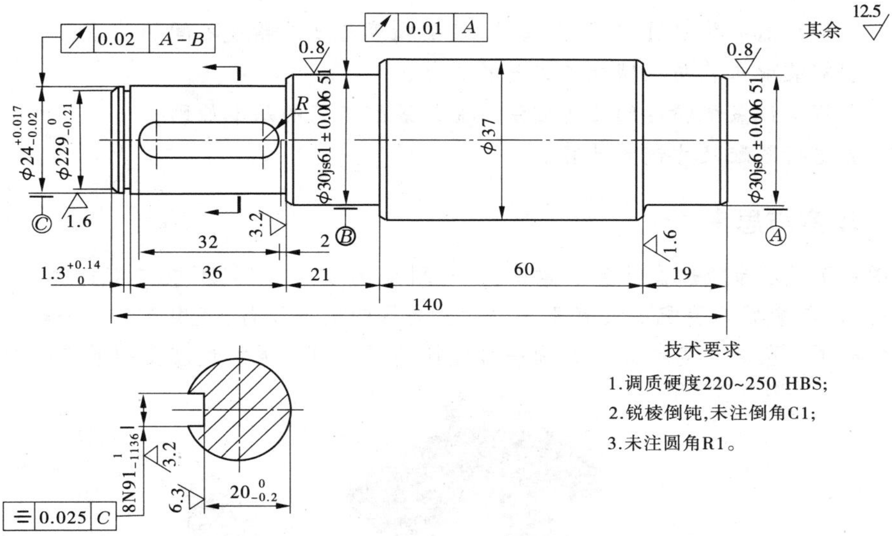

图 5-22　传动轴

5-17　编制图 5-23 所示轴承套筒零件的机械加工工艺过程。其生产类型为中批生产，材料为 HT200。

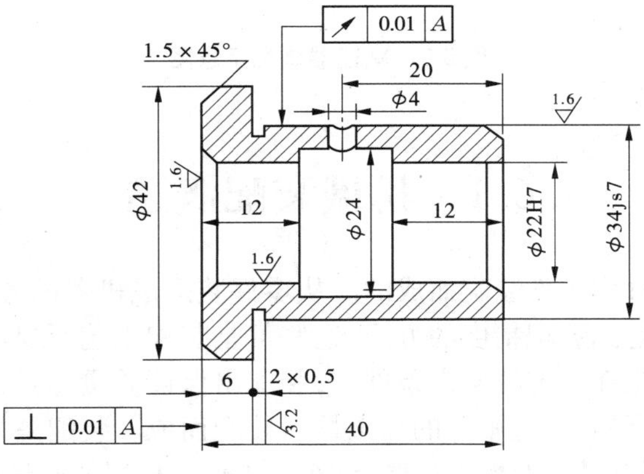

图 5-23　轴承套筒零件图

第 6 章　机械装配工艺

教学目标

- 了解机器的装配过程、装配工艺、装配精度与零件精度之间的关系；
- 理解装配工艺与机械加工工艺的关系；
- 掌握保证装配精度的几种方法及制定装配工艺的基本原则；
- 会进行装配尺寸链的计算。

观察与思考

如图 6-0 所示为减速器装配示意图，一台机器的质量好坏，不仅与零件的材料、加工质量有关，还与最后的装配质量有关。为什么同样的机器设备，使用寿命不一样？这与最后的装配有很大关系。怎样才能装配一台优质的机械设备呢？这就必须掌握装配技术。

图 6-0　减速器装配示意图

6.1　机械装配概述

任何机器都是由许多零件装配而成的。从零件装配成机器的方法，零件的精度和产品的精度的关系以及达到装配精度的方法，这些都是装配工艺所要解决的基本问题。机器装配的基本任务就是在一定的生产条件下，装配出保证质量、高效率而又经济的产品。一台机器总是从设计开始，经过零件的加工最后装配而成。装配是机器制造中的最后一个阶段，包括装配、调整、试验及性能检验、试车等工作。机器的质量最终是通过装配保证的，装配质量在很大程度上决定了机器的最终质量。另外，通过机器的装配过程，可以发现机器设计和零件加工质量等所存在的问题，及时加以改进，以保证机器的质量。

目前，在众多的工厂中，装配的主要工作是靠手工完成的，所以选择合适的装配方法，制定合理的装配工艺规程，不仅是保证机器装配质量的手段，也是提高产品生产效率、降低制造成本的有利措施。

6.1.1　机械装配的概念

任何产品都由若干个零件组成。为保证有效地组织装配，必须将产品分解为若干个能进行独立装配的装配单元。

(1)零件是组成产品的最小单元，它由整块金属(或其他材料)制成。在机械装配中，一般先将零件装成套件、组件和部件，然后再装成产品。

(2)套件是在一个基准零件上，装上一个或若干个零件而构成的，它是最小的装配单元。套件中唯一的基准零件是为了连接相关零件和确定各零件的相对位置。为套件而进行的装配称套装。套件主要因工艺或材料问题，分成零件制造，但在以后的装配中可作为一个零件，不再分开，如双联齿轮。

(3)组件是在一个基准零件上装上若干套件及零件而构成的。组件中唯一的基准零件用于连接相关零件和套件，并确定它们的相对位置。为形成组件而进行的装配称组装。组件中可以没有套件，即由一个基准零件加若干个零件组成，它与套件的区别在于组件在以后的装配中可拆。如机床主轴箱中的主轴组件。

(4)部件是在一个基准零件上装上若干组件、套件和零件而构成的。部件中唯一的基准零件用来连接各个组件、套件和零件，并决定它们之间的相对位置。为形成部件而进行的装配称部装。部件在产品中能完成一定的完整的功用。如机床中的主轴箱。

(5)在一个基准零件上，装上若干部件、组件、套件和零件就成为整个产品。同样一部产品中只有一个基准零件，作用与上述相同。为形成产品的装配称总装。如卧式车床便是以床身作为基准零件，装上主轴箱、进给箱、溜板箱等部件及其他组件、套件、零件构成的。

以一定的顺序和技术连接成套件、组件、部件，最后组合成为一部完整的机械产品，并且可靠地实现产品设计的功能。

任何机器都是由许多零件、组件和部件组成的。机械装配就是把加工好的零件按设计的技术要求，将若干零件结合成组件和部件，并进一步将零件、组件和部件结合成机器的过程。前者称为部件装配；后者称为总装配。

装配是机器制造过程中的最后一个阶段。为了使产品达到规定的技术要求，装配不仅包括零、部件的结合过程，还应包括调整、检验、试验、油漆和包装等工作。

6.1.2　装配精度

装配精度是产品设计时根据机器的使用性能要求，在装配时必须保证的质量指标。正确规定机器、部件和组件的装配精度是产品设计的重要环节之一，它不仅关系到产品的质量，也影响产品制造的经济性。装配精度是制定装配工艺规程的主要依据，也是选择合理的装配方法和确定零件加工精度的依据，所以应正确规定机器的装配精度。

装配精度的主要内容，包括零部件间的配合精度和接触精度、位置尺寸精度、相对位置精度和相对运动精度等。

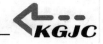

6.1.2.1　**尺寸精度**

尺寸精度是装配后相关零部件间应保证的距离尺寸的要求，包括配合面间达到规定的间隙和配合要求。例如卧式车床前后顶尖对床身导轨的等高度。

6.1.2.2　**位置精度**

位置精度是指装配后零部件间应保证的平行度、垂直度、同轴度和各种跳动等。如普通车床溜板移动对尾座顶尖套锥孔轴心的平行度要求等。

6.1.2.3　**相对运动精度**

相对运动精度是指装配后由相对运动零部件间在运动方向和运动准确性上应保证的要求。运动方向上的精度包括零部件间相对运动时的直线度、平行度和垂直度等。如滚齿机滚刀与工作台的传动精度。

6.1.2.4　**接触精度**

接触精度是指配合表面、接触表面和连接表面达到规定的接触面积大小与接触点分布的情况。它主要影响接触变形和配合质量。如齿轮啮合以及导轨之间均有接触精度要求。

6.1.3　装配精度与零件精度间的关系

机器及其部件都是由零件所组成的，因此机器的装配精度和零件的精度有着密切的关系。零件的精度特别是关键零件的加工精度，对装配精度有很大影响。如图6-1所示，普通车床尾座移动对溜板箱移动的平行度要求，就取决于床身上溜板移动的导轨 A 与尾座移动的导轨 B 的平行度以及导轨面间的接触精度。

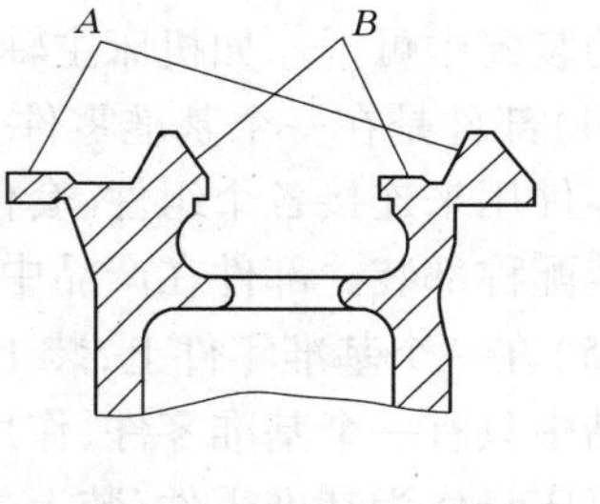

A—溜板移动导轨；B—尾座移动导轨

图6-1　床身导轨简图

一般来说，多数产品的装配精度与它相关的若干个零件的加工精度有密切的关系，所以合理地规定和控制这些相关零件的加工精度，在加工条件允许时，它们的加工误差累积起来，仍能满足装配精度要求。但是，当遇到有些要求较高的装配精度时，如果完全靠相关零件的制造精度来直接保证，则零件的加工精度要求较高，给加工带来较大的困难。如图6-2所示，普通车床床头和尾座两顶尖的等高度要求，主要取决于主轴箱1、尾座2、底板3和床身4等零部件的加工精度。该装配精度很难由相关零部件的加工精度直接保证。在生产中，常按较经济的精度来加工相关零件，而在装配时则采用一定的工艺措施（如选择、修配、调整等），从而形成不同的装配方法，来保证装配精度，本例中采用修配底板3的工艺措施来保证装配精度，这样做虽然增加了装配的劳动量，但从整个产品制造的全局分析，仍是可行的。

零件精度是保证装配精度的基础，但装配精度并不完全取决于零件的加工精度，还取决于装配方法。如果装配方法不同，对各个零件的精度要求也不同。同样，即使零件的加工精度很高，如果装配方法不当，也保证不了高的装配精度。

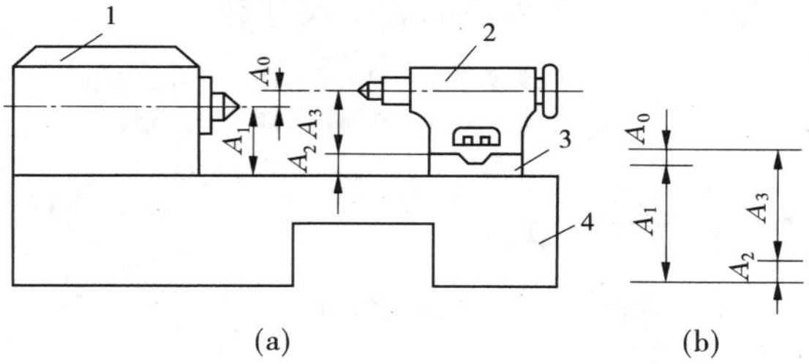

1—主轴箱;2—尾座;3—底板;4—床身

图 6-2 床头箱主轴与尾座套筒中心线等高示意图

6.2 装配尺寸链的建立

装配尺寸链是产品或部件在装配过程中,由相关零件的有关尺寸(表面或轴线间距离)或相互位置关系(平行度、垂直度或同轴度等)所组成的尺寸链。在装配关系中,对装配精度有直接影响的零部件的尺寸和位置关系,都是装配尺寸链的组成环。如同工艺尺寸链一样,装配尺寸链的组成环也分为增环和减环。其基本特征依然是尺寸组合的封闭性,即由一个封闭环和若干个组成环所构成的尺寸链呈封闭图形。下面分别介绍长度装配尺寸链和角度装配尺寸链的建立方法。

6.2.1 长度装配尺寸链

6.2.1.1 长度装配尺寸链的封闭环与组成环的查找

装配尺寸链的封闭环多为产品或部件的装配精度,凡对某项装配精度有影响的零部件的有关尺寸或相互位置精度即为装配尺寸链的组成环。查找组成环的方法:从封闭环两边的零件或部件开始,沿着装配精度要求的方向,以相邻零件装配基准间的联系为线索,分别由近及远地去查找装配关系中影响装配精度的有关零件,直至找到同一基准零件的同一基准表面,这些有关尺寸或位置关系即为装配尺寸链中的组成环。然后画出尺寸链图,判别组成环的性质。在如图 6-2 所示的装配关系中,主轴锥孔轴心线与尾座轴心线对溜板移动的等高度要求 A_0 为封闭环,按上述方法很快查找出组成环为 A_1、A_2 和 A_3,画出装配尺寸链,如图 6-2(b)所示。

6.2.1.2 建立长度装配尺寸链的注意事项

(1)长度装配尺寸链中装配精度就是封闭环。

(2)按一定层次分别建立产品与部件的装配尺寸链。机械产品通常都比较复杂,为便于装配和提高装配效率,整个产品多划分为若干部件,装配工作分为部件装配和总装配,因此应分别建立产品总装尺寸链和部件装配尺寸链。产品总装尺寸链以产品精度为封闭环,以总装中有关零部件的尺寸为组成环。部件装配尺寸链以部件装配精度为封闭环(总装时则为组成环),以有关零件的尺寸为组成环。这样分层次建立的装配尺寸链比较清晰,表达的装配关系也更加清楚。

(3)在保证装配精度的前提下,装配尺寸链组成环可适当简化。

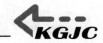

图 6-3 为车床床头、尾座、中心线等高的装配尺寸链。

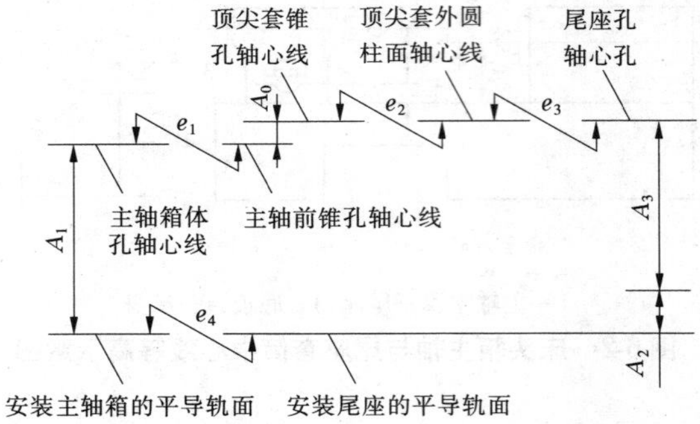

图 6-3　车床床头、尾座、中心线等高的装配尺寸链

图 6-3 中各组成环的意义如下：

A_0——主轴中心与床头尾座中心的距离；

A_1——主轴轴承孔轴心线至底面的距离；

A_2——尾座底板厚度；

A_3——尾座孔轴心线至底面的距离；

e_1——主轴滚动轴承外圈内滚道对其外圆的同轴度误差；

e_2——顶尖套锥孔相对外圆的同轴度误差；

e_3——顶尖套与尾座孔配合间隙引起的偏移量（向下）；

e_4——床身上安装主轴箱和尾座的平导轨之间的等高度。

通常由于 $e_1 \sim e_4$ 的公差数值相对于 $A_1 \sim A_3$ 的公差很小，故装配尺寸链可简化成图 6-2(b)所示。

(4)确定相关零件的相关尺寸应采用“尺寸链环数最少”原则（亦称最短路线原则）。由尺寸链的基本理论可知，封闭环公差等于各组成环公差之和。当封闭环公差一定时，组成环越少，各环就越容易加工，因此每个相关零件上仅有一个尺寸作为相关尺寸最为理想，即用相关零件上装配基准间的尺寸作为相关尺寸。同理，对于总装配尺寸链来说，一个部件也应当只有一个尺寸参加尺寸链。

例如，图 6-4 是一车床尾座顶尖套装配图，装配时，要求后盖 3 装入螺母 2 后在尾座套筒内的轴向窜动不大于某一数值。如果后盖尺寸标注不同，就可建立两个不同的装配尺寸链。图 6-4(c)较图 6-4(b)多了一个组成环，其原因是和封闭环 A_0 直接有关的凸台高度 A_3 由尺寸 B_1 和 B_2 间接获得，即相关零件上同时出现两个相关尺寸，这是不合理的。

(5)当同一装配结构在不同位置方向有装配精度要求时，应按不同方向分别建立装配尺寸链。例如，常见的蜗杆副结构，为保证正常啮合，对蜗杆副中心距、轴线垂直度以及蜗杆轴线与蜗轮中心平面的重合度均有一定的精度要求，这是三个不同位置方向的装配精度，因而需要在三个不同方向建立尺寸链。

6.2.2　角度装配尺寸链

角度装配尺寸链的封闭环就是机器装配后的平行度、垂直度等技术要求。尺寸链的

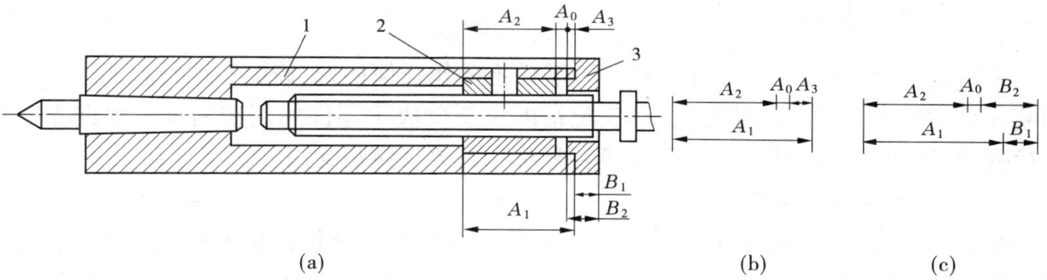

1—顶尖套;2—螺母;3—后盖

图6-4 车床尾座顶尖套装配图

查找方法与长度装配尺寸链的查找方法相同。

由角度、平行度、垂直度等尺寸所组成的尺寸链,所涉及的问题一般为相互位置的精度问题。例如,检验项目 G13 横刀架横向移动对主轴轴线的垂直度,允差为 0.02 /300 mm(偏差方向 $\alpha \geq 90°$)。该项要求可简化为图 6-5 所示的角度装配尺寸链。其中,A_0 为封闭环,即为该项装配精度要求。A_1为主轴回转轴线与床身前梭形导轨在水平面内的平行度。A_2为溜板的上燕尾导轨对床身梭形导轨的垂直度,一般可通过刮研或磨削来达到其精度值。A_0、A_1、A_2组成一个简单的角度装配尺寸链。

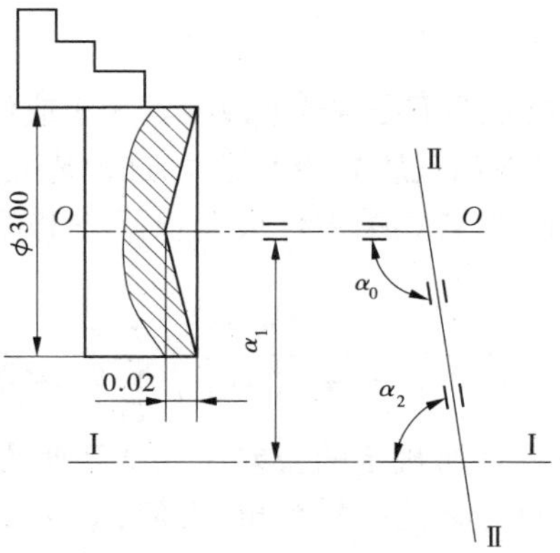

O—*O*—主轴回转中心线;Ⅰ—Ⅰ—梭形导轨的中心线;Ⅱ—Ⅱ—下滑板移动轨迹

图6-5 角度装配尺寸链

6.3 装配方法及其选择

机械产品的精度要求,最终靠装配工艺来保证。因此,用什么方法能够以最快的速度、最小的装配工作量和较低的成本来达到较高的装配精度要求,是装配工艺的核心问题。生产中保证产品精度的方法有许多种,根据产品性能要求、结构特点和生产类型、生产条件,可采用不同装配方法来保证产品装配精度,这些装配方法有互换法、选配法、修配法和调整法。

6.3.1 互换装配法

采用互换装配法时,被装配的每一个零件不需作任何挑选、修配和调整就能达到规定的装配精度要求。用互换装配法,其装配精度主要取决于零件的制造精度。根据零件的互换程度,互换装配法可分为完全互换装配法和大数互换装配法。

6.3.1.1 完全互换装配法

在全部产品中,装配时各零件不需挑选、修配或调整就能保证装配精度要求的装配方法称为完全互换装配法。选择完全互换装配法时,其装配尺寸链采用极值法公差公式计算,即各有关零件的公差之和小于或等于装配公差:

$$T_1 + T_2 + \cdots + T_n = \sum_{i=1}^{n} T_i \leqslant T_0 \tag{6-1}$$

式中 T_i——第 i 个零件的制造公差,mm;

T_0——装配公差,mm。

完全互换装配法的特点是:装配质量稳定可靠,装配过程简单;生产效率高;易于实现装配机械化、自动化;便于组织流水作业和零部件的协作与专业化生产;有利于产品的维护和零部件的更换。但当装配精度要求较高,尤其是组成零件数目较多时零件难以按经济精度加工。因此,这种装配方法常用于高精度少组成零件或低精度多组成零件的大批量生产装配中。

6.3.1.2 大数互换装配法

在产品装配过程中,各组成零件不需挑选或改变其大小或位置,装配后大多数产品能达到装配精度的要求,但少数产品有出现废品的可能性,这种装配方法称为大数互换装配法。

按照大数互换装配法装配时,各相关零件公差值平方和的平方根应小于或等于装配公差。即

$$\sqrt{T_1^2 + T_2^2 + \cdots + T_n^2} = \sqrt{\sum_{i=1}^{n} T_i} \leqslant T_0 \tag{6-2}$$

这种装配方法的特点是:零件所规定的公差比完全互换法所规定的公差大,有利于零件的经济加工,装配过程与完全互换法一样简单、方便,但在装配时,应采用适当的工艺措施,以便排除个别产品因超出公差而产生废品的可能性。这种方法适用于大批大量生产、组成零件数目比较多、装配精度要求又较高的场合。

6.3.2 选配法

在批量或大量生产中,对于组成环少而装配精度要求很高的尺寸链,若采用完全互换法,则对零件精度要求很高,给机械加工带来困难,甚至超过加工工艺实现的可能性。在这种情况下,可采用选择装配法(简称选配法),该方法是将组成环的公差放大到经济可行的程度,然后选择合适的零件进行装配,以保证规定的装配精度。选配法有三种:直接选配法、分组选配法和复合选配法。下面举例说明采用分组选配法时尺寸链的计算方法。

图 6-6 所示为活塞与活塞销的连接情况,活塞销外径为 $\phi28_{-0.0100}^{-0.0075}$ mm,活塞销孔的孔径为 $\phi28_{-0.0150}^{-0.0125}$ mm。根据装配技术要求,活塞销孔与活塞销在冷态装配时应有 0.002 5 ~

0.007 5 mm 的过盈，与此相应的配合公差仅为 0.005 mm。若活塞与活塞销采用完全互换法装配，销孔与活塞销直径的公差按“等公差”分配，则它们的公差只有 0.0025 mm。显然，制造这样精确的销和销孔都是很困难的，也是很不经济的。

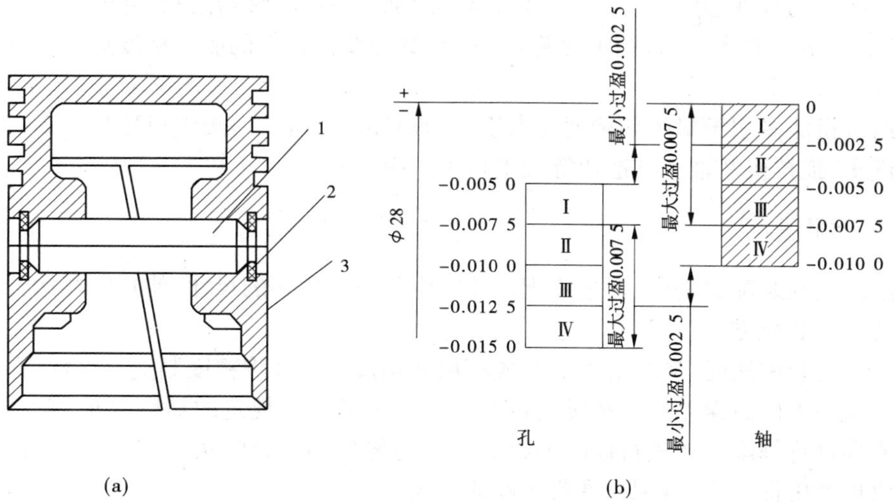

1—活塞销；2—挡圈；3—活塞

图 6-6 活塞与活塞销组件图

实际生产中将轴、孔的公差放大4倍，即活塞销直径为 $\phi28\,^{0}_{-0.010}$ mm，活塞销孔直径为 $\phi28\,^{-0.005\,0}_{-0.015\,0}$ mm。这样活塞销外圆用无心磨、活塞销孔可用金刚镗等高效率加工方法。加工后用精密量仪测量其实际尺寸，并按尺寸的大小分成四组，分别涂上不同的颜色加以区别，以便进行分组装配。具体分组情况如图 6-6 和表 6-1 所示。同样颜色的活塞可按互换法装配。

表 6-1 活塞销与活塞销孔的分组尺寸 （单位：mm）

组别	标志颜色	活塞销直径	活塞销孔直径	配合情况	
				最小过盈	最大过盈
一组	白	$\phi28\,^{0}_{-0.002\,5}$	$\phi28\,^{-0.005\,0}_{-0.007\,5}$	0.002 5	0.007 5
二组	绿	$\phi28\,^{-0.002\,5}_{-0.005\,0}$	$\phi28\,^{-0.007\,5}_{-0.010\,0}$	0.002 5	0.007 5
三组	黄	$\phi28\,^{-0.005\,0}_{-0.007\,5}$	$\phi28\,^{-0.010\,0}_{-0.012\,5}$	0.002 5	0.007 5
四组	红	$\phi28\,^{-0.007\,5}_{-0.010\,0}$	$\phi28\,^{-0.012\,5}_{-0.015\,0}$	0.002 5	0.007 5

采用分组互换法，需要具备以下条件：

(1)配合件的公差应相等，公差增大时要向同方向增大，增大的倍数就是要分的组数。这样分组装配后,各组的配合精度与配合性质才能符合原来的要求。

(2)零件分组后,应保证装配时相配合零件在数量上能够匹配。如果各组成环的尺寸均呈正态分布,则相配合零件可以匹配,否则将产生各对应组零件数量差别太多而不能配套。不匹配的零件达到一定的数量后,可专门加工一批零件与之相匹配。

(3)分组数不宜太多,否则不便管理。分组数只要使零件的制造精度达到经济加工精度就可以了。

分组互换法多用于封闭环精度要求较高的短环尺寸链。一般组成环只有 2 ~3 个,通常用于汽车、拖拉机及轴承制造业等大批量生产中。

6.3.3　修配法

修配法是在装配过程中,通过修配尺寸链中某一组成环的尺寸,使封闭环达到规定精度要求的一种装配方法。

采用修配装配法时,尺寸链中各组成环尺寸均按加工经济精度制造。这样,在装配时累积在封闭环上的总误差必然超过规定的公差。为了达到规定的精度要求,需对规定的某一组成环进行修配。要进行修配的组成环称为修配环。修配法在生产中应用广泛,主要用于成批或单件生产、装配精度要求高的情况下。

修配环的选择应注意以下原则:

(1)选易于修配且装卸方便的零件;

(2)若有并联尺寸链,选非公共环,否则修配后,保证了一个尺寸的装配要求,但又破坏了另一个尺寸链的装配精度要求;

(3)选不进行表面处理的零件,以免破坏表面处理层。

修配法解尺寸链的主要问题是如何合理确定修配环公差带的位置,使修配时有足够的而又尽可能小的修配余量。修配环被修配后对封闭环尺寸变化的影响有两种情况:一种是使封闭环尺寸变小,另一种是使封闭环尺寸变大。

6.3.3.1　修配环被修配后使封闭环尺寸变小

如图 6-2 所示,卧式车床装配尺寸链,在装配时要求主轴锥孔中心线和尾座顶尖锥孔中心线的等高度误差为 0 ~0.06 mm(只许尾座高),已知 $A_1 = 156$ mm, $A_2 = 46$ mm, $A_3 = 202$ mm, $A_0 = 0^{+0.06}_{0}$ mm。现采用修配法装配,确定各组成环公差及其分布。计算过程如下:

(1)选择修配环。修刮尾座底板底面较方便,故选 A_2 作修配环。

(2)根据加工经济精度确定各组成环公差并确定除修配环外各组成环公差带的位置。A_1、A_3 两尺寸用镗模加工,取 $T_1 = T_3 = 0.1$ mm, A_2 尺寸采用精刨加工,取 $T_2 = 0.1$ mm,以上公差均为加工经济精度公差。按对称原则标注有 $A_1 = (202 \pm 0.05)$ mm, $A_3 = (156 \pm 0.05)$ mm。

(3)确定修配环公差带的位置。由尺寸链可知,修配环 A_2 被修配后,封闭环的实际尺寸 A_0'变小(A_0 为规定尺寸)。若 $A_0' < A_{0\min}$,则再要修配,只能使封闭环的尺寸变得更小,无法达到装配精度的要求。因此,为保证有足够的修配余量,必须使 $A'_{0\min} < A_{0\min}$;要使修配量最小,则 $A'_{0\min} = A_{0\min}$。由此可得到在修配环被修配后封闭环尺寸变小的情况下确

定修配环公差带位置的计算公式：

$$A'_{0\min} = A_{0\min} = \sum_{i=1}^{n} \vec{A}_{i\min} - \sum_{i=n+1}^{m-1} \overleftarrow{A}_{i\max} \tag{6-3}$$

将已知数值代入式(6-3)有

$$0 = (\vec{A}_{2\min} + 155.95) - 202.05$$

$$A_{2\min} = 46.1(\mathrm{mm})$$

所以，$A_2 = 46^{+0.02}_{+0.01}(\mathrm{mm})$。

若考虑尾座底板装配时必须刮研，应留最小修配量。例如 0.015 mm，则 $A_2 = 46^{+0.035}_{+0.025}$ mm。

(4)计算最大修配量。若 A_2、A_3 加工到最大，A_1 加工到最小，则可能出现的最大修配量为

$$Z_{\max} = A'_{0\max} - A_{0\max} = A_{2\max} + A_{3\max} - A_{1\min} - A_{0\max} = 0.39(\mathrm{mm})$$

6.3.3.2　修配环被修配后使封闭环尺寸变大

计算过程与修配环被修后使封闭环尺寸变小时相同，确定修配环公差带位置的计算公式如下：

$$A'_{0\max} = A_{0\max} = \sum_{i=1}^{n} \vec{A}_{i\max} - \sum_{i=n+1}^{m-1} \overleftarrow{A}_{i\min} \tag{6-4}$$

当修配环为增环时，计算出的将为 $A_{i\max}$；当修配环为减环时，计算出的将为 $A_{i\min}$。计算后再考虑修配量。

6.3.4　调整法

调整法是在装配时用改变产品中可调件的相对位置或选用大小合适的调整件来达到装配精度的方法。

6.3.4.1　可动调整法

通过改变零件的相对位置来达到装配精度的方法称为可动调整法。这种方法调整比较方便，在机械产品的装配中被广泛采用。如图 6-7(a)所示，用调整螺钉使楔块上下移动来调整丝杠螺母副的轴向间隙；如图 6-7(b)为通过螺钉来调整轴承间隙。

6.3.4.2　固定调整法

在装配尺寸链中加入一个零件作为调整环。该调整环零件是按一定的尺寸间隔制成一组零件，根据需要，选用其中某一尺寸的零件来作补偿的。实际上是通过改变某一零件的尺寸大小，来保证要求的装配精度。

如图 6-8 所示的部件中，齿轮的轴向间隙量要求得很严格(0.05 ~0.15 mm)，无法用完全互换装配法，因此采用固定调整法，即在结构中专门加入一个固定调整垫 A_K。具体方法是加工 4 种调整垫，在装配时根据空位尺寸 $A_0 - A_K$ 的大小选择合适的调整垫，使间隙尺寸 A_0 为所要求的，即可保证装配精度。各种固定调整件分级尺寸的计算方法可参见有关资料。

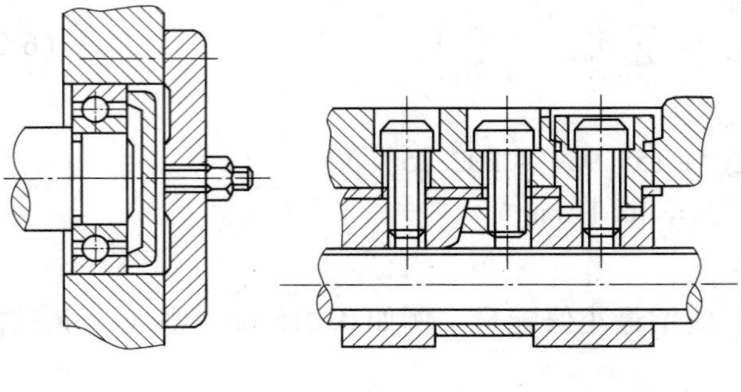

图 6-7　可动调整法应用示例

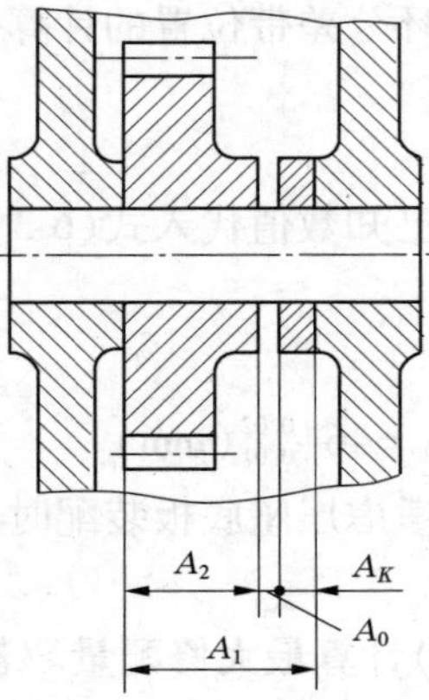

图 6-8　固定调整法示例

6.3.4.3　误差抵消调整法

这种方法是利用某些组成环误差的大小和方向,在装配时,合理选择装配方向,使其相互抵消一部分,以提高装配精度的方法。如安装车床主轴时,可先分别确定主轴前、后轴承引起主轴前端定位面径向跳动的大小和方向,然后调整轴承的安装方向,使各自产生的径向跳动方向相反而抵消一部分,从而控制主轴的径向跳动。

6.4　装配规程的制定

装配工艺规程是指导装配生产的主要技术文件,制定装配工艺规程是生产技术准备工作的主要内容之一。

装配工艺规程对保证装配质量、提高装配生产效率、缩短装配周期、减轻工人劳动强度、缩小装配占地面积、降低生产成本等都有重要的影响。它取决于装配工艺规程的合理性。

装配工艺规程的主要内容如下:

(1)分析产品样图,划分装配单元,确定装配方法。

(2)拟订装配顺序,划分装配工序。

(3)计算装配时间定额。

(4)确定各工序装配技术要求、质量检查方法和检查工具。

(5)选择和设计装配过程中所需的工具、夹具和专用设备。

6.4.1　制定装配工艺规程的基本原则及原始资料

6.4.1.1　制定装配工艺规程的原则

(1)保证产品装配质量,力求提高质量,以延长产品的使用寿命。

(2)合理安排装配顺序和工序,尽量减少钳工手工劳动量,缩短装配周期,提高装配效率。

(3)尽量减少装配占地面积,提高单位面积的生产率。

(4)尽量减少装配工作所占的成本。

6.4.1.2 制定装配工艺规程的原始资料

在制定装配工艺规程前,需要具备以下原始资料:

(1)产品的装配图及验收技术标准。

(2)产品的生产纲领。

(3)生产条件。

6.4.2 制定装配工艺过程的步骤

根据上述原则和原始资料,可以按下列步骤制定装配工艺规程。

6.4.2.1 研究产品的装配图及验收技术条件

通过分析产品的总装配图、部件装配图,以明确产品的性能、部件的作用、工作原理和具体结构以及各零、部件之间的关系。通过审查产品的装配技术要求和验收标准,明确装配中的关键技术问题,以便制定相应的技术措施。

6.4.2.2 确定装配方法与组织形式

1. 固定式装配

固定式装配是将产品或部件固定在一个工作地上进行,产品的位置不变,装配过程中所需的零、部件都汇集在固定场地的周围。工人进行专业分工,按装配顺序进行装配,这种方式用于成批生产或单件小批生产。

2. 移动式装配

移动式装配是将产品置于装配线上,称移动式流水装配。通过连续或间歇的移动使其顺序经过各装配工位以完成全部装配工作。连续移动即装配线连续缓慢移动,工人在装配时一边装配,一边随装配线走动,装配完毕后再回到原位;间歇移动即在装配时装配线不动,工人在规定的时间内装配完后,产品(半成品)被输送到下一工位。移动式装配一般用于大批大量生产。对于大批大量的定型产品,还可采用自动装配线进行装配。

6.4.2.3 划分装配单元,确定装配顺序

机器中能进行独立装配的部分称装配单元。任何机器都可以分为若干个装配单元,如合件、组件、部件。划分装配单元是为了便于组织平行流水装配,缩短装配周期。

在装配单元的划分基础上,确定装配顺序。确定装配顺序一般按先下后上、先内后外、先难后易、先重大后轻小的规律进行。图6-9和图6-10分别为部件和产品装配系统图。

6.4.2.4 划分装配工序

装配工序确定以后,根据工序集中与分散的程度将装配工艺过程划分为若干工序,并进行工序内容的设计。工序内容设计包括:制定工序的操作规范,选择设备和工艺装备,确定时间定额等。确定工序的时间定额是按装配工作标准时间来确定的。装配工作的时间定额包括基本时间及辅助时间,即工序时间、工作地点服务时间,即工人必需的间歇时间,一般按工序时间的百分数来计算。

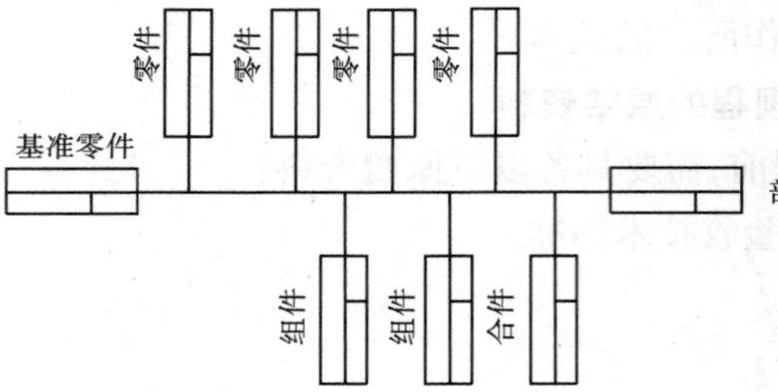

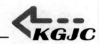

图 6-9　部件装配系统图

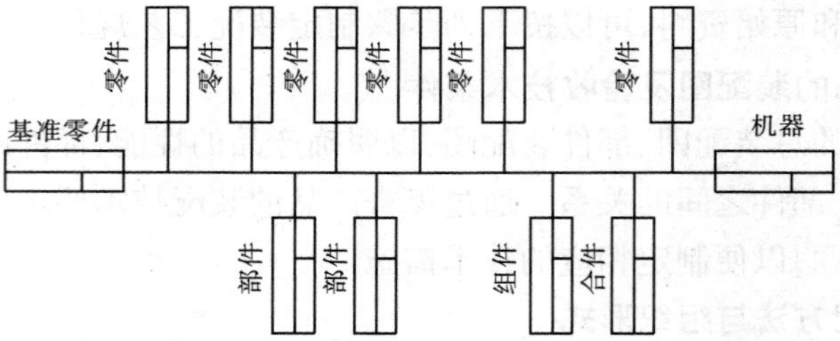

图 6-10　产品装配系统图

6.4.2.5　**编制装配工艺文件**

单件小批生产时,通常只绘制装配单元系统图。成批生产时,除装配单元系统图外,还编制装配工艺卡片,在其上写明工序次序、工序内容、设备和工装名称、工人技术等级和时间定额等。大批大量生产时,不仅要编制装配工艺卡,而且还要编制装配工序卡,以便直接指导工人进行装配。

6.4.3　装配元件系统图

在装配工艺规程设计中,划分装配工序常采用绘制装配元件系统图。

装配元件系统图是用图解法说明产品零件和合件的装配程序,以及各装配单元的组成零件的。在设计装配车间时可以根据它来组织装配单元的平行装配,并可合理地按照装配顺序布置工作地点,将装配过程的运输工作减至最少。

习　题

6-1　何谓装配精度?它与组成零件的加工精度有何关系?

6-2　保证机器或部件装配精度的方法有几种?各有什么特点?适用于什么情况?

6-3　图 6-11 所示的齿轮箱部件,根据使用要求齿轮轴肩与轴承端面间的轴向间隙应在 1~1.75 mm。已知各零件的基本尺寸为 $A_1=101$ mm,$A_2=50$ mm,$A_3=A_5=5$ mm,$A_4=140$ mm。

(1)试确定当采用完全互换法装配时,各组成环尺寸的公差及偏差。

(2)试确定当采用大数互换法装配时,各组成环尺寸的公差及偏差。

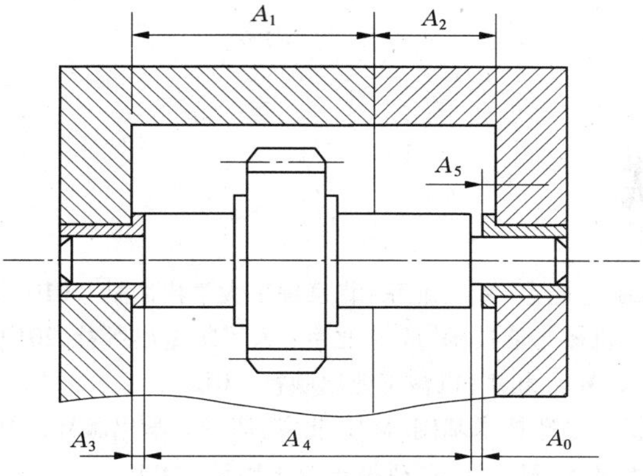

图 6-11

6-4 图 6-12 所示的装配中,要求保证轴向间隙 $A_0 = 0.1 \sim 0.35$ mm,已知:$A_1 = 30$ mm,$A_2 = 5$ mm,$A_3 = 43$ mm,$A_4 = 3^{\ 0}_{-0.05}$ mm(标准件),$A_5 = 5^{\ 0}_{-0.04}$ mm。

(1)采用修配法装配时,选 A_5 为修配环,试确定修配环的尺寸及上下偏差。

(2)采用固定调整法装配时,选 A_5 为调整环,求 A_5 的分组数及其尺寸系列。

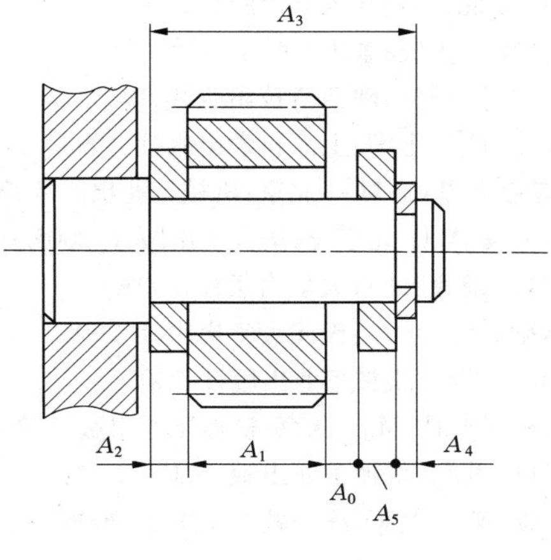

图 6-12

参考文献

[1] 陈爱荣,望守忠. 机械制造技术[M]. 北京:北京理工大学出版社,2010.
[2] 姜晶,刘华军,刘金萍. 机械制造技术[M]. 北京: 人民邮电出版社,2010.
[3] 任佳隆. 机械制造技术[M]. 北京:机械工业出版社,2012.
[4] 倪小丹,杨继荣,等. 机械制造技术基础[M]. 北京:清华大学出版社,2012.
[5] 卢秉恒. 机械制造技术基础[M]. 北京:机械工业出版社,2011.
[6] 张念淮,王彦林. 机械制造技术[M]. 北京:中国铁道出版社,2012.
[7] 覃岭. 机械制造技术基础[M]. 北京:化学工业出版社,2008.
[8] 吴圣庄. 金属切削机床概论[M]. 北京:机械工业出版社,1985.
[9] 贾维邦. 金属切削机床概论[M]. 北京:机械工业出版社,1994.
[10] 徐发仁. 机床夹具设计[M]. 重庆:重庆大学出版社,1993.
[11] 李华. 机械制造技术[M]. 北京:机械工业出版社,2009.
[12] 吴永锦. 机械制造技术[M]. 北京:清华大学出版社,2009.
[13] 黄天铭. 机械制造工艺学[M]. 重庆:重庆大学出版社,1988.
[14] 顾崇衔. 机械制造工艺学[M]. 西安:陕西科技出版社,1988.
[15] 李久之. 机械制造技术基础[M]. 上海:上海科学出版社,1998.
[16] 袁绩乾,李文贵. 机械制造技术基础[M]. 北京:机械工业出版社,2001.
[17] 王平章. 机械制造工艺与刀具[M]. 北京:清华大学出版社,2005.
[18] 宇广庆. 机械制造技术[M]. 北京:北京大学出版社,2008.
[19] 韩广利. 机械加工工艺基础[M]. 天津:天津大学出版社,2005.
[20] 苏建修. 机械制造基础[M]. 北京:机械工业出版社,2003.
[21] 刘守勇. 机械制造工艺与机床夹具[M]. 北京:机械工业出版社,2004.
[22] 孙学强. 机械加工技术[M]. 北京:机械工业出版社,1999.
[23] 张世昌. 机械制造技术基础[M]. 北京:高等教育出版社,2006.